DIE DAMPFTURBINEN-REGELUNG

AUSMITTLUNG, AUSFÜHRUNG, BETRIEB

VON

OBERING. P. DANNINGER VDI

Mit 171 Abbildungen

MÜNCHEN UND BERLIN 1934

VERLAG VON R. OLDENBOURG

Druck R. Oldenbourg, München.

Vorwort.

Die Ausmittlung der Dampfturbinenregelungen ist bisher weder im Schrifttum noch an den Lehrstellen ausführlich behandelt worden, obwohl dem Fortschritt und den Anforderungen im Dampfturbinenbau entsprechend der Steuerung eine erhöhte Bedeutung zukommt. Das vorliegende Buch soll deshalb dem Konstrukteur und dem Studierenden als Hilfsmittel dienen und auch dem Betriebsingenieur für die Überwachung und Wartung der Steuerungen die nötigen Hinweise geben. Dem Grundgedanken gemäß wurden hauptsächlich die Grundlagen zur Ausmittlung der Steuerungen und ihrer Einzelteile behandelt, ohne die verschiedenen Konstruktionen der letzteren anzuführen. Dagegen sind wieder eine größere Zahl Maschinen, zumeist neuerer Ausführung, abgebildet, um dem Konstrukteur die Anordnungsmöglichkeit zu zeigen. So weit wie möglich wurde der theoretische Teil in allgemeine Gleichungen gefaßt, unter Weglassung aller Zwischenrechnungen. Im übrigen sind erläuternde Beispiele mit Rechenschiebergenauigkeit wiedergegeben.

Den Firmen Allgemeine Elektricitäts-Gesellschaft, Berlin; Askania-Werke, A.-G., Berlin-Friedenau; A. Borsig, Maschinenbau-A.-G., Berlin-Tegel; Brown, Boveri & Cie., A.-G., Mannheim; Escher Wyß Maschinenfabriken A.-G., Zürich; Maschinenfabrik Augsburg-Nürnberg A.-G., Nürnberg; Schäffer & Budenberg, G. m. b. H., Magdeburg-Buckau; Siemens-Schuckertwerke A.-G., Berlin-Siemensstadt und Waggon- und Maschinenbau A.-G., Abt. Maschinenbau, Görlitz, danke ich auch an dieser Stelle für die Überlassung der vielen, lehrreichen Unterlagen.

Görlitz, im April 1934.

Der Verfasser.

Inhaltsübersicht.

Seite

Vorwort   3

I. Allgemeine Grundlagen.

  1. Einteilung der Turbinen   9

  2. Die Gleichdruckstufe 12

  3. Teillastdampfverbrauch.

    A. Das Geradliniengesetz 18

    B. Dampfverbrauchsbilder.

      a) Entnahmeturbinen 21

      b) Zweidruckturbinen 25

      c) Zweifach-Entnahmeturbinen 28

      d) Zweidruck-Entnahmeturbinen 31

  4. Der Dampfkegel 34

    A. Gleicher Anfangsdruck 34

    B. Gleicher Gegendruck 36

    C. Anwendung der Kegelschnittlinien.

      a) Änderung des Stufendruckes 37

      b) Überlastung 38

      c) Die Zweidruckturbine mit Drosselregelung 39

II. Regelungsverfahren.

  5. Drosselregelung 40

    A. Wirkungsgrad der Droßlung 40

    B. Drosseldruck 42

    C. Drosselquerschnitt 45

    D. Drosselregelung mit Handabschaltventil 47

  6. Füllungsregelung.

    A. Leitradquerschnitte bei reiner Füllungsregelung 48

    B. Segmentregelung 49

      a) Vereinigte Drossel- und Segmentregelung 51

      b) Segmentregelung mit Handabschaltventil 51

  7. Unmittelbare und mittelbare Regelung 52

  8. Druck- und Temperaturregelung 52

  9. Gleichwertregelung 53

Seite

III. Gestängeausmittlung.

10. Allgemeines 53
11. Kondensationsturbinen 54
12. Gegendruckturbinen 56
13. Entnahme-Kondensationsturbinen mit einfacher Entnahme 58
   A. Beziehung der Hebellängen zur Dampfverhältniszahl.
     a) Niederdruckventile am Hebelende angelenkt 59
     b) Hochdruckventile am Hebelende angelenkt 60

   B. Ausmittlung der Hübe 62
     a) Niederdruckteil für Vollast und Nullentnahme ausgelegt.
       α) Höchstentnahme bei Vollast 63
       β) Höchstentnahme bei Gegendruckbetrieb 65
     b) Niederdruckteil für Teillast und Nullentnahme ausgelegt.
       α) Niederdruckteil für Vollast und Höchstentnahme ausgelegt 68
       β) Niederdruckteil für Vollast und Entnahme ausgelegt. Höchstentnahme bei Gegendruckbetrieb 69
       γ) Niederdruckteil größer ausgelegt, als für Vollast und Höchstentnahme nötig. 71
       δ) Niederdruckteil größer ausgelegt, als für Vollast und Entnahme nötig. Höchstentnahme bei Gegendruckbetrieb . . 73
     c) Überlastung des Hochdruckteiles durch Dampfumführung . 74
14. Zweifachentnahme-Kondensationsturbinen.
   A. Beziehungen der Hebellängen zu den Dampfverhältniszahlen . 76
   B. Gestängeausmittlung 79
15. Mehrfachentnahme-Kondensationsturbinen 82
16. Entnahme-Gegendruckturbinen.
   A. Einfachentnahmeturbinen
     a) Alleinbetrieb 82
     b) Parallelbetrieb 83
   B. Zweifachentnahme-Gegendruckturbinen 85
17. Zweidruckturbinen.
   A. Mitteldruckbetrieb 87
     a) Beziehungen der Hebellängen zur Dampfverhältniszahl . . . 87
     b) Gestängeausmittlung 88
     c) Zweidruck-Entnahmeturbinen 92
     d) Entnahme-Zweidruckturbinen 94
   B. Betrieb mit Niederdruckdampf 94
18. Pumpen- und Kompressorantrieb 98
19. Leerlaufhub 100
20. Gestängelose Regelung 101

IV. Ventilkonenrechnung 103

21. Drosselregelung 104
22. Segmentregelung mit vorgeschaltetem Drosselventil 108
23. Reine Segmentregelung 118

Seite

V. Steuerungs-Einzelteile 124

   24. Ventile.

      A. Regelventile 124

         a) Entlastete Doppelsitzventile 125

         b) Unentlastete Doppelsitzventile 128

         c) Tellerventile 131

      B. Schnellschlußventile 134

   25. Hub- und Rückführnocken 135

   26. Hilfsmotoren.

      A. Hubmotoren 139

      B. Drehmotoren 140

   27. Steuerschieber 141

   28. Schnellschluß.

      A. Schnellregler 142

      B. Mechanischer Schnellschluß 144

      C. Drucköschnellschluß 144

   29. Schneckengetriebe 146

   30. Ölpumpen 148

   31. Drehzahlregler 152

   32. Drehzahlverstellung 157

   33. Druckregler 159

   34. Ölleitungen 164

   35. Gestänge 165

VI. Ausführung der Steuerungen 165

   36. Kondensationsturbinen 167

   37. Gegendruckturbinen 182

   38. Kondensationsturbinen mit ungesteuerter Entnahme 191

   39. Entnahme-Kondensationsturbinen mit einfacher Entnahme 193

   40. Zweifach-Entnahmeturbinen 201

   41. Entnahme-Gegendruckturbinen 208

   42. Zweidruckturbinen 213

   43. Speicherturbinen 219

VII. Der Betrieb.

   44. Auslegung der Turbine 224

   45. Änderung der Betriebszustände 226

   46. Regelungskennlinie 228

   47. Regelgeschwindigkeit 230

   48. Einstellen der Steuerung 236

   49. Pendeln der Steuerung 238

Sachverzeichnis 240

I. Allgemeine Grundlagen.

1. Einteilung der Turbinen.

Im Dampfturbinenbau gibt es zwei Regelverfahren, die Drossel-
und die Füllungsregelung, die jede getrennt für sich oder zusammen
angewendet werden. Bei der Drosselregelung wird, wie der Name schon
sagt, der Dampfdruck vor dem Eintritt in die Turbine vermindert und
damit nicht nur die Dampfmenge, sondern auch das Wärmegefälle geändert. Das erste Leitrad kann mit voller Beaufschlagung ausgebildet
werden. Die Füllungsregelung läßt das Wärmegefälle ungeändert und
vermindert bei kleinerer Last nur die Dampfmenge. Das ist nur zu
erreichen, wenn die freie Durchgangsöffnung des ersten Leitrades entsprechend der Dampfmenge verändert wird. Die volle Beaufschlagung
ist hier nicht möglich.

Die Regelung ist dadurch abhängig von der Turbinenbauart. Man
unterscheidet bekanntlich Gleichdruck- oder Aktionsturbinen und Über-
druck- oder Reaktionsturbinen. Das Kennzeichen der Gleichdruckstufen
liegt darin, daß der Dampfdruck nur im Leitkanal abfällt, die Lauf-
kanäle dagegen allseitig von Dampf mit gleichem Druck umgeben sind.
Das Leitrad kann am ganzen Umfange oder auch teilweise mit offenen
Kanälen besetzt werden, das heißt, es können beide Regelverfahren
zur Anwendung kommen.

In den Überdruckstufen wird der Dampf sowohl im Leit- wie auch
im Laufkanal entspannt, es ergibt sich somit ein Spaltüberdruck zwischen
Leitradaustritt und Laufradeintritt. Das Abschließen von Leitkanälen
würde sofort den Spaltüberdruck vernichten, denn der Dampf könnte
in der Umfangsrichtung durch den Spalt und durch die nicht durch-
strömten Kanäle ohne Arbeit zu leisten nach der Austrittsseite des Lauf-
rades abströmen. Die Überdruckwirkung wäre dadurch zerstört und
der Wirkungsgrad verschlechtert. Das Abschalten von Kanälen und
somit die Füllungsregelung ist also bei Überdruckstufen nicht möglich.
Der erste Leitkranz muß voll beaufschlagt werden, so daß nur die Drosselregelung verwendet werden kann. Um beide Regelverfahren benutzen zu können, wird dem Überdruckteil ein Gleichdruckrad, die sog.
Regelstufe, vorgeschaltet, die mit einer oder mehreren Geschwindig-

keitsstufen ausgeführt ist. Im ersten Falle bezeichnet man sie allgemein als Zoellystufe, im zweiten als zwei- oder mehrkränziges Curtisrad, entsprechend der Zahl der Laufkränze bzw. Geschwindigkeitsstufen.

Je nachdem, ob der Enddruck einer Turbine unter oder über 1 at abs liegt, unterscheidet man Kondensations- oder Gegendruckturbinen. In beiden Fällen sinkt der Dampfdruck in den Stufen gesetzmäßig bei Voll- und Teillast ab, wie dies bei Drosselregelung die Abb. 1 veranschaulicht. Bei Kondensationsbetrieb ist die Kühlwassermenge meist gleich, so daß sich das Vakuum bei Teillast verbessert, das Wärmegefälle also bei Füllungsregelung vergrößert, dagegen bleibt es bei Gegendruckturbinen, die mit unveränderlichem Enddruck laufen, gleich.

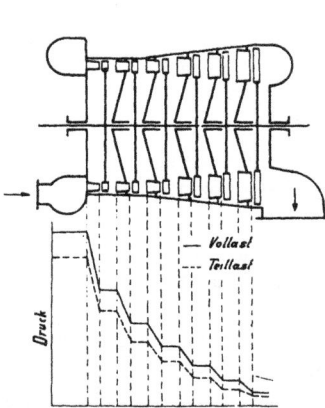

Abb. 1. Druckverlauf in der Kondensationsturbine bei Drosselregelung.

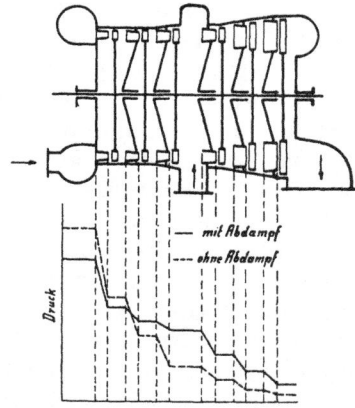

Abb. 2. Druckverlauf in der Zweidruckturbine bei Drosselregelung.

Aus Abb. 1 ist ersichtlich, daß einer bestimmten Stufe Dampf mit gegebener Spannung nur so lange entnommen werden kann, bis der Stufendruck, abhängig vom Dampfdurchsatz der nachgeschalteten Räder, auf den gewünschten Entnahmedruck abgesunken ist. Die Entnahmedampfmenge und die erzielbare Turbinenleistung sind dadurch eng begrenzt. Turbinen mit dieser Art der Dampfentnahme bezeichnet man als Kondensations- oder Gegendruckturbinen mit ungesteuerter Anzapfung.

Wird einer Kondensationsturbine Niederdruckdampf in einer Stufe zugeführt, dann bezeichnet man sie als Zweidruckturbine. Der Abdampf- und Frischdampfzufluß sind bisher nach dem Drosselverfahren geregelt worden, so daß sich der Druckverlauf nach Abb. 2 ergibt. Kennzeichnend für diese Turbinen ist es, daß bei Mischbetrieb der Enddruck des Hochdruckteiles ansteigt, während seine Eintrittsdampfspannung sinkt. Das Wärmegefälle wird also rasch kleiner.

Die Entnahmeturbine, der Dampf mit gleicher Spannung und in der vorgeschriebenen Menge bei verschiedenen Belastungen entnommen wird, besitzt nach Abb. 3 einen vollen Zwischenboden, der die Turbine in zwei Teile zerlegt. Vor dem Entnahmeleitrad fließt ein Teil des Dampfes zur Heizung, der Rest umströmt unter Zwischenschaltung des Regelventiles den Zwischenboden und leistet im Niederdruckteil Arbeit. Der

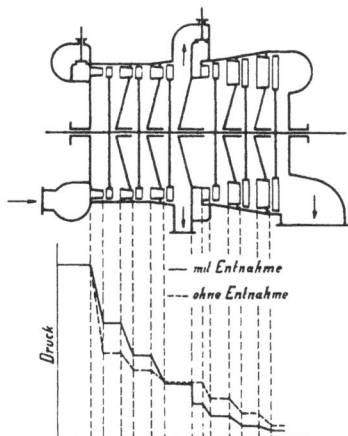

Abb. 3. Druckverlauf in der Entnahme-Kondensationsturbine bei Düsenregelung.

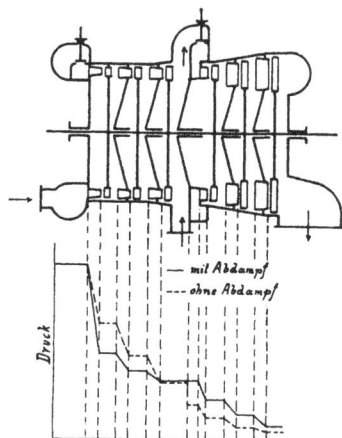

Abb. 4. Druckverlauf in der Zweidruckturbine bei Düsenregelung.

Hochdruckteil entspricht einer Gegendruck-, der Niederdruckteil einer Kondensationsturbine.

In genau gleicher Weise werden die neueren Zweidruckturbinen ausgeführt, deren Druckverteilung mit und ohne Abdampfbetrieb aus Abb. 4 ersichtlich ist. Das Wärmegefälle des Hochdruckteiles bleibt wie bei der Entnahmeturbine mit Füllungsregelung gleich. Bei größeren

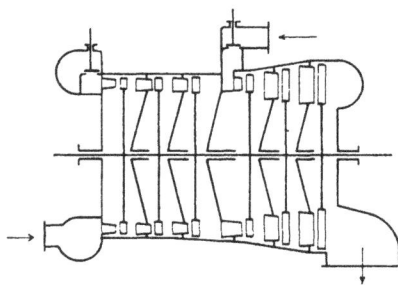

Abb. 5. Zweidruckturbine für Niederdruckdampfzufuhr und nicht vollem Zwischenboden.

Abdampfmengen wird der Zwischenboden zum Teil durch Leitkanäle unterbrochen, sodaß die Hochdruckdampfmenge ungehindert durchfließen kann, während die Abdampfmenge durch die Segmentventile dem von der Hochdruckturbine abgeschlossenen Teil des Zwischenbodens zuströmt (Abb. 5). Wird die Abdampfmenge so groß, daß die Schaufellänge der ersten Niederdruckstufe nicht mehr auszuführen ist, so beaufschlagt man mit dem Abdampf den vollen Leitradumfang und schaltet diese Stufe dampfseitig der Turbine parallel.

Diese Ausführungen ermöglichen mit der teilweisen Beaufschlagung des ersten Niederdruckleitrades die Anwendung der Füllungsregelung auch für den Niederdruckteil. Bei Überdruckturbinen muß in diesem Falle ebenfalls eine Gleichdruckstufe vorgesetzt werden.

Häufig werden bei Überdruckturbinen auch dann Gleichdruckstufen vorgeschaltet, wenn nur reine Drosselregelung angewandt wird. Die Regelstufe erlangt damit erhöhte Bedeutung.

2. Die Gleichdruckstufe.

Der Einfluß, den die Gleichdruckstufe auf die Regelung ausübt, erfordert es, die Eigenart der Regelstufe genau kennenzulernen. Es soll deshalb die Durchrechnung der Stufe und ihr Verhalten bei Teillasten kurz wiedergegeben werden.

Es bezeichne:

$p_1 \, P_1$ den Anfangsdruck in at abs bzw. kg/m², \
$p_2 \, P_2$ den Enddruck in at abs bzw. kg/m², \
t_1 die Dampfeintrittstemperatur in ^{0} C, \
$v_1 \, v_2$ das Volumen am Beginn und Ende der adiabatischen Expansion in m³/kg,

dann kann man das adiabatische Wärmegefälle H in kcal bei gegebenen Drücken nach der Gleichung

$$H = A \, \frac{k}{k-1} \, P_1 v_1 \left[1 - \left(\frac{P_2}{P_1} \right)^{\frac{k-1}{k}} \right] \quad \ldots \ldots \quad (1)$$

rechnen, wenn $k = \dfrac{c_{pm}}{c_{pm} - AR}$, $A = \dfrac{1}{427}$ das mechanische Wärmeäquivalent, c_{pm} die mittlere spezifische Wärme bei gleichem Druck und $R = 47{,}1$ die Gaskonstante ist.

Angenähert ist:

$k = 1{,}3$ für überhitzten Dampf, \
$k = 1{,}135$ für Sattdampf, \
$k = 1{,}035 + 0{,}1 \, x$ für Naßdampf.

Aus der Beziehung für die Adiabate $p_1 v_1^k = p_2 v_2^k$ ergibt sich

$$v_2 = v_1 \left(\frac{p_1}{p_2} \right)^{\frac{1}{k}} \quad \ldots \ldots \ldots \ldots \quad (2)$$

Die Ermittlung von c_{pm} ist recht umständlich, deshalb ist es einfacher, das adiabatische Wärmegefälle einer neueren Entropietafel zu

entnehmen, die für die vorliegende Rechnung
genügend genaue Werte gibt. In Abb. 6 ist
die Darstellung der Gleichdruckstufe in dem
Entropiediagramm wiedergegeben.

Mit dem Wärmegefälle ist die theoretische Ausflußgeschwindigkeit des Dampfes c_0
in m/s, wenn $g = 9,81$ die Erdbeschleunigung ist,

$$c_0 = \sqrt{\frac{2g}{A} H} = 91,5 \sqrt{H} \quad . \quad . \quad . \quad . \quad . \quad (3)$$

Die Strömung des Dampfes in einem
Leitkanal oder einer Düse ist mit einem
Energieverlust ζ verbunden, aus dem sich
der Verlust an Geschwindigkeit φ

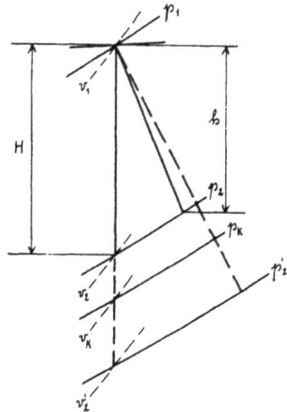

Abb. 6. Die Gleichdruckstufe
in dem Entropiediagramm.

$$\varphi = \sqrt{1 - \zeta}$$

ergibt und die tatsächliche Ausflußgeschwindigkeit

$$c_1 = \varphi c_0 \quad . \quad . \quad . \quad . \quad . \quad . \quad . \quad . \quad . \quad . \quad . \quad (4)$$

Der Wert φ beträgt für nicht erweiterte Kanäle (Zoellymündung)
0,94—0,96 und für erweiterte Kanäle (Lavaldüsen) 0,90—0,92.

Wird die kritische Geschwindigkeit des Dampfes nicht überschritten, so ist bei gegebener Dampfmenge d in kg/s der Austrittsquer-
schnitt des Leitrades F in m²

$$F = \frac{d v_2}{c_1} \quad . \quad . \quad . \quad . \quad . \quad . \quad . \quad . \quad . \quad (5)$$

Das Volumen v_2 kann als adiabatisches Endvolumen eingesetzt
werden. Tatsächlich müßte das Volumen auf p_2 genommen werden,
das um ζH kcal über dem adiabatischen Endpunkt liegt, entsprechend
dem Verlust in dem Leitradkanal. Der Fehler, der dadurch gemacht
wird, liegt innerhalb der Genauigkeit von φ.

Der kritische Druck p_k in at abs und das zugehörige Volumen v_k in
m³/kg des Dampfes ergeben sich aus den Gleichungen

$$\frac{p_k}{p_1} = \left(\frac{2}{k+1} \right)^{\frac{k}{k-1}} \quad . \quad . \quad . \quad . \quad . \quad . \quad . \quad (6)$$

$$\frac{v_1}{v_k} = \left(\frac{2}{k+1} \right)^{\frac{1}{k-1}} \quad . \quad . \quad . \quad . \quad . \quad . \quad . \quad (7)$$

und die kritische Dampfgeschwindigkeit c_k in m/s

$$c_k = \sqrt{2g \frac{k}{k+1} P_1 v_1} \quad . \quad . \quad . \quad . \quad . \quad . \quad . \quad (8)$$

Angenähert ist für überhitzten Dampf nach Stodola[1]),

$$p_k = 0,5457\, p_1 \quad \text{und} \quad c_k = 333 \sqrt{p_1 v_1}$$

und für Sattdampf:

$$p_k = 0,5774\, p_1 \quad \text{und} \quad c_k = 323 \sqrt{p_1 v_1}.$$

Sobald der kritische Druck erreicht oder überschritten wird, muß der Leitradquerschnitt aus der Gleichung

$$F_k = \frac{d\, v_k}{c_k} \quad \ldots \ldots \ldots \ldots \quad (9)$$

gerechnet werden.

Aus derselben Gleichung wird auch der engste Querschnitt des Kanals ermittelt, wenn es sich um die Ausführung einer Lavaldüse handelt. Der Endquerschnitt beträgt dann $F' = \dfrac{d\, v_2'}{c_1'}$, wenn v_2' und c_1' für den Endpunkt der Adiabate auf p_2' gelten.

Die Gl. (6) bis (9) geben die Verhältnisse der reibungsfreien Strömung wieder. Soll der Energieverlust in dem Leitkanal oder der Düse berücksichtigt werden, so ist an Stelle von k der Wert λ zu setzen, der sich nach Stodola[2]), errechnet aus:

$$\lambda = k\, \frac{1+\zeta}{1+k\,\zeta} \quad \ldots \ldots \ldots \ldots \quad (10)$$

Bei einfachen, senkrecht zur Achse abgeschnittenen Mündungen kann bekanntlich die kritische Geschwindigkeit nicht überschritten werden, wenn der Gegendruck unter p_k absinkt. Der schief zur Achse abgeschnittene Leitkanal dagegen vermag in diesem Falle wegen der Expansion im Schrägabschnitt wie bei der Düse die Geschwindigkeit über den kritischen Wert zu steigern, jedoch nur bei gleichzeitiger Ablenkung des Strahles.

Dieselbe Erscheinung tritt bei der Düse ein, sobald das Druckverhältnis p_2'/p_1 kleiner wird wie das, das zur Berechnung des Austrittsquerschnittes zugrunde gelegt wurde. Der Strahlablenkungswinkel q kann unter Berücksichtigung des Energieverlustes nach Loschge[3]) aus folgenden Gleichungen gerechnet werden:

$$\left. \begin{aligned} \operatorname{tg}\left[r\sqrt{\frac{k-1}{k+1}} \right] &= \sqrt{\frac{2}{k+1}\left(\frac{p_1}{p_2}\right)^{\frac{n-1}{n}} - 1} \\[2ex] \operatorname{tg} s &= \sqrt{\frac{2}{k-1}\left(\frac{p_1}{p_2}\right)^{\frac{n-1}{n}} - \frac{k+1}{k-1}} \end{aligned} \right\} \quad \ldots \ldots \quad (11)$$

$$q = r - s \quad \ldots \ldots \ldots \ldots \ldots \quad (12)$$

[1]) Stodola, A. »Dampf- und Gasturbine«. 5. Aufl. Berlin 1922, S. 37.
[2]) Stodola, A. »Dampf- und Gasturbine«. 5. Aufl. Berlin 1922, S. 41.
[3]) Loschge, A. »Die Verwendung der Zoellyleiträder von Dampfturbinen für überkritische Dampfgeschwindigkeiten«. Z. d. V. D. I. 60 (1916) S. 770/795.

Für überhitzten Dampf ist zu setzen:

$n = 1{,}3$ für $\zeta = 0$,
$n = 1{,}27$ für $\zeta = 0{,}1$,
$n = 1{,}23$ für $\zeta = 0{,}2$.

In Abb. 7 sind die Gl. (11) und (12) für überhitzten Dampf zeichnerisch dargestellt. Darin gelten die voll ausgezogenen Linien für
Düsen mit verschiedenen Erweiterungsverhältnissen mit $\varphi = 0{,}905$ und

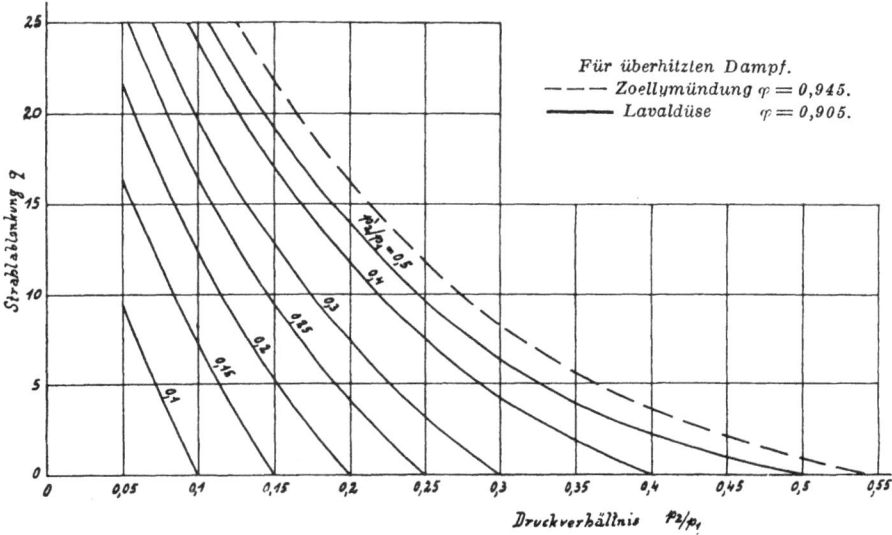

Abb. 7. Strahlablenkungswinkel der Zoellymündungen und Lavaldüsen.

die gestrichelte Linie für Zoellymündungen mit $\varphi = 0{,}945$. p_2' ist der
Enddruck, für den die Düse gerechnet ist.

In welchem Maße die Strahlablenkung den Wirkungsgrad der Stufe
beeinflußt, ersieht man am besten aus den Geschwindigkeitsdreiecken.
Bezeichnen wir nach Abb. 8
mit a_0 den Leitkanalwinkel,
a_1 und a_2 den Ein- und Aus-
trittswinkel der Laufschaufel,
c_1 und c_2 die absoluten, w_1 und
w_2 die relativen und c_1' und c_2'
die Umfangskomponenten der
absoluten Dampfgeschwindigkeiten am Ein- und Austritt

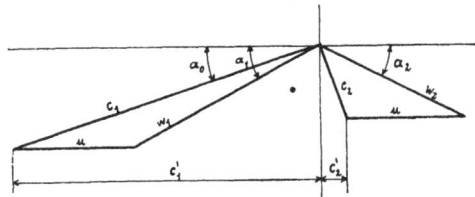

Abb. 8. Die Geschwindigkeitsdreiecke einer Zoellystufe.

und mit u die Umfangsgeschwindigkeit am Teilkreis gemessen, wobei
sämtliche Geschwindigkeiten in m/s einzutragen sind, so ist

$$c_1' = c_1 \cos a_0 \quad \text{und} \quad c_2' = w_2 \cos a_2 - u$$

und der Wirkungsgrad am Radumfang η_u

$$\eta_u = \frac{2\,u}{c_0{}^2}\,(c_1' + c_2'), \quad \ldots \ldots \ldots \ldots \quad (13)$$

wobei c_2' positiv oder negativ werden kann.

Für mehrkränzige Gleichdruckräder ist

$$\eta_u = \frac{2\,u}{c_0{}^2}\,(\Sigma\,c') \quad \ldots \ldots \ldots \ldots \quad (14)$$

Setzt man für $c_0 = \sqrt{\dfrac{2\,g}{A}}\,H$ in die Gl. (13) und (14) ein, so wird

$$\eta_u = \frac{1}{H}\,A\,\frac{u}{g}\,(\Sigma\,c')$$

und das tatsächlich ausgenutzte Wärmegefälle h

$$h = \eta_u\,H = A\,\frac{u}{g}\,(\Sigma\,c'), \quad \ldots \ldots \ldots \quad (15)$$

das nach Abb. 6 dem Unterschied der Wärmeinhalte des Anfangs- und Endzustandes gleich ist.

Aus der Abb. 8 ist ohne weiteres ersichtlich, daß eine Vergrößerung des Winkels a_0 durch die Strahldrehung q den Wert c_1' und damit auch den Stufenwirkungsgrad verkleinert.

In Abb. 9 sind die Wirkungsgrade eines ein- und zweikränzigen Gleichdruckrades abhängig von u/c_1 angegeben. Das Zoellyrad erreicht bei $u/c_1 = 0{,}5$ den Höchstwert $\eta_u = 0{,}83$, das Curtisrad dagegen bei $u/c_1 = 0{,}23$ nur $\eta_u = 0{,}60$. Beide Zahlen geben nur Mittelwerte an. Tatsächlich liegen die erreichbaren Spitzenwerte höher, besonders bei den Curtisrädern, die im Umlenkkranz, aber nicht im Spalt, mit Überdruckwirkung arbeiten. In günstigen Fällen können Wirkungsgrade von 70 bis 72 vH erreicht werden. Bei dem Zoellyrad kann der Spitzenwert auf 86 vH steigen.

Unter Berücksichtigung der Radreibung liegen die Höchstwerte entsprechend tiefer und bei kleinerem u/c_1.

Schon aus diesen Zahlen sieht man, daß das Zoellyrad in allen Fällen dem Curtisrad überlegen ist. Noch größere Abweichungen ergeben sich für die Regelstufe, wie aus der folgenden Untersuchung hervorgeht.

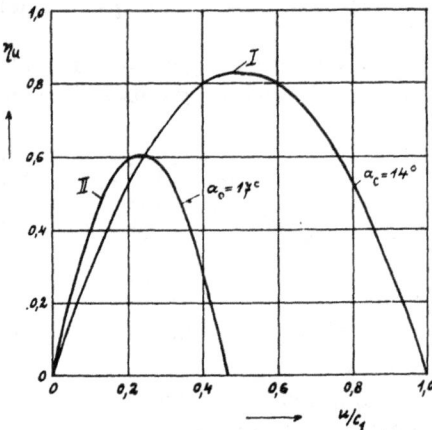

Abb. 9. Stufenwirkungsgrade: I. Zoellystufe,
II. zweikränzige Curtisstufe.

Das Verhalten der ersten Stufe bei Drossel- und Füllungsregelung soll der Einfachheit halber an einer dreistufigen Gegendruckturbine mit Gleichdruckrädern gezeigt werden. In Abb. 10 ist durch den vollausgezogenen Linienzug der Expansionsverlauf der Turbine im Entropiediagramm wiedergegeben, wie er sich aus der thermischen Durchrechnung bei Vollast ergibt, wenn als Regelstufe ein Zoellyrad verwendet wird. Nimmt man die gleiche Teildampfmenge für beide Regelverfahren an, so ergeben sich nach Abschnitt 4 B nur geringe Änderungen der Stufendrücke. Durch die Drosselung des Dampfes wird das Wärme-

gefälle der ersten Stufe nicht wesentlich kleiner wie bei vollem Dampfdurchsatz, dagegen wird es bei Füllungsregelung, bei der wegen der Abschaltung der Leitkanäle der Anfangsdruck gleich bleibt, ganz erheblich größer. Die Regelung durch Drosseln ist in Abb. 10 durch den gestrichelten, die Füllungsregelung durch den strichpunktierten Linienzug wiedergegeben. Die Wärmegefälle der nachfolgenden Stufen 2 und 3 sind in beiden Fällen kleiner geworden wie bei Vollast, dagegen untereinander nicht sehr verschieden. Nachdem die Lage der Expansionsendpunkte nach Gl. (15) Aufschluß über die Größe der Wirkungsgrade gibt, ersieht man aus Abb. 10 leicht, daß

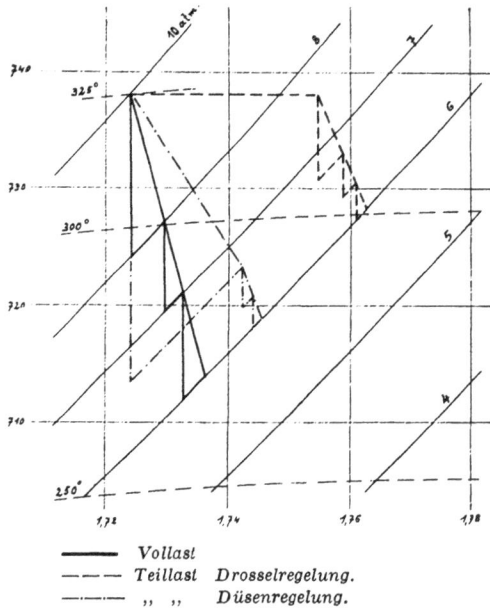

—————— Vollast
— — — Teillast Drosselregelung.
—·—·— „   „   Düsenregelung.

Abb. 10. Drossel- und Düsenregelung im Entropiediagramm.

die Drosselregelung gegenüber der Füllungsregelung unwirtschaftlicher ist.

Wichtig ist die Erkenntnis, daß bei Drosselung des Dampfes das Wärmegefälle des ersten Rades nahezu, bei Kondensationsturbinen fast genau gleichbleibt, während es bei Abschaltung von Leitkanälen ständig zunimmt. Dieses Verhalten schränkt die Wahl über die Art der Räder und ihre Bemessung stark ein. Für die Drosselregelung kann die Regelstufe, gleichgültig ob Zoelly- oder Curtisrad gewählt wird, für den höchsten Wirkungsgrad ausgeführt werden.

Bei Füllungsregelung verhält sich das ein- und zweistufige Rad verschieden. Wie sich aus der Erörterung über die Strahlablenkung ergeben hat, setzt die Strahldrehung bei der Zoellymündung erst bei Überschreitung der kritischen Geschwindigkeit ein. Das Wärmegefälle kann unabhängig davon klein gewählt werden, also das $u/c_1 > 0,5$. Dadurch wird erst bei kleinerer Dampfmenge der Höchstwert des Wirkungsgrades erreicht, der bei weiterer Dampfverminderung wieder kleiner wird. η_u wird durch die Strahlablenkung erst über dem kritischen Wert zusätzlich verringert.

Die Düse hat diesen Spielraum nicht. Die Strahldrehung setzt gleichzeitig mit der Dampfverminderung ein und verschlechtert sofort zusätzlich den Wirkungsgrad. Das ist ein weiterer sehr beachtlicher Nachteil der Curtisräder.

Aus dieser Untersuchung ergibt sich somit, daß das Zoellyrad für beide Regelverfahren, dagegen das Curtisrad als Regelstufe nur bei Drosselregelung annehmbare Gütegrade zuläßt.

3. Teillastdampfverbrauch.

A. Das Geradliniengesetz.

Aus den vielen Versuchen an Dampfturbinen hat sich das Erfahrungsgesetz ergeben, daß das stündlich durch die Turbine strömende Dampfgewicht der Leistung verhältnisgleich ist. Für die Kondensationsturbinen und den Niederdruckteil von Entnahme-Kondensationsturbinen gilt es fast bis zum Leerlauf genau, während bei Gegendruckturbinen abhängig vom Druckverhältnis nur bis zu einer bestimmten Teillast. Für die Ausmittlung der Regelung kann der geradlinige Verlauf der Dampfmenge mit genügend genauer Annäherung verwendet werden, wenn die Dampfmenge bei Nullast als idealer Leerlauf aufgefaßt wird. Für Entnahme- und Zweidruckturbinen bedeutet diese Größe nur einen Hilfswert, der zur Ermittelung von Dampfdifferenzen führt, wie aus den folgenden Abschnitten ersichtlich ist.

Bezeichnen wir mit N_0, D_0 die Leistung in PS und die Dampfmenge in kg/h bei Vollast, mit N, D die bei Teillast, dann beträgt der spezifische Dampfverbrauch in kg/PS d_0, d bei Voll- und Teillast,

$$d_0 = \frac{D_0}{N_0} \quad \text{und} \quad d = \frac{D}{N} \cdot$$

Wir setzen weiter das Lastverhältnis $\dfrac{N}{N_0} = n$ und s den Teillastzuschlag in vH, bezogen auf d_0, so daß $1 + s/100 = m$ ist.

Die Gleichung der Dampfverbrauchsgeraden sei:

$$D = k + lN \quad \ldots \ldots \ldots \ldots \ldots (16)$$

wobei l die Tangente des Neigungswinkels und k der Abschnitt auf der Ordinatenachse ist.

Es gilt dann für den Vollastpunkt:

$$D_0 = k + l N_0$$

und für einen Teillastpunkt:

$$n\, m\, D_0 = k + l N_0\, n.$$

Aus diesen beiden Gleichungen ergibt sich

$$l = \frac{1 - n\, m}{1 - n}\, \frac{D_0}{N_0} \quad \text{und} \quad k = D_0 \left(1 - \frac{1 - n\, m}{1 - n} \right).$$

In Gl. (16) eingesetzt ist

$$\frac{D}{D_0} = 1 - \frac{1 - n\, m}{1 - n} + \frac{1 - n\, m}{1 - n}\, \frac{N}{N_0} \quad \dots \dots \quad (17)$$

und mit $a = 1 - \dfrac{1 - n\, m}{1 - n}$

$$\frac{D}{D_0} = a + (1 - a)\, \frac{N}{N_0} \quad \dots \dots \dots \quad (18)$$

Aus dieser Gleichung erkennt man leicht die Regel, daß die Tangente des Neigungswinkels der Geraden, deren Abszissen und Ordinaten Verhältniszahlen von den Vollastwerten sind, vermehrt um den Ordinatenabschnitt gleich 1 sein muß.

Trägt man für a die ursprünglichen Werte ein, so erhält man:

$$a = 1 - \frac{1 - n\, m}{1 - n} = \frac{n\,(m - 1)}{1 - n} = \frac{n}{1 - n}\, \frac{s}{100} \quad \dots \quad (19)$$

Bezeichnet man mit s' den Halblastzuschlag, dann ist mit $n = 0,5$

$$a = \frac{s'}{100} \quad \dots \dots \dots \dots \quad (20)$$

das heißt, der ideelle Leerlaufdampfverbrauch D_l

$$D_l = a\, D_0 \quad \dots \dots \dots \dots \quad (21)$$

ist dem Produkt aus dem Halblastzuschlag und der Vollastdampfmenge gleich. Es ist somit nur die Kenntnis des Halblastzuschlages a nötig, um bei gegebener Vollastdampfmenge den Verlauf der Dampfverbrauchslinie und damit die Teillastdampfmengen zu erhalten.

Im allgemeinen wird die Regelung erst dann genau ausgemittelt, wenn die thermische Berechnung der Turbine bei Voll- und Teillast vorliegt. Damit sind auch die Teillastdampfmengen genau festgelegt. Für den ersten Entwurf ist man aber gezwungen, die Teildampfmengen angenähert zu bestimmen.

Für Kondensationsturbinen kann man den Halblastzuschlag im Mittel annehmen mit:

$$a = 0,07 \text{ bei Drosselung,}$$
$$a = 0,05 \quad \text{» Füllungsregelung}$$

und für den Niederdruckteil einer Zweidruck- oder Entnahmekondensationsturbine mit Füllungsregelung nach Abb. 3 und 4:

$$a = 0,06 - 0,15.$$

Den Halblastzuschlag für Gegendruckturbinen und für den Hochdruckteil von Zweidruck- und Entnahmeturbinen mit Abschaltregelung

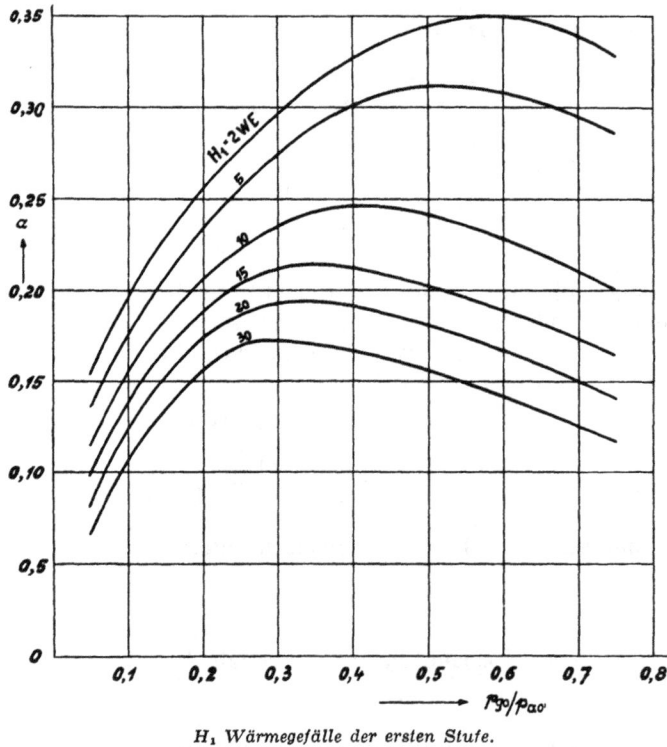

H₁ *Wärmegefälle der ersten Stufe.*

Abb. 11. Dampfverbrauchszuschläge für Gegendruckturbinen.

nach Abb. 3 und 4 bestimmt man am besten nach Renfordt[1]) aus Abb. 11. Der Wert a ist demnach nicht nur von dem Verhältnis p_{g0}/p_{a0} des Enddruckes p_{g0} und des Anfangsdruckes p_{a0} in at abs bei Vollast, sondern auch von dem Wärmegefälle H_1 in kcal des ersten Rades, also der Regelstufe abhängig. Der Abb. 11 ist noch die Annahme zugrunde gelegt,

---

[1]) R e n f o r d t, A. »Druckverteilung und Dampfverbrauch bei Teillast von Gegendruck- und Entnahmeturbinen«. Archiv f. Wärmewirtschaft 1927, 10 (1927) und 1 (1928).

daß die reine Füllungsregelung nur zu $\frac{3}{4}$ ihres Wertes ausgenutzt wird, eine Annahme, die mit den tatsächlichen Ausführungen gut übereinstimmt.

B. Dampfverbrauchsbilder.

a) Entnahmeturbinen.

Die Entnahmeturbine ist, wie Abb. 3 zeigt, durch den eingebauten, vollen Zwischenboden in eine Gegendruck- und eine Niederdruck-Kondensationsturbine zerlegt. Der Dampfdurchsatz, für den die Turbine ausgelegt wird, ist im Hochdruckteil immer größer als im Niederdruckteil. Die Zusammensetzung der beiden Turbinen läßt sich auf Grund des Geradliniengesetzes rechnerisch leicht verfolgen, so daß die einzelnen Betriebsarten festgelegt werden können.

Sind D_h und D_n die Dampfmengen in kg/h des Hoch- und Niederdruckteiles, für die sie ausgelegt sind, N_h und N_n die zugehörigen Leistungen in PS,

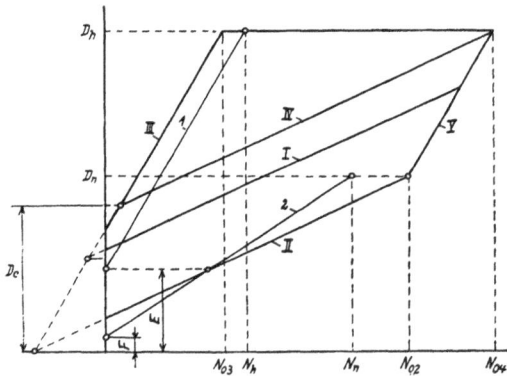

Abb. 12. Dampfverbrauchsdiagramm einer Entnahmeturbine.

s_h und s_n die Halblastzuschläge in vH, dann sind nach Gl. (20)

$$a_h = \frac{s_h}{100} \quad \text{und} \quad a_n = \frac{s_n}{100}$$

und die ideellen Leerlaufdampfmengen nach Gl. (21) und Abb. 12

$$E = a_h D_h \quad \text{und} \quad F = a_n D_n.$$

Die Gleichungen der Teilturbinen sind entsprechend Gl. (18)

Linie *1* für den Hochdruckteil: $\dfrac{D_1}{D_h} = a_h + a_h' \dfrac{N_1}{N_h}$

und Linie *2* für den Niederdruckteil: $\dfrac{D_2}{D_n} = a_n + a_n' \dfrac{N_2}{N_n}$,

wenn $a_h' = 1 - a_h$ und $a_n' = 1 - a_n$ gesetzt wird und D_1, D_2, N_1 und N_2 die veränderlichen Werte sind.

Das Entnahmediagramm wird zusammengesetzt durch Addition der Leistungen der Geraden *1* und *2* bei den angenommenen Dampfmengen des Hoch- und Niederdruckteiles. Es muß also, wenn N die veränderliche Teillast der Turbine ist, $N_1 + N_2 = N$ sein. Löst man die beiden Gleichungen nach N_1 und N_2 auf und bildet die Summe, so erhält man, wenn man für D_1 die veränderliche Frischdampfmenge der Turbine D und für $D_2 = D - D_e$ setzt, wobei D_e die Entnahmedampfmenge ist,

$$N = \left(\frac{D}{D_h} - a_h\right)\frac{N_h}{a_h'} + \left(\frac{D - D_e}{D_n} - a_n\right)\frac{N_n}{a_n'} \quad \ldots \ldots (22)$$

Löst man diese Gleichung nach D auf und setzt

$$\alpha = \frac{N_h}{a_h'}, \; \beta = \frac{N_n}{a_n'}, \; A = \frac{\alpha}{D_h} \text{ und } B = \frac{\beta}{D_n},$$

so erhält man die Gleichung der Geraden I nach Abb. 12 für den Entnahmebetrieb

$$D = \frac{B D_e + \alpha a_h + \beta a_n}{A + B} + \frac{1}{A + B} N \quad \ldots \ldots (23)$$

Aus dieser allgemeinen Gleichung lassen sich die einzelnen Betriebsarten ableiten und gleichzeitig ergibt sich daraus der Gang für die zeichnerische Darstellung.

Nullentnahme. Gerade II.

Mit $D_e = 0$ geht Gl. (23) über in

$$D = \frac{\alpha a_h + \beta a_n}{A + B} + \frac{1}{A + B} N, \quad \ldots \ldots (24)$$

wenn die Entnahmeregelung nicht abgestellt ist.

In den Gl. (23) und (24) sind die Beiwerte von N, also die Tangenten der Neigungswinkel gleich, folglich sind die Geraden I und II parallel. Der Abschnitt auf der Abszissenachse ist für $D = 0$

$$N = -(\alpha a_h + \beta a_n), \quad \ldots \ldots \ldots (25)$$

die Leerlaufdampfmenge für $N = 0$

$$D = \frac{\alpha a_h + \beta a_n}{A + B} \quad \ldots \ldots \ldots (26)$$

und der Halblastzuschlag a_2

$$a_2 = \frac{\alpha a_h + \beta a_n}{\alpha D_n + \beta D_h} D_h \quad \ldots \ldots \ldots (27)$$

Die Höchstlast N_{02} wird erreicht, wenn $D = D_n$ wird.

$$N_{02} = \alpha \frac{D_n}{D_h} + \beta - \alpha a_n - \beta a_h = \alpha\left(\frac{D_n}{D_h} - a_h\right) + N_n \quad \ldots (28)$$

Gegendruckbetrieb. Gerade *III*.

Die Gleichung der Geraden *III* erhält man aus Gl. (23), wenn $D_e = D$ wird, zu

$$D = \frac{\alpha\, a_h + \beta\, a_n}{A} + \frac{1}{A}\, N \quad \ldots \ldots \ldots \quad (29)$$

Der Beiwert von N ist derselbe wie der in der Gleichung für die Gerade 1, folglich ist *III* zu *1* parallel.

Der Halblastzuschlag beträgt hier

$$a_3 = a_h + \frac{\beta}{\alpha}\, a_n \quad \ldots \ldots \ldots \ldots \quad (30)$$

und die Leerlaufdampfmenge für $N = 0$

$$D = \left(a_h + \frac{\beta}{\alpha}\, a_n \right) D_h \quad \ldots \ldots \ldots \quad (31)$$

Lassen wir in Gl. (29) $D = 0$ werden, so erhält man den Abschnitt auf der Abszissenachse

$$N = -\,(\alpha\, a_h + \beta\, a_n)$$

wie nach Gl. (25), d. h. die beiden Geraden *II* und *III* schneiden sich in einem Punkte der Abszissenachse.

Für $D = D_h$ bekommt man die Höchstlast N_{03}

$$N_{03} = \alpha - \alpha\, a_h - \beta\, a_n = \alpha\,(1 - a_h) - \beta\, a_n = N_h - \frac{a_n}{a_n}\, N_n \quad . \quad (32)$$

oder:

$$N_h - N_{03} = \frac{a_n}{1 - a_n}\, N_n \ldots \ldots \ldots \quad (33)$$

Entnahmelinie *IV*.

Die Gerade *IV* stellt den Betrieb mit gleicher Entnahmemenge dar, die sich ergibt, wenn durch den Hoch- und Niederdruckteil bei Vollast die größtmöglichen Dampfmengen hindurchgehen. Es ist also in Gl. (23) $D_e = D_h - D_n$ einzusetzen.

$$D = \frac{B\, D_h + \alpha\, a_h - N_n}{A + B} + \frac{1}{A + B}\, N \quad . \ldots \ldots \quad (34)$$

Auch hier ist wegen der gleichen Beiwerte von N die Gerade *IV* zu *I* und *II* parallel. Die größte erreichbare Turbinenleistung N_{04} wird mit $D = D_h$

$$N_{04} = \alpha\,(1 - a_h) + \beta\,(1 - a_n) = N_h + N_n \ldots \ldots \quad (35)$$

Niederdruckdampfmenge gleich. Gerade *V*.

In diesem Falle ist die Entnahmedampfmenge veränderlich. Setzt man in Gl. (22) $D_e = D - D_n$ ein, so ist

$$N = \frac{D}{D_h} \alpha - \alpha \, a_n + \beta - \beta \, a_n \quad . \quad . \quad . \quad . \quad (36)$$

und

$$D = a_h D_h - \frac{N_n}{\alpha} D_h + \frac{D_h}{\alpha} N \quad . \quad . \quad . \quad . \quad . \quad (37)$$

oder

$$\frac{D}{D_h} = a_h - \frac{N_n}{\alpha} + a_h' \frac{N}{N_h} \quad . \quad . \quad . \quad . \quad . \quad . \quad (38)$$

somit ist auch die Gerade V parallel zu 1 und III.

Es soll noch untersucht werden, bei welcher Dampfmenge die Linien gleicher Entnahme in die Gegendruckgerade III einschneiden. In dem Schnittpunkt sind die Leistungen gleich, es sind also die Gl. (23) und (29) nach N aufzulösen und gleich zu setzen. Nach entsprechender Umformung erhält man:

$$D \frac{\alpha}{D_h} + D \frac{\beta}{D_n} - \frac{D_e}{D_n} \beta - \alpha \, a_h - \beta \, a_n = D \frac{\alpha}{D_h} - \alpha \, a_h - \beta \, a_n$$

und $\qquad D = D_e.$

Die Geraden gleicher Entnahme D_e schneiden demnach die Gegendrucklinie in einem Punkt, dessen Ordinate der Entnahmedampfmenge D_e gleich ist.

Von besonderer Bedeutung für die Ausmittlung der Regelung ist das Verhältnis der Dampfmengenunterschiede des Hoch- und Niederdruckteiles bei gleicher Leistung und veränderlicher Entnahme. Ziehen wir Gl. (24) von Gl. (23) ab, so erhalten wir den Unterschied der Hochdruckdampfmenge ΔD_h bei gleicher Last

$$\Delta D_h = \frac{B}{A + B} D_e \, . \quad . \quad . \quad . \quad . \quad . \quad . \quad (39)$$

Der Unterschied der Niederdruckdampfmengen ΔD_n der Geraden II und I ergibt sich aus der Beziehung $D_e = \Delta D_h + \Delta D_n$ zu

$$\Delta D_n = \left(1 - \frac{B}{A + B}\right) D_e = \frac{A}{A + B} D_e \quad . \quad . \quad . \quad . \quad (40)$$

und das Verhältnis v_e beider

$$v_e = \frac{\Delta D_h}{\Delta D_n} = \frac{B}{A} = \frac{D_h}{D_n} \frac{N_n}{N_h} \frac{(1 - a_h)}{(1 - a_n)}, \quad . \quad . \quad . \quad . \quad (41)$$

wobei $v_e \lessgtr 1$ sein kann.

Auf Grund der vorhergehenden Untersuchung ist es einfach, das Diagramm zu zeichnen. Sind die Geraden 1 und 2 bekannt, so sind auch zwei Punkte der Linie II gegeben. Den ersten Punkt erhält man durch Addition der Leistungen bei der Dampfmenge D_n und den zweiten als

Schnittpunkt der Geraden *2* mit der Ordinate des Leerlaufpunktes von *1*. *II* wird bis zur Abszissenachse verlängert und durch diesen Schnittpunkt eine Parallele zu *1* gelegt. Zu *1* parallel ist auch *V*. Eine bestimmte Linie mit gleicher Entnahmedampfmenge D_e erhält man, wenn man durch den Schnittpunkt der Geraden *III* mit der Ordinate D_e eine Parallele zu *II* zieht. Die Gerade *III* setzt voraus, daß die Undichtheiten des Zwischenbodens an der Bohrung und am äußeren Umfange Null sind. Praktisch ist das nicht erreichbar, deshalb liegt die tatsächliche Gegendrucklinie je nach den Verlusten zwischen den Geraden *III* und *1*.

Für die Gestängeausmittelung ist nur die Linie *III* wichtig, weil nur die zugeführte Dampfmenge zu berücksichtigen ist.

Bisher ist nur allgemein von der Leistung gesprochen worden. Es empfiehlt sich, nur die indizierte Leistung, die mit Berücksichtigung der thermischen Verluste ermittelt wurde, aufzutragen und die mechanischen Verluste, wie Lagerreibung, Pumpenantrieb, Stopfbüchsen usw. getrennt am Schlusse der Rechnung zu berücksichtigen. Im anderen Falle bietet die Verteilung auf den Hoch- und Niederdruckteil Schwierigkeiten.

b) Zweidruckturbinen.

Die Untersuchung wird für eine Zweidruckturbine nach Abb. 4 mit Füllungsregelung durchgeführt. Die Bezeichnungen bleiben dieselben wie in dem vorhergehenden Abschnitt, die Entnahmedampfmenge wird jedoch durch die zugeführte Niederdruckdampfmenge D_a ersetzt. Letztere soll weiterhin der Einfachheit halber mit Abdampfmenge bezeichnet werden, jedoch mit der Einschränkung, daß ihr Dampfdruck unter dem des Frischdampfes liegt. Bei diesen Turbinen ist der Dampfdurchsatz des Niederdruckteiles größer als der des Hochdruckteiles. Auch hier erfolgt die Zusammensetzung der Geraden *1* und *2* der Abb. 13 durch Addition der Teilleistungen. Statt D_1 wird D für die Hochdruckdampfmenge der Turbine gesetzt und $D_2 = D + D_a$. Ist wieder die veränderliche Leistung der Tur-

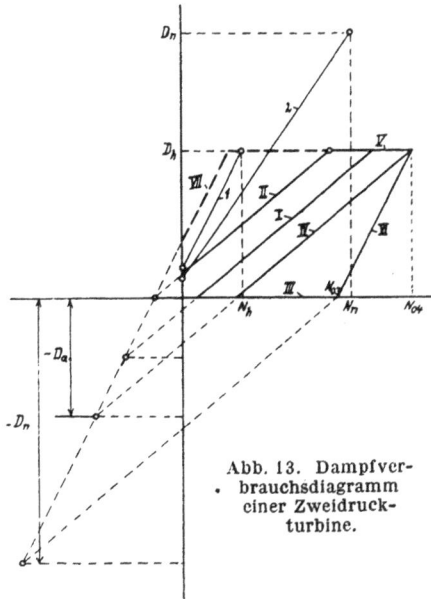

Abb. 13. Dampfverbrauchsdiagramm einer Zweidruckturbine.

bine N, so ist

$$N = \left(\frac{D}{D_h} - a_h\right)\alpha + \left(\frac{D + D_a}{D_n} - a_n\right)\beta \quad \ldots \quad (42)$$

und die Gleichung der Geraden I nach Abb. 13

$$D = \frac{-BD_a + \alpha a_h + \beta a_n}{A + B} + \frac{1}{A + B}N \quad \ldots \quad (43)$$

Reiner Frischdampfbetrieb, Gerade II.

Wird nur mit Hochdruckdampf gefahren, so ist $D_a = 0$ und Gl. (43) geht in Gl. (24) über. Es gelten somit die Gl. (25) bis (28) auch für den reinen Frischdampfbetrieb der Zweidruckturbine. Die Gerade II ist ebenfalls parallel zu I.

Reiner Abdampfbetrieb. Gerade III.

Die Hochdruckdampfmenge ist abgestellt, so daß in Gl. (43) $D = 0$ wird. Es ergibt sich für die Gerade III die Beziehung:

$$D_a = \frac{\alpha a_h + \beta a_n}{B} + \frac{1}{B}N \quad \ldots \quad (44)$$

Mit $D_a = D_n$ findet man aus Gl. (44) die Höchstlast

$$N_{03} = N_n - \alpha a_h \quad \ldots \quad (45)$$

und die Lastverminderung gegen N_n

$$N_n - N_{03} = \frac{a_h}{1 - a_h}N_h \quad \ldots \quad (46)$$

Gerade IV.

Es ist dies ähnlich wie im vorhergehenden Abschnitt die Linie gleicher Abdampfmenge, die der Turbine zugeführt werden kann, wenn bei Vollast der Hoch- und Niederdruckteil voll ausgenutzt sind. Aus Gl. (43) wird mit $D_a = D_n - D_h$

$$D = \frac{BD_h + \alpha a_h - N_n}{A + B} + \frac{1}{A + B}N \quad \ldots \quad (47)$$

IV ist wieder parallel zu I und II.

Die Höchstlast der Turbine N_{04} wird auch hier

$$N_{04} = N_h + N_n.$$

Frischdampfmenge gleich. Gerade V.

In diesem Falle ist die Abdampfmenge veränderlich, und es ist in Gl. (43) $D = D_h$ zu setzen.

$$D_a = \frac{\beta a_n - BD_h - N_h}{B} + \frac{1}{B}N \quad \ldots \quad (48)$$

Niederdruckdampfmenge gleich. Gerade *VI*.

Wird die Turbine so betrieben, daß dauernd den Niederdruckteil die größte Dampfmenge D_n durchfließt, so bekommt man die Gerade *VI*, wenn in Gl. (43) $D_a = D_n - D$ gesetzt wird.

$$D = \frac{\alpha\, a_h - N_n}{A} + \frac{1}{A}\, N \quad \ldots \ldots \ldots \text{(49)}$$

Sie ist wegen des Beiwertes von N parallel zur Linie *1* und schneidet die Abszissenachse im Punkte N_{03}, nachdem für $D = 0$ die Gl. (49) wieder in Gl. (45) übergeht.

Gegendruckbetrieb. Gerade *VII*.

Die Zweidruckturbine nach Abb. 4 unterscheidet sich im Aufbau und, wie wir später sehen werden, auch in der Regelung nicht von der Entnahmeturbine. Man kann also diesen Turbinen auch Dampf entnehmen. In Abb. 13 ist dieses Gebiet durch den stark strichlierten Linienzug über der Geraden *II* abgegrenzt. Nachdem die Gleichung der Geraden *II* für beide Turbinenarten gleich ist, gelten auch hierfür die Gl. (29) bis (33). Man kann nämlich die Gl. (43) in die Gl. (23) verwandeln, wenn man $- D_a = D_e$ setzt. Die Änderung des Vorzeichens ist berechtigt, weil der Turbine nicht mehr Dampf zugeführt, sondern entnommen wird. Die Gleichung der Geraden *VII* lautet demnach:

$$D = \frac{\alpha\, a_h + \beta\, a_n}{A} + \frac{1}{A}\, N.$$

Sie ist wie Gl. (29) parallel zur Geraden *1* und schneidet sich mit der Geraden *II* in dem gleichen Punkt der Abzissenachse.

Um den Schnittpunkt der Geraden *I* und *VII* zu bestimmen, setzen wir N der Gl. (43) und (29) gleich und erhalten damit

$$D_a = - D.$$

Die Differenz der Hochdruckdampfmengen $\varDelta D_h$ findet man aus den Gl. (24) und (43) zu

$$\varDelta D_h = \frac{B}{A + B}\, D_a \quad \ldots \ldots \ldots \ldots \text{(50)}$$

und die der Niederdruckdampfmengen $\varDelta D_n$ zu

$$\varDelta D_n = \frac{A}{A + B}\, D_a \quad \ldots \ldots \ldots \ldots \text{(51)}$$

Für die Gestängeausmittelung ist es zweckmäßiger, nicht wie bei den Entnahmeturbinen das Verhältnis $\dfrac{\varDelta D_h}{\varDelta D_n}$ zu bilden, sondern den reziproken Wert.

$$v_a = \frac{\Delta D_n}{\Delta D_h} = \frac{A}{B} = \frac{D_n}{D_h} \frac{N_h}{N_n} \frac{(1-a_n)}{(1-a_h)} \quad \ldots \ldots \quad (52)$$

Die Konstruktion des Dampfverbrauchsdiagrammes läßt sich auf Grund der vorangegangenen Überlegungen wie folgt ausführen:

Man ermittelt wieder die Gerade *II* durch zeichnerische Addition der Geraden *1* und *2*, zieht durch den Schnittpunkt mit der Abszissenachse eine Parallele zu *1* und durch den Ordinatenpunkt — D_n eine Parallele zu *II*, um den Punkt N_{03} zu bekommen. Eine Gerade mit gleicher Abdampfmenge D_a erhält man als Parallele zu *II* durch den Ordinatenpunkt — D_a der Geraden *VII*.

c) Zweifach-Entnahmeturbinen.

Entsprechend der Zahl der Anzapfungen werden bei der Zweifach-Entnahmeturbine zwei volle Zwischenböden eingebaut. Dadurch ist sie in zwei hintereinander geschaltete Gegendruck- und eine Kondensationsturbine zerlegt. Der Dampfverbrauch der Turbinenteile kann wieder entsprechend Abb. 14 durch die Geraden *1, 2* und *3* dargestellt

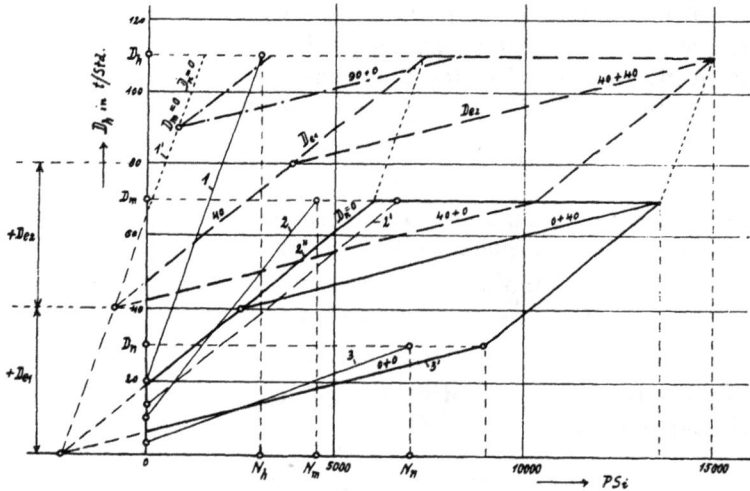

Abb. 14. Dampfverbrauchsdiagramm einer Zweifach-Entnahmeturbine.

werden. Bezeichnet man mit den Kennzeichen *h, m* und *n* die verschiedenen Größen für den Hoch-, Mittel- und Niederdruckteil und setzt

$$\alpha = \frac{N_h}{1-a_h}, \quad \beta = \frac{N_m}{1-a_m} \text{ und } \gamma = \frac{N_n}{1-a_n},$$

so können die Gleichungen der drei Geraden geschrieben werden:

$$1. \; N_1 = \left(\frac{D_1}{D_h} - a_h\right)\alpha, \quad 2. \; N_2 = \left(\frac{D_2}{D_m} - a_m\right)\beta$$

und
$$3. \; N_3 = \left(\frac{D_3}{D_n} - a_n\right)\gamma.$$

Addiert man wieder die Leistungen und setzt

$$A = \frac{\alpha}{D_h}, \quad B = \frac{\beta}{D_m} \quad \text{und} \quad C = \frac{\gamma}{D_n},$$

so erhält man die allgemeine Gleichung der Turbine

$$N = A\,D_1 + B\,D_2 + C\,D_3 - \alpha\,a_h - \beta\,a_m - \gamma\,a_n \quad . \; . \; . \; (53)$$

Statt D_1 nimmt man wieder die veränderliche Hochdruckdampfmenge D der Turbine und bekommt, wenn D_{e1} und D_{e2} die Entnahmedampfmengen der ersten und zweiten Anzapfstelle sind,

$$D_2 = D - D_{e1} \quad \text{und} \quad D_3 = D - D_{e1} - D_{e2}.$$

In Gl. (53) eingesetzt und nach D aufgelöst, ist

$$D = \frac{D_{e1}(B+C) + D_{e2}\,C + \alpha\,a_h + \beta\,a_m + \gamma\,a_n}{A + B + C} + \frac{1}{A + B + C}\,N \quad (54)$$

Nullentnahme.

Unter der Voraussetzung, daß beide Entnahmeregelungen nicht abgestellt sind, erhält man die Gleichung der Geraden $3'$ für reinen Kondensationsbetrieb aus Gl. (54), wenn $D_{e1} = 0$ und $D_{e2} = 0$ sind, zu

$$D = \frac{\alpha\,a_h + \beta\,a_m + \gamma\,a_n}{A + B + C} + \frac{1}{A + B + C}\,N \quad . \; . \; . \; . \; . \; (55)$$

Aus den beiden Gl. (54) und (55) lassen sich wieder die Dampfdifferenzen bilden und daraus die für die Ausmittelung der Regelung wichtigen Verhältniszahlen. Für den Hoch- und Mitteldruckteil erhält man, wenn man Gl. (55) von (54) abzieht und $D_{e2} = 0$ setzt,

$$\Delta D_h = \frac{B + C}{A + B + C}\,D_{ei} = z_1 D_{e1}$$

und

$$\Delta D_{m1} = (1 - z_1)\,D_{e1} = \frac{A}{A + B + C}\,D_{e1}$$

und damit das Verhältnis v_{e1}

$$v_{e1} = \frac{\Delta D_h}{\Delta D_{m1}} = \frac{B + C}{A} . \; . \; . \; . \; . \; . \; . \; . \; (56)$$

In der gleichen Weise ist für die zweite Entnahmestelle zwischen Mittel- und Niederdruckteil, wenn $D_{e1} = 0$ ist,

$$\Delta D_{m2} = \frac{C}{A + B + C} D_{e2} = z_2 D_{e2}$$

und

$$\Delta D_n = (1 - z_2) D_{e2} = \frac{A + B}{A + B + C} D_{e2},$$

somit

$$v_{e2} = \frac{\Delta D_{m2}}{\Delta D_n} = \frac{C}{A + B} \quad \cdots \cdots \cdots \quad (57)$$

Es lassen sich wie unter Abschnitt 3 B a) aus Gl. (54) die verschiedenen Betriebsverhältnisse und Größen rechnen. Für die Ausmittlung der Regelung sind die weiteren Untersuchungen belanglos, deshalb brauchen sie an dieser Stelle nicht angeführt zu werden. Die zeichnerische Darstellung des Diagrammes, wie sie Stender[1]) vorgeschlagen hat, ist für die Gestängeausmittlung nicht brauchbar. Es soll deshalb ein übersichtlicheres Diagramm entwickelt werden, das den Vorzug hat, für die Regelungsausmittlung unmittelbar verwendet werden zu können und das die verschiedenen Betriebsmöglichkeiten und Abgrenzungen je nach der Bemessung von Hoch-, Mittel- und Niederdruckteil leicht erkennen läßt. Zu diesem Zwecke bestimmen wir die Gleichungen für einige Sonderfälle.

Um den Gegendruckbetrieb der ersten Anzapfung, Gerade $1'$, zu erhalten, bei dem $D_m = D_n = 0$ ist, setzen wir in Gl. (54) $D_{e2} = 0$ und $D_{e1} = D$, dann ist

$$D = \frac{\alpha a_h + \beta a_m + \gamma a_n}{A} + \frac{1}{A} N \quad \cdots \cdots \quad (58)$$

Die Gerade $1'$ ist zu 1 parallel wegen der gleichen Beiwerte von N, denn die Gleichung der Geraden 1 kann auch geschrieben werden:

$$D_1 = a_h D_h + \frac{1}{A} N_1.$$

Für den Gegendruckbetrieb der zweiten Entnahme ist $D_n = 0$, und man erhält die Gleichung der Geraden $2''$, wenn in der Gl. (54) $D_{e1} = 0$ und $D_{e2} = D$ gesetzt wird, zu

$$D = \frac{\alpha a_h + \beta a_m + \gamma a_n}{A + B} + \frac{1}{A + B} N \quad \cdots \cdots \quad (59)$$

Der Beiwert von N läßt erkennen, daß diese Gerade parallel ist zu der Summengeraden $2'$ aus 1 und 2. Setzen wir in den Gl. (55), (58) und (59) $D = 0$, so ist $N = -(\alpha a_h + \beta a_m + \gamma a_n)$, das heißt, die Geraden des ersten und zweiten Gegendruckbetriebes und die für Null-

---

[1]) S t e n d e r : »Dampfverbrauchsdiagramm für Turbinen mit zwei Anzapfstellen«. Z. d. Wärme 1931, Heft 35.

entnahme schneiden sich in einem Punkte der Abszissenachse. Die Konstruktion der Dampfverbrauchsbilder ergeben sich daraus wie folgt: Nach Abb. 14 werden die Linien *1* und *2* graphisch addiert und geben die dünn strichlierte Summengerade *2'*. Letztere wird wieder zu *3* addiert. Man erhält damit die Nullentnahmelinie *3'*, die bis zur Abszissenachse verlängert wird. Von diesem Punkt zieht man Parallele zu *1'* und *2'* und erhält die Gegendrucklinien nach Gl. (58) und (59). Wegen der Addition von je zwei Geraden gelten auch hier die im Abschn. 3 B a) gefundenen Regeln. In Abb. 14 ist ein Zahlenbeispiel wiedergegeben, das die Abgrenzungen und die verschiedenen Betriebsfälle erkennen läßt. Als Beispiel soll angenommen werden, daß den beiden Anzapfstellen je 40 t/h Dampf entnommen werden. Durch den Ordinatenpunkt *40* der Linie *1'* legt man eine Parallele zu *2''* bis zur Ordinate *80*, zieht eine Parallele zu *3'* und erhält damit die gewünschten Linien. Die eingeschriebenen Zahlen geben die Dampfentnahme an der ersten und zweiten Entnahmestelle an. Aus Abb. 14 sieht man, daß das Entnahmediagramm der zweiten Anzapfung entsprechend der Entnahme an der ersten nach oben, also im positiven Sinne, verschoben wird.

d) Zweidruck-Entnahmeturbinen.

Als weiteres Beispiel soll noch eine Zweidruckentnahmeturbine untersucht werden, der Mitteldruckdampf vor der Dampfentnahme zugeführt wird. Auch hier ist die Turbine durch den Einbau zweier voller Zwischenböden in drei Teile geteilt. Bezeichnet man mit D_a die zugeführte und mit D_e die entnommene Dampfmenge, so erhält man durch Addition der drei Teilgleichungen, wenn

$$D_1 = D, \quad D_2 = D + D_a \quad \text{und} \quad D_3 = D + D_a - D_e \text{ ist,}$$

$$D = \frac{D_e C - D_a (B + C) + \alpha a_h + \beta a_m + \gamma a_n}{A + B + C} + \frac{1}{A + B + C} N \quad (60)$$

Bei reinem Kondensationsbetrieb mit $D_a = 0$ und $D_e = 0$ geht die Gl. (60) über in Gl. (55).

Für die Zweidruckregelung erhält man v_a aus

$$\Delta D_h = \frac{B + C}{A + B + C} D_a = z_1 D_a$$

$$\Delta D_{m1} = (1 - z_1) D_a = \frac{A}{A + B + C} D_a$$

zu

$$v_a = \frac{\Delta D_{m1}}{\Delta D_h} = \frac{A}{B + C} \quad \cdots \cdots \cdots \cdots \quad (61)$$

Für die Entnahmeregelung ist v_e bei $D_a = 0$

$$\Delta D_{m2} = \frac{C}{A + B + C} D_e = z_2 D_e$$

$$\varDelta D_n = (1 - z_2)\, D_e = \frac{A + B}{A + B + C}\, D_e$$

$$v_e = \frac{\varDelta D_{m2}}{\varDelta D_n} = \frac{C}{A + B} \cdot \quad \ldots \ldots \ldots \quad (62)$$

Auch hier läßt sich leicht nachweisen, daß sich die drei Hauptlinien für Gegendruckbetrieb an der ersten und zweiten Stelle und für den Betrieb mit $D_a = D_e = 0$ in einem Punkte der Abszissenachse schneiden und zu ihren zugeordneten Linien parallel sind, wie auch aus der Abb. 15 ersichtlich ist. Der Unterschied gegenüber der Abb. 14 liegt einerseits

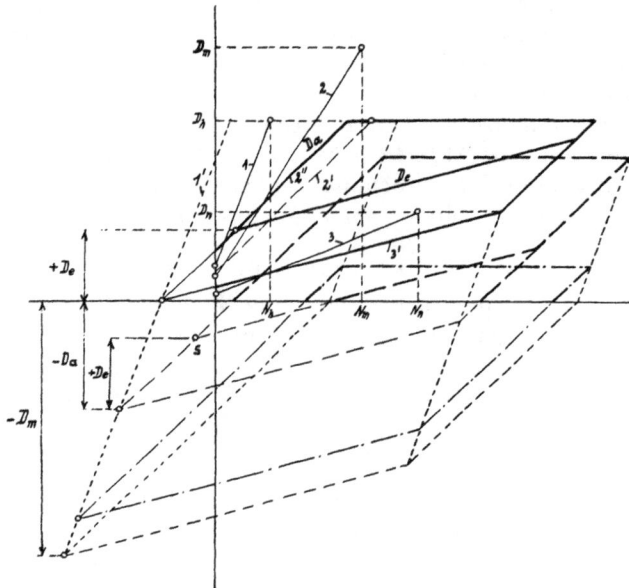

Abb. 15. Dampfverbrauchsdiagramm einer Zweidruck-Entnahmeturbine.

darin, daß nicht mehr zwei Entnahmediagramme, sondern ein Zweidruck- und ein Entnahmediagramm zusammengesetzt werden, und daß andererseits erst die Abdampfordinaten negativ also nach unten und dann die für Entnahme positiv also nach oben aufzutragen sind. Die Begrenzungslinien von Hoch-, Mittel- und Niederdruckteil werden für die erste Stelle nach Abschn. 3 B b) und für die zweite nach Abschn 3 B a) bestimmt. Nachdem die Dampfentnahme zwischen dem Mittel- und Niederdruckteil erfolgt, verschiebt sich das Entnahmediagramm je nach der zwischen dem Hoch- und Mitteldruckteil zugeführten Abdampfmenge nach unten.

Wird der Abdampf hinter der Dampfentnahmestelle eingeführt, so ist:

$$D_1 = D, \ D_2 = D - D_e, \ D_3 = D - D_e + D_a$$

und die Gleichung des Gesamtdampfverbrauches wird

$$D = \frac{D_e(B+C) - C\,D_a + \alpha\,a_h + \beta\,a_m + \gamma\,a_a}{A+B+C} + \frac{1}{A+B+C}\,N \quad (63)$$

Die Verhältniszahlen der Dampfdifferenzen sind dann für die Entnahmestelle

$$v_e = \frac{\varDelta D_h}{\varDelta D_{m1}} = \frac{B+C}{A} \ \ \ldots \ldots \ldots \ldots \ (64)$$

und für die Zweidruckstelle

$$v_a = \frac{\varDelta D_n}{\varDelta D_{m2}} = \frac{A+B}{C} \ \ \ldots \ldots \ldots \ldots \ (65)$$

Ein Dampfverbrauchsbild für diese Turbinen zeigt Abb. 16. Hier wird ein Zweidruckdiagramm nach Abb. 13 nach oben verschoben, je nach der Entnahmedampfmenge. In diesem Falle wird erst die Ent-

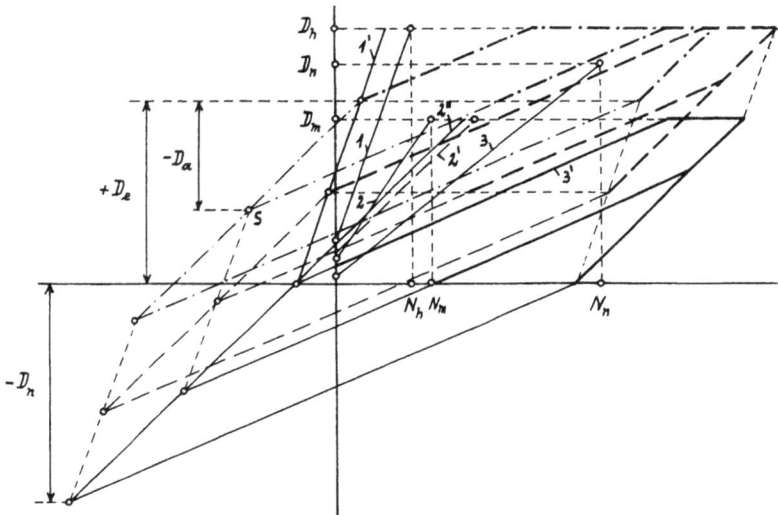

Abb. 16. Dampfverbrauchsdiagramm einer Entnahme-Zweidruckturbine.

nahmedampfmenge $+ D_e$ nach oben und von diesem Punkt die Abdampfmenge $- D_a$ nach unten abgetragen. Für $D_e = 0$ ist das Abdampfdiagramm voll und für den Entnahmebetrieb stark strichliert bzw. strichpunktiert ausgezogen. Hierbei ist zu beachten, daß die Entnahmedampfmenge D_e in keinem Falle größer sein kann als die Hochdruckdampfmenge D_h. Sobald Abdampf zugeführt wird, ist die Dampfentnahme nur bis zu einer bestimmten Teillast herunter möglich.

In ähnlicher Weise können für jede beliebige Turbine mit mehr als zwei Anzapfstellen oder mit Dampfzufuhr und mehreren Anzapfstellen die Verhältniszahlen gerechnet werden. Praktisch ausgeführt wurde bisher keine dieser Turbinen, so daß von diesen Untersuchungen Abstand genommen werden kann, um so mehr als sie doch nur sinngemäße Wiederholungen der behandelten Fälle ⸗sind. Ein Dampfverbrauchsdiagramm einer Dreifachentnahmeturbine ist vom Verfasser an einer anderen Stelle[1]) angegeben.

In den vorhergehenden Rechnungen wurde angenommen, daß der Niederdruckteil auf eine Kondensation arbeitet. Die Gleichungen gelten aber auch für Turbinen, deren Niederdruckteil mit Gegendruck betrieben wird. Abweichungen der Teilturbinen vom Geradliniengesetz erschweren die Konstruktion des Dampfverbrauchsbildes, bleiben aber für die Gestängeausmittelung belanglos, solange die Linien gleicher Entnahme- oder Abdampfmenge gleichen Abstand voneinander haben. In diesem Falle sind die Dampfdifferenzen für alle Belastungen gleich.

4. Der Dampfkegel.

Auf Grund der Versuche an einer achtstufigen Überdruckturbine der Eidgenössischen Technischen Hochschule in Zürich hat Stodola[2]) das wichtige Gesetz des Dampfkegels aufgestellt. Ändert man den Anfangs- und Enddruck einer Turbine in weiten Grenzen und bestimmt jeweils die größte durch die Turbine strömende Dampfmenge, so liegen die Punkte, räumlich aufgetragen, auf dem Mantel eines angenähert elliptischen Kegels, wenn in keiner Stufe die kritische Geschwindigkeit überschritten ist. In Abb. 17 ist der Dampfkegel einer Turbine, die entsprechend Punkt *I* gebaut ist, perspektivisch dargestellt.

A. Gleicher Anfangsdruck.

Bei unveränderlichem Anfangsdruck ändert sich die Dampfmenge bei veränderlichem Gegendruck nach der Ellipse *I—II* der Abb. 17. Bezeichnet man mit D die Dampfmenge in kg/h, p_a den Anfangs- und p_g den Gegendruck in at abs als veränderliche Größen und mit D_0, p_{a0} und p_{g0} die Werte für die die Turbine gebaut ist, so kann nach der allgemeinen Ellipsengleichung

$$\frac{x^2}{a^2} + \frac{y^2}{b^2} = 1$$

gesetzt werden: $x = D$, $y = p_g$, $b = p_{a0}$.

[1]) D a n n i n g e r, P. »Dampfverbrauchsbilder für mehrfach gesteuerte Turbinen«. Die Wärme (1934) 5 S. 65—69.

[2]) S t o d o l a, A. »Dampf- und Gasturbine«. 5. Auflage. Berlin 1922.

Für den Punkt I ist demnach

$$\frac{D_0^2}{a^2} + \frac{p_{g0}^2}{p_{a0}^2} = 1$$

und

$$a^2 = \frac{D_0^2}{1 - p_{g0}^2/p_{a0}^2}.$$

Die Gleichung der Ellipse geht dann über in

$$\frac{D^2}{D_0^2}\left(1 - \frac{p_{g0}^2}{p_{a0}^2}\right) + \frac{p_g^2}{p_{a0}^2} = 1 \ . \ . \ . \ . \ . \ . \ . \ . \ (66)$$

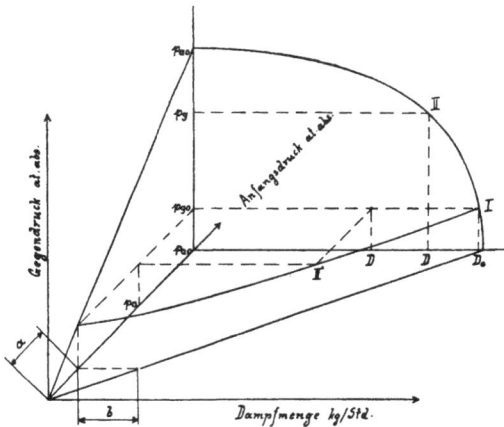

Abb. 17. Der Dampfkegel.

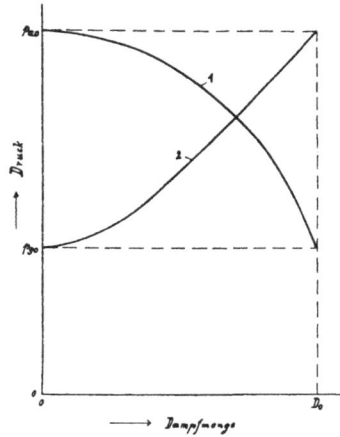

Abb. 18. Änderung der Dampfmenge einer Gegendruckturbine bei veränderlichem Anfangs- und Enddruck.

oder nach D aufgelöst

$$D = D_0 \sqrt{\frac{p_{a0}^2 - p_g^2}{p_{a0}^2 - p_{g0}^2}} \ . \ . \ . \ . \ . \ . \ . \ . \ (67)$$

Rechnet man lieber mit Verhältniszahlen, so kann Gl. (66) geschrieben werden

$$\frac{D^2}{D_0^2}\left(1 - \frac{p_{g0}^2}{p_{a0}^2}\right) + \frac{p_g^2}{p_{g0}^2}\frac{p_{g0}^2}{p_{a0}^2} = 1$$

und

$$\frac{p_g}{p_{g0}} = \sqrt{\frac{1 - D^2/D_0^2\,(1 - p_{g0}^2/p_{a0}^2)}{p_{g0}^2/p_{a0}^2}} \ . \ . \ . \ . \ . \ (68)$$

Die Gl. (67) und (68) sind nicht nur für Drossel- sondern auch für Füllungsregelung gültig. In Abb. 18 ist die Änderung des Gegendruckes abhängig von der Dampfmenge einer Gegendruckturbine durch die Linie *1* dargestellt.

B. Gleicher Gegendruck.

Bleibt der Gegendruck gleich und verändert sich die Dampfmenge nur mit dem Anfangsdruck, so erhält man nach Abb. 17 die Hyperbel I—II', deren allgemeine Gleichung lautet:

$$\frac{x^2}{a^2} - \frac{y^2}{b^2} = 1$$

und in der $x = p_a$, $y = D$, $a = p_{g0}$ gesetzt wird.

Aus dem Vollastpunkt

$$\frac{p_{a0}^2}{p_{g0}^2} - \frac{D_0^2}{b^2} = 1$$

bekommt man

$$b^2 = \frac{D_0^2}{p_{a0}^2/p_{g0}^2 - 1}$$

und damit die Gleichung der Hyperbel

$$\frac{p_a^2}{p_{g0}^2} - \frac{D^2}{D_0^2}\left(\frac{p_{a0}^2}{p_{g0}^2} - 1\right) = 1 \quad\ldots\ldots\ldots (69)$$

und nach D aufgelöst

$$D = D_0 \sqrt{\frac{p_a^2 - p_{g0}^2}{p_{a0}^2 - p_{g0}^2}} \quad\ldots\ldots\ldots (70)$$

Für die Rechnung mit Verhältniszahlen kann Gl. (69) geschrieben werden

$$\frac{p_a^2}{p_{a0}^2}\frac{p_{a0}^2}{p_{g0}^2} = 1 + \frac{D^2}{D_0^2}\frac{p_{a0}^2}{p_{g0}^2} - \frac{D^2}{D_0^2}$$

und

$$\frac{p_a}{p_{a0}} = \sqrt{\frac{p_{g0}^2}{p_{a0}^2}\left(1 - \frac{D^2}{D_0^2}\right) + \frac{D^2}{D_0^2}} \quad\ldots\ldots (71)$$

Die Gl. (70) und (71) gelten nur für Drosselregelung. Für Füllungsregelung ist nach Renfordt[1]) für eine beliebige Stufe

$$D = D_0\left(\frac{p_a}{p_{a0}}\right)^{0,05}\sqrt{\frac{p_a^2 - p_{g0}^2}{p_{a0}^2 - p_{g0}^2}} \quad\ldots\ldots (72)$$

und

$$\frac{p_a}{p_{a0}} = \sqrt{\frac{p_{g0}^2}{p_{a0}^2}\left(1 - \frac{D^2}{D_0^2}\frac{p_{a0}^{0,1}}{p_a^{0,1}}\right) + \frac{D^2}{D_0^2}\frac{p_{a0}^{0,1}}{p_a^{0,1}}} \quad\ldots\ldots (73)$$

In Abb. 18 ist für Drosselregelung nach Gl. (70) die Linie 2 für veränderlichen Anfangsdruck, abhängig von der Dampfmenge eingezeichnet.

Bei Kondensationsturbinen ist der Dampfdruck der durchgehenden Dampfmenge verhältnisgleich.

[1]) Renfordt, A. »Druckverteilung und Dampfverbrauch bei Teillast von Gegendruck- und Entnahmeturbinen«. Archiv f. Wärmewirtschaft 1927, 10 (1927) und 1 (1928).

C. Anwendung der Kegelschnittlinien.

a) Änderung des Stufendruckes.

Im vorhergehenden Abschnitt wurden die Gleichungen für den Fall aufgestellt, daß der Anfangs- oder der Enddruck der Turbine geändert werden. Die Formeln gelten aber nicht nur für diese Sonderfälle, sondern auch allgemein für jede beliebige Stufe einer Turbine, solange das kritische Druckverhältnis nicht überschritten wird. Bezeichnet man mit p_s den veränderlichen Stufendruck und mit p_{s0} den bei Vollast, so können die Gl. (67), (70) und (72) geschrieben werden.

Für Drosselregelung:

$$D = D_0 \sqrt{\frac{p_{a0}^2 - p_s^2}{p_{a0}^2 - p_{s0}^2}} \quad \ldots \ldots \ldots \ldots (74)$$

$$D = D_0 \sqrt{\frac{p_s^2 - p_{g0}^2}{p_{s0}^2 - p_{g0}^2}} \quad \ldots \ldots \ldots \ldots (75)$$

und für Füllungsregelung wieder Gl. (74) und

$$D = D_0 \left(\frac{p_s}{p_{s0}}\right)^{0,05} \sqrt{\frac{p_s^2 - p_{g0}^2}{p_{s0}^2 - p_{g0}^2}} \quad \ldots \ldots \ldots (76)$$

Die Gl. (74) bezieht sich auf den Turbinenteil, der vor der betrachteten Stufe liegt, es wird also p_s der veränderliche Gegendruck. Dagegen gelten die Gl. (75) und (76) für den nachgeschalteten Turbinenteil, so daß hierfür p_s der veränderliche Anfangsdruck wird. In Abb. 19 sind die beiden Kurven *1* und *2* für Drosselregelung eingetragen, die vom Vollastzustand p_{s0} und D_0 ausgehen. In derselben Abbildung ist auch die Konstruktion der Kurven angegeben.

Der Ellipsenbogen *1* kann punktweise wie folgt ausgemittelt werden. Von dem gegebenen Vollastpunkte A bringt man die wagrechte Linie zum Schnitt mit dem Kreisbogen $B p_{a0}$, verbindet den Punkt B mit dem Nullpunkte und findet damit den Schnittpunkt C mit der senkrechten

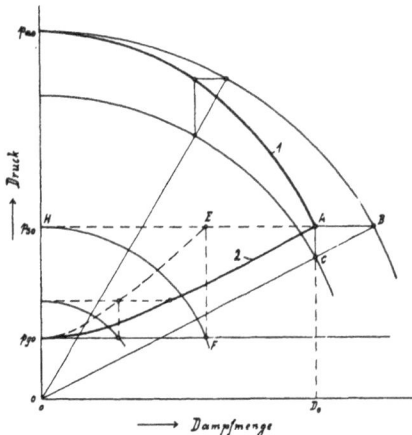

Abb. 19. Dampfmenge abhängig von dem Stufendruck.

Linie von A. Mit dem Radius $0\,C$ kann der zweite Kreisbogen gezeichnet werden. Die Radien der beiden Kreise entsprechen den Achsen der Ellipse. Man bringt nun einen beliebigen Strahl vom Nullpunkt aus zum

Schnitt mit den beiden Kreisen, zieht durch den äußeren Punkt eine Wagrechte und durch den inneren eine Senkrechte und erhält im Schnitt beider einen Ellipsenpunkt.

Um die Konstruktion des Hyperbelbogens 2 zu ermitteln, geht man von dem Kreiskegel aus, der bei entsprechender Wahl der Maßstäbe für p_g und D entsteht. Eine wagrechte Ebene schneidet den Kegel nach einer Hyperbel, deren Grundriß und Aufriß übereinander gelegt wird. Durch p_{s0} der Ordinatenachse in Abb. 19 wird vom Nullpunkt aus ein Kreisbogen geschlagen, mit der Gegendrucklinie p_{g0} zum Schnitt gebracht und durch den Punkt F die Senkrechte bis zur p_{s0}-Linie gezogen. In gleicher Weise werden die übrigen Punkte der gestrichelten Linie bestimmt. Um die endgültige Linie 2 zu finden, ist es nur nötig, die Abszissen der ersteren im Verhältnis $\dfrac{HA}{HE}$ zu vergrößern.

Bisher wurde angenommen, daß keine der Stufen im überkritischen Druckgebiet arbeitet. Wird in einer Stufe die kritische Geschwindigkeit überschritten, so bleibt die Dampfmenge gleich, bis das kritische Druckverhältnis erreicht ist und bei weiterer Abnahme ändert sich die Dampfmenge wieder nach den Kegelschnittlinien.

b) Überlastung.

Der Einfachheit halber legen wir eine Kondensationsturbine zugrunde, bei der bekanntlich die Stufendrücke der Dampfmenge verhältnisgleich sind. Die Linie 2 der Abb. 19 wird zu einer Geraden $0C$ nach Abb. 20. Erfolgt die Überlastung der Turbine durch Umführung des Dampfes in eine Stufe mit dem Druck p_{s0} bei der Vollastdampfmenge D_0, so tritt eine Steigerung des Stufendruckes ein. Die Dampfmenge D_h des Hochdruckteiles verringert sich nach Gl. (74) bis zum Punkte B, während den Niederdruckteil wegen der Zunahme des Druckes bis C die größere Dampfmenge D_n durchfließt. Die Leistung der Turbine kann nun leicht nachgerechnet werden, nachdem außer den Dampfmengen D_n und D_h auch der geänderte Stufendruck p_s gegeben ist. Der Unterschied der Dampfmengen $D_n - D_h$ strömt durch die Umführungsleitung des Hochdruckteiles.

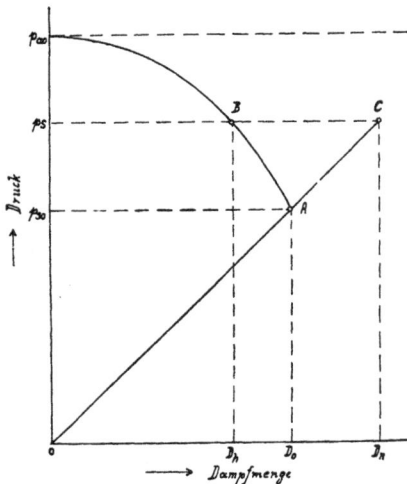

Abb. 20. Überlastung einer Kondensationsturbine.

c) Die Zweidruckturbine mit Drosselregelung.

In Abb. 2 ist der Druckverlauf einer Zweidruckturbine mit Drosselregelung im Hoch- und Niederdruckteil angegeben. Bei Vollast und reinem Frischdampfbetrieb ist das Drosselventil nahezu ganz offen und das erste Leitrad arbeitet mit dem höchsten Eintrittsdruck. Dagegen ist der Druck in der Abdampfstufe wegen des kleineren Dampfdurchsatzes verhältnismäßig niedrig. Wird nun bei gleicher Last auf Abdampfbetrieb umgeschaltet, so steigt der Stufendruck und der Druck vor dem ersten Leitrad sinkt. Im Vergleich mit der Gegendruckturbine und dem Hochdruckteil bei Überlast ergibt sich also, daß im ersten Fall die Drücke gleich bleiben, im zweiten Fall nur der Gegendruck steigt, während bei der Zweidruckturbine der Gegendruck zu- und gleichzeitig der Eintrittsdruck abnimmt. Das Wärmegefälle sinkt also rasch ab. Der Druckverlauf läßt sich wegen der Änderung beider Drücke nicht mehr unmittelbar nach dem Dampfkegelgesetz bestimmen, sondern ergibt sich als Linieneinhüllende.

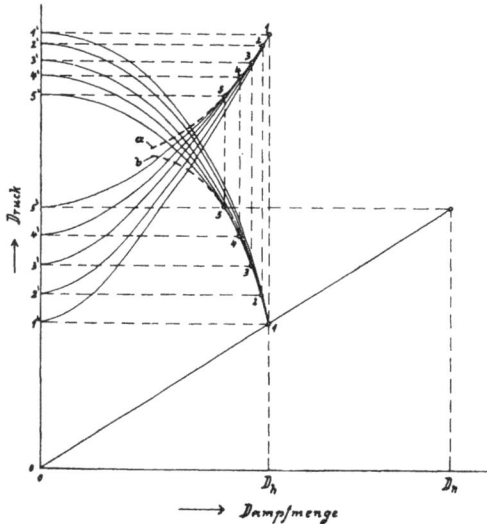

Abb. 21. Druckverlauf in der Zweidruckturbine bei Drosselregelung.

In Abb. 21 entsprechen die Punkte *1* dem Eintritts- und Stufendrucke bei reinem Frischdampfbetrieb mit der Dampfmenge D_h und Vollast. Es können nun die beiden Linien *1 — 1'* für gleichen Anfangs- bzw. Enddruck gezeichnet werden. Auf diesen werden die Punkte *2* als neuer Anfangs- und Enddruck gewählt und abermals die beiden Kegelschnittlinien *2 — 2'* eingetragen. Dieses Verfahren wiederholt sich nun punktweise weiter und ergibt den tatsächlichen Druckverlauf als einhüllende Linien *a* und *b*. Diese Ausmittelung bezieht sich nur auf eine bestimmte Belastung. Ist D_n die größte Niederdruckdampfmenge, so ist an Abdampf D_a im Punkte *5* zugeführt worden

$$D_a = D_n — D_{h5}.$$

Wäre der Eintrittsdruck wie bei der Überlastung gleich geblieben, so hätte sich die Dampfmenge des Hochdruckteiles nach der Linie *1 — 1'* ändern müssen. Wegen der Drosselregelung nimmt also die Hochdruckdampfmenge bei Abdampfzufuhr rascher ab. Das Wärmegefälle, der Wirkungsgrad und der Leistungsanteil ändern sich damit ebenfalls beträchtlich.

Die beiden Linien a und b nähern sich bei abnehmender Hochdruck-dampfmenge immer mehr, bis sie sich bei $D_h = 0$ in einem Punkte treffen. Bezeichnet man diesen Druck mit p_x, so ist nach den Gl. (67) und (70)

$$p_x = \sqrt{\frac{p_{a0}^2 + p_{g0}^2}{2}} \quad \ldots \ldots \ldots \quad (77)$$

II. Regelungsverfahren.

5. Drosselregelung.

Die Drosselregelung ist die einfachste Regelungsart für Turbinen. Der Geschwindigkeitsregler, beeinflußt durch die Drehzahl abhängig von der Leistung, verstellt das in der Dampfleitung eingebaute Drossel-ventil. Dadurch wird die Dampfmenge und infolge der Druckabsenkung auch das Wärmegefälle geändert. Besonders der letztere Umstand ver-ursacht, daß der Dampfverbrauch bei Teilbelastungen zusätzlich erhöht wird. Ein klares Bild über die Wirtschaftlichkeit der Drosselreglung gibt der Drosselwirkungsgrad.

A. Wirkungsgrad der Droßlung.

Der Turbinenwirkungsgrad η bei Teillast auf den Radumfang bezogen kann, wie bei der Einzelstufe nach Abschn. 2 Gl. (15), als das Verhältnis des ausgenutzten zum adiaba-tischen, gedrosselten Wärmegefälle H wiedergegeben werden. Bezieht man den Wirkungsgrad η_1 auf den Dampfzustand vor dem Drosselventil mit dem zur Ver-fügung stehenden Wärmegefälle H_1 nach Abb. 22, dann ist

$$\eta_1 = \frac{H}{H_1} \eta = \eta_d \eta,$$

wobei $\frac{H}{H_1} = \eta_d$ der Wirkungsgrad der Dampfdroßlung ist. Setzt man für die Wärmegefälle sinngemäß mit den Be-zeichnungen nach Abb. 22 die Werte nach

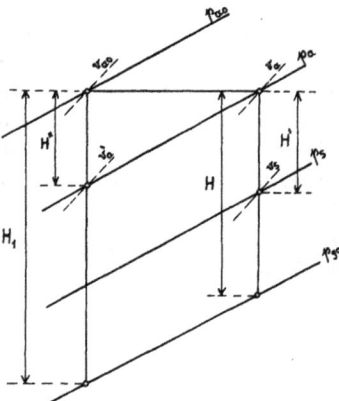

Abb. 22. Die Dampfdrosselung in dem Entropiediagramm.

Abschn. 2 Gl. (1) ein und beachtet, daß $p_{a0} v_{a0} = p_a v_a$ ist, so erhält man

$$\eta_d = \frac{1 - (p_{g0}/p_a)^{\frac{k-1}{k}}}{1 - (p_{g0}/p_{a0})^{\frac{k-1}{k}}} \dots \dots (78)$$

und mit $p_{g0}/p_a = p_{g0}/p_{a0} \cdot p_{a0}/p_a$

$$\eta_d = \frac{1 - \left(\dfrac{p_{g0}/p_{a0}}{p_a/p_{a0}}\right)^{\frac{k-1}{k}}}{1 - (p_{g0}/p_{a0})^{\frac{k-1}{k}}} \dots \dots (79)$$

Bei Kondensationsturbinen mit Drosselregelung ist aber $p_a/p_{a0} = D/D_0$, wenn D_0 die Dampfmenge bei Vollast und D die bei Teillast bezeichnet. Damit geht Gl. (79) über in

$$\eta_d = \frac{1 - \left(\dfrac{p_{g0}/p_{a0}}{D/D_0}\right)^{\frac{k-1}{k}}}{1 - (p_{g0}/p_{a0})^{\frac{k-1}{k}}} \dots \dots (80)$$

Für Gegendruckturbinen mit Drosselregelung ersetzt man in Gl. (78) das Druckverhältnis p_{g0}/p_a durch den Wert aus Gl. (69) und findet damit

$$\eta_d = \frac{1 - \left[1 - (D/D_0)^2 + \left(\dfrac{D/D_0}{p_{g0}/p_{a0}}\right)^2\right]^{\frac{1-k}{2k}}}{1 - (p_{g0}/p_{a0})^{\frac{k-1}{k}}} \dots \dots (81)$$

In Abb. 23 ist der Wirkungsgrad der Droßlung nach Gl. (79) in Abhängigkeit von dem Verhältnis Enddruck zu Anfangsdruck für verschiedene Drosseldruckverhältnisse wiedergegeben. Das Gebiet

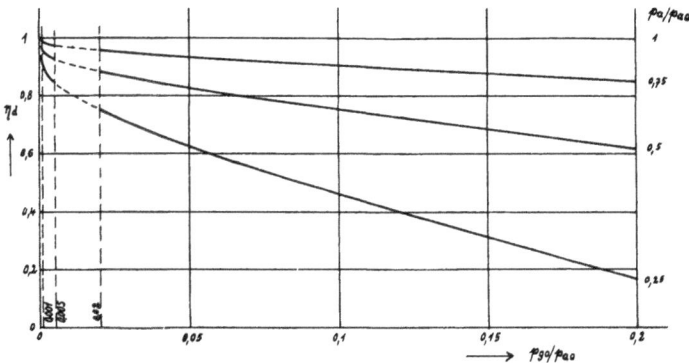

Abb. 23. Wirkungsgrad der Drosselung abhängig vom Druckverhältnis.

$p_{g0}/p_{a0} < 0,005$ umfaßt die Kondensationsturbinen und $p_{g0}/p_{a0} > 0,02$ die Gegendruckturbinen. Nachdem der innere Turbinenwirkungsgrad bei Drossel- und Füllungsregelung nicht wesentlich voneinander verschieden ist, kann η_d zur Beurteilung der Wirtschaftlichkeit dienen. Aus Abb. 23 erkennt man leicht, daß die zusätzliche Verringerung des Turbinenwirkungsgrades durch die Droßlung bei den Kondensations-turbinen viel geringer ist als bei den Gegendruckturbinen. Je größer das Druckverhältnis p_{g0}/p_{a0}, also je kleiner das Wärmegefälle für die Turbine ist, um so schlechter wird der Wirkungsgrad bei Drosselregelung. Vorschaltturbinen sollen deshalb immer mit Füllungsregelung ausgeführt werden. Dagegen können Grundlastturbinen für Kraftwerke unbedenklich mit Drosselregelung laufen, während Gegendruckturbinen, die meist mit veränderlicher Leistung betrieben werden, nur Füllungsregelung erhalten dürfen.

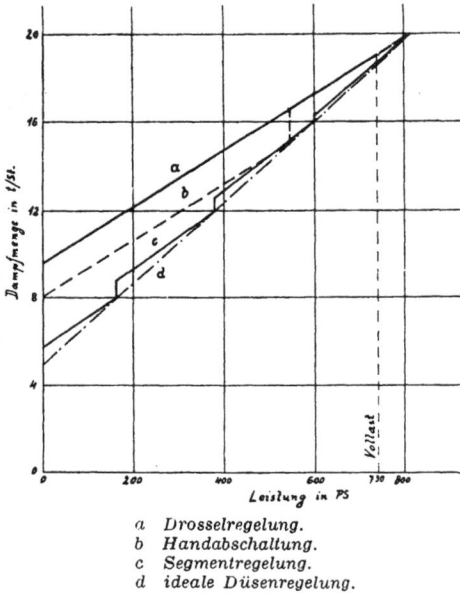

a Drosselregelung.
b Handabschaltung.
c Segmentregelung.
d ideale Düsenregelung.

Abb. 24. Dampfverbrauch einer Gegendruckturbine bei verschiedenen Regelungsarten.

Der Einfluß der Drosselregelung auf den Dampfverbrauch bei Gegendruckturbinen gegenüber der Füllungsregelung ist aus Abb. 24 ersichtlich. Für dieses Beispiel wurde die Turbine gewählt, für die in Abb. 10 der Expansionsverlauf im Entropiediagramm für ein Druck-verhältnis $p_{g0}/p_{a0} = 0,6$ wiedergegeben ist. Die Linie a für Drossel-regelung liegt am höchsten.

B. Drosseldruck.

Die Bestimmung des Drosseldruckes ist für die Ausmittlung der Regelkonen wichtig. Bei einer gegebenen Dampfmenge D in kg/h, die durch die Turbine fließt, stellt sich hinter dem Drosselventil ein bestimmter Drosseldruck p_a in at abs ein, der von dem Querschnitt F in m/m² des ersten Leitrades und dem dahinter liegenden Stopfbüchsen-druck p_s in at abs abhängt. Die Fläche F ist aus der thermischen Berechnung oder nach Gl. (5) oder (9) nach Abschn. 2 gegeben und der Stopfbüchsendruck in Abhängigkeit von der Dampfmenge bei Gegendruckturbinen aus Gl. (75) nach Abschn. 4 C a) zu ermitteln, vorausgesetzt, daß in keiner Stufe der Turbine die kritische Geschwindigkeit überschritten wird. Für Kondensationsturbinen ist der Stopfbüchsendruck der Dampfmenge verhältnisgleich.

Ist nach Abb. 22 p_{a0} und v_{a0} der Druck und das Volumen vor dem Drosselventil und H' das Wärmegefälle vom Drosseldruck p_a bis zum Stopfbüchsendruck p_s, so ist

$$H' = A \frac{k}{k-1} P_{a0} v_{a0} \left[1 - \left(\frac{p_s}{p_a} \right)^{\frac{k-1}{k}} \right] \quad \dots \quad (82)$$

Aus der Strömungsgleichung für unterkritische Dampfgeschwindigkeit ist nach den Gl. (3), (4) und (5) gemäß Abschn. 2

$$H' = \frac{A}{2 g \varphi^2} \frac{10^{12}}{3600^2} \frac{D^2}{F^2} v_s^2$$

und aus den Beziehungen $p_s v_s^k = p_a v_a^k$, $v_a = \dfrac{p_{a0} v_{a0}}{p_a}$ und $p_{a0}/p_a = \dfrac{p_s/p_a}{p_s/p_{a0}}$ ergibt sich

$$v_s = v_{a0} \frac{(p_s/p_a)^{\frac{k-1}{k}}}{p_s/p_{a0}} .$$

Damit wird

$$H' = \frac{A}{2 g \varphi^2} \frac{10^{12}}{3600^2} \frac{D^2}{F^2} v_{a0}^2 \frac{(p_s/p_a)^{\frac{2k-2}{k}}}{(p_s/p_{a0})^2} \quad \dots \quad (83)$$

Werden die beiden Ausdrücke für H' nach den Gl. (82) und (83) gleichgesetzt, so erhält man nach entsprechender Umformung und für $P_{a0} = 10^4 p_{a0}$

$$\frac{1}{\varphi \sqrt{2 g}} \frac{10^4}{3600} \sqrt{\frac{k-1}{k}} \sqrt{\frac{v_{a0}}{p_{a0}}} \frac{D}{F} = \frac{p_s}{p_a} \sqrt{1 - \left(\frac{p_s}{p_a} \right)^{\frac{k-1}{k}}} \frac{1}{(p_s/p_a)^{\frac{k-1}{k}}} .$$

Aus dieser Gleichung ist der Drosseldruck p_a abhängig von der Dampfmenge bei gegebenem Leitradquerschnitt und Stopfbüchsendruck zu rechnen. Zur Vereinfachung setzen wir

$$Q = \frac{1}{\sqrt{2 g}} \frac{10^4}{3600} \sqrt{\frac{k-1}{k}} \quad \dots \dots \dots (84)$$

und

$$y = \frac{\sqrt{1 - (p_s/p_a)^{\frac{k-1}{k}}}}{(p_s/p_a)^{\frac{k-1}{k}}} \quad \dots \dots \dots (85)$$

und damit

$$y = Q \frac{D}{\varphi F} \frac{\sqrt{v_{a0}/p_{a0}}}{p_s/p_{a0}} \quad \ldots \ldots \ldots \quad (86)$$

Nach Gl. (85) ist in Abb. 25 y abhängig vom Druckverhältnis p_s/p_a zeichnerisch wiedergegeben.

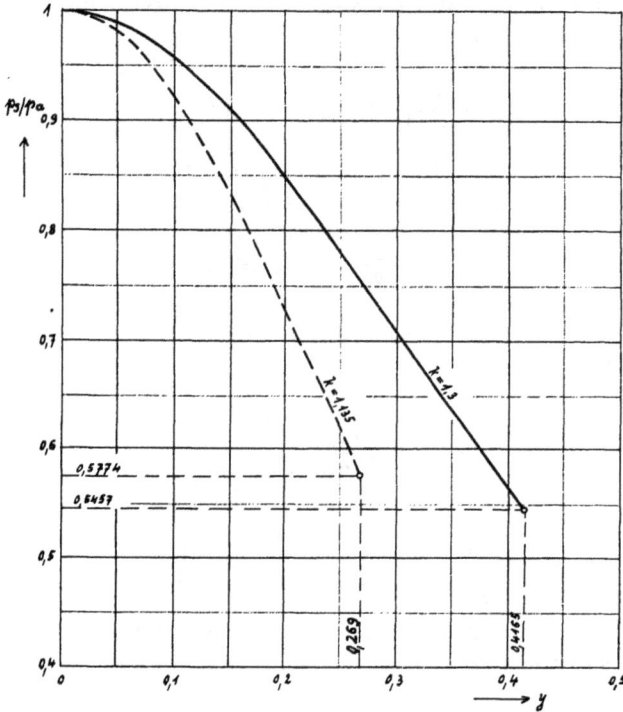

Abb. 25. y abhängig vom Druckverhältnis p_s/p_a.

Wird die kritische Geschwindigkeit erreicht oder überschritten, so ist $p_s/p_a = \left(\dfrac{2}{k+1}\right)^{\frac{k}{k-1}}$, und es wird

$$y = \frac{\sqrt{1 - \dfrac{2}{k+1}}}{\dfrac{2}{k+1}} \quad \ldots \ldots \ldots \quad (87)$$

Für überhitzten Dampf mit $k = 1,3$ wird $Q = 0,3015$, so daß bei unterkritischer Strömung mit $p_s/p_a > 0,5457$

$$y = 0,3015 \frac{D}{\varphi F} \frac{\sqrt{v_{a0}/p_{a0}}}{p_s/p_{a0}} \quad \ldots \ldots \ldots \quad (88)$$

ist und bei der kritischen Geschwindigkeit oder darüber mit $p_s/p_a < 0{,}5457$, wobei $y_k = 0{,}4165$ wird,

$$p_a = \frac{1{,}323}{\varphi} \sqrt{v_{a0}\, p_{a0}}\; \frac{D}{F} \quad \dots \dots \dots (89)$$

Für Sattdampf mit $k = 1{,}135$ wird $Q = 0{,}2163$ und bei unterkritischer Geschwindigkeit, also $p_s/p_a > 0{,}5774$

$$y = 0{,}2163\, \frac{D}{\varphi F}\; \frac{\sqrt{v_{a0}/p_{a0}}}{p_s/p_{a0}} \quad \dots \dots \dots (90)$$

Bei der kritischen Strömung oder darüber mit $p_s/p_a < 0{,}5774$ und $y_k = 0{,}269$ ist

$$p_a = \frac{1{,}386}{\varphi} \sqrt{v_{a0}\, p_{a0}}\; \frac{D}{F} \quad \dots \dots \dots (91)$$

Zur Berechnung des Drosseldruckes p_a wird p_s nach Annahme von D bestimmt und y nach den Gl. (88) oder (90) gerechnet. Hierauf sucht man aus den Linien der Abb. 25 p_a entsprechend dem gerechneten y.

C. Drosselquerschnitt.

Ist der Drosseldruck abhängig von der Dampfmenge nach den Ausführungen des vorhergehenden Abschnittes bestimmt, so ist es leicht, die erforderlichen Drosselquerschnitte für die verschiedenen Dampfmengen und damit die Drosselkonen selbst zu ermitteln. Wird von dem Anfangsdruck p_{a0} bis zum Druck p_a gedrosselt, dann ist für die Dampfgeschwindigkeit nach Abb. 22 das Wärmegefälle H''

$$H'' = A\, \frac{k}{k-1}\, 10^4\, p_{a0}\, v_{a0} \left[1 - \left(\frac{p_a}{p_{a0}} \right)^{\frac{k-1}{k}} \right] \quad \dots \dots (92)$$

zur Verfügung. Bezeichnet man mit f in mm² den Drosselquerschnitt, so ist nach den Gl. (3) und (5) Abschn. 2

$$H'' = \frac{A}{2g}\, \frac{10^{12}}{3600^2}\, \frac{D^2}{f^2}\, v_a'^2.$$

Setzt man für $v_a' = \left(\dfrac{p_{a0}}{p_a} \right)^{1/k} v_{a0}$, dann wird

$$H'' = \frac{A}{2g}\, \frac{10^{12}}{3600^2}\, \frac{D^2}{f^2}\, \frac{v_{a0}^2}{(p_a/p_{a0})^{2/k}} \quad \dots \dots \dots (93)$$

Durch Gleichsetzen von Gl. (92) und (93) und entsprechender Umformung erhält man die Beziehung zwischen Drosselquerschnitt und Dampfmenge

$$\frac{1}{\sqrt{2g}}\, \frac{10^4}{3600}\, \sqrt{\frac{k-1}{k}}\, \frac{D}{f}\, \sqrt{\frac{v_{a0}}{p_{a0}}} = \left(\frac{p_a}{p_{a0}} \right)^{\frac{1}{k}} \sqrt{1 - \left(\frac{p_a}{p_{a0}} \right)^{\frac{k-1}{k}}}.$$

Setzt man Q nach Gl. (84) ein und

$$z = \left(\frac{p_a}{p_{a0}}\right)^{\frac{1}{k}} \sqrt{1 - \left(\frac{p_a}{p_{a0}}\right)^{\frac{k-1}{k}}} \quad \cdots \cdots \cdots (94)$$

so ergibt sich der Drosselquerschnitt

$$f = Q\,D\,\sqrt{\frac{v_{a0}}{p_{a0}}}\,\frac{1}{z} \quad \cdots \cdots \cdots (95)$$

Bisher bezogen sich die Ausmittlungen auf unterkritische Geschwindigkeit. Wird die kritische Geschwindigkeit erreicht oder überschritten, so folgt mit $p_a/p_{a0} = \left(\frac{2}{k+1}\right)^{\frac{k}{k-1}}$

$$z_k = \left(\frac{2}{k+1}\right)^{\frac{1}{k-1}} \sqrt{1 - \frac{2}{k+1}} \quad \cdots \cdots (96)$$

Für überhitzten Dampf mit $k = 1,3$ ist $Q = 0,3015$. Wird die kritische Strömung nicht erreicht, ist also $p_a/p_{a0} > 0,5457$, so ist

$$f = 0,3015\,\sqrt{\frac{v_{a0}}{p_{a0}}}\,\frac{D}{z} \quad \cdots \cdots \cdots (97)$$

und für die kritische Geschwindigkeit und darüber, also $p_a/p_{a0} < 0,5457$ und $z_k = 0,227$

$$f = 1,33\,\sqrt{\frac{v_{a0}}{p_{a0}}}\,D \quad \cdots \cdots \cdots (98)$$

Für Sattdampf mit $k = 1,1235$ wird $Q = 0,2163$. Unterhalb der kritischen Geschwindigkeit, also $p_a/p_{a0} > 0,5774$ ist

$$f = 0,2163\,\sqrt{\frac{v_{a0}}{p_{a0}}}\,\frac{D}{z} \quad \cdots \cdots \cdots (99)$$

Für die kritische Geschwindigkeit und darüber, also $p_a/p_{a0} < 0,5774$ und $z_k = 0,1553$ ist

$$f = 1,392\,\sqrt{\frac{v_{a0}}{p_{a0}}}\,D \quad \cdots \cdots \cdots (100)$$

Zur einfacheren Rechnung ist in Abb. 26 die Gl. (94) zeichnerisch dargestellt, so daß z abhängig von dem Druckverhältnis p_a/p_{a0} entnommen werden kann.

Aus den Gl. (85) und (94) ergibt sich noch die Beziehung

$$z = \frac{p_s}{p_{a0}}\,y.$$

Die genaue Ermittelung von k, entsprechend der veränderlichen
spezifischen Wärme des Dampfes, ist nicht unbedingt erforderlich,
nachdem der Fehler bei Annahme unveränderlicher k-Werte nur höch-
stens 1,75 vH beträgt.

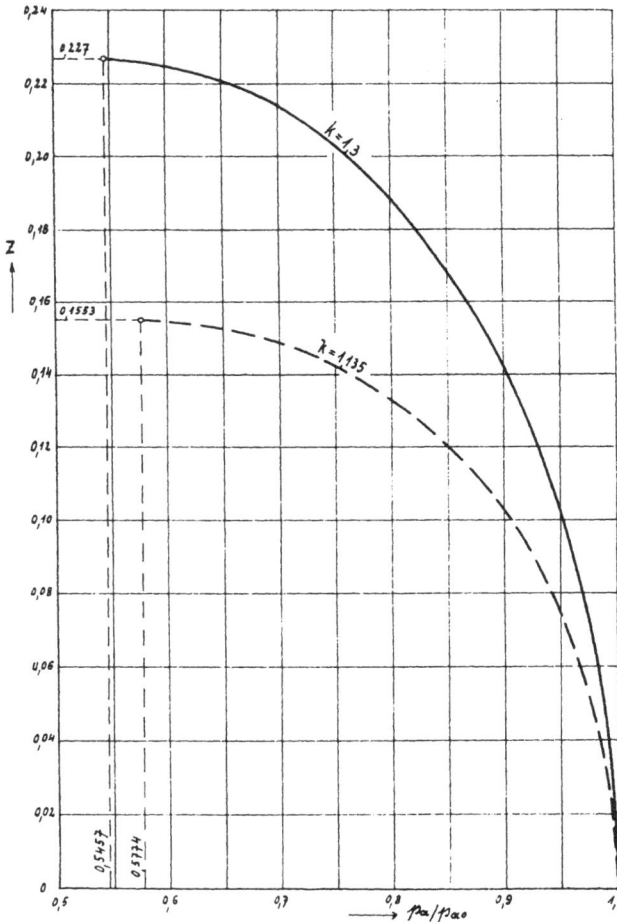

Abb. 26. z abhängig vom Druckverhältnis p_a/p_{a0}.

D. Drosselregelung mit Handabschaltventil.

In dem Abschn. 5 A wurde der Wirkungsgrad der Drosselregelung
bei Teilbelastung der Turbine behandelt und stillschweigend vorausgesetzt, daß bei Vollbelastung der Turbine keine Dampfdrosselung
stattfindet, also der Druck vor und hinter dem Regelventil gleich ist.
Im praktischen Betrieb ist diese Annahme jedoch unzulässig, weil die

geringste Schwankung über Vollbelastung mit einer unzulässigen Drehzahlschwankung verbunden wäre, weil die Regelfähigkeit nur bei absinkender Last gewahrt ist. Um diesen Übelstand zu vermeiden, muß bei Vollbelastung der Turbine je nach den zu erwartenden Lastspitzen mit einer bestimmten Droßlung im Regelventil gerechnet werden. Im allgemeinen nimmt man mindestens 10 vH des Eintrittsdruckes an. Damit steigt aber, wie die Abb. 24 zeigt, auch der Dampfverbrauch. Bei gleichmäßig belasteter Turbine kann dieser Spannungsverlust kleiner gewählt werden, während er bei stark schwankender Last größer angenommen werden muß.

Für Betriebe, die in bestimmten Zeiten in vorher bekannten Belastungsbereichen arbeiten, können die Turbinen mit Drosselregelung mit Handabschaltventil ausgeführt werden. In diesem Falle wird ein Teil der Kanäle des ersten Leitrades von einer gegebenen Teilbelastung an abgeschlossen. Von der Dampfleitung vom Regelventil zum ersten Leitrad zweigt eine Parallelleitung ab, die in die Ringkanalkammer der abzuschaltenden Leitkanäle führt und in die ein Absperrventil eingebaut ist. Nachdem dieses Ventil nur von Hand, nicht aber automatisch vom Regler aus betätigt wird, darf es nur in der Zeit geschlossen werden, in der keine größeren Lastspitzen auftreten als der Abschaltleistung der Turbine entspricht. Auch in diesem Falle wird man je nach den auftretenden Schwankungen des Kraftbedarfes mit mehr oder weniger Droßlung rechnen müssen. In Abb. 24 gibt die Linie b den Dampfverbrauch für diese Regelungsart an. In dem Lastbereich, in dem das Handventil geschlossen bleiben kann, ist der Dampfverbrauch gegenüber dem der reinen Drosselregelung wesentlich günstiger. Nach Abschn. 5 A wird die Ersparnis an Dampf um so größer, je größer das Druckverhältnis p_{a0}/p_{a0} ist und je öfter bzw. je tiefer abgeschaltet wird. Es muß besonders darauf hingewiesen werden, daß diese Handventile entweder ganz offen oder ganz geschlossen sein müssen. Eine teilweise Droßlung durch das Handventil bringt nur eine Verschlechterung im Dampfverbrauch.

6. Füllungsregelung.

A. Leitradquerschnitte bei reiner Füllungsregelung.

Die ideale Füllungsregelung, die bei jeder Dampfmenge den Eintrittsdruck auch unmittelbar vor dem ersten Leitrad gleich erhält, würde bedingen, daß für jede Dampfmenge eine bestimmte Leitradfläche freigegeben wird, also unendlich viele Abschaltventile vorgesehen werden müßten. Sie würde wohl den geringsten Dampfverbrauch ergeben, wie die Linie d in Abb. 24 erkennen läßt, ist aber praktisch nicht ausführbar. Für die Ausmittlung der Regelung ist es jedoch nötig, den Zusammenhang der Leitradquerschnitte bei reiner Füllungsregelung und der

Dampfmenge zu kennen. Diese Beziehung ist nach Abschn. 5 B und Abb. 22 erfüllt, wenn der Drosseldruck p_a dem Anfangsdruck p_{a0} gleichgesetzt wird. Bezeichnen wir den Wert y nach Gl. (85) für $p_a = p_{a0}$ mit y_0, so ergibt sich:

für überhitzten Dampf:

bei unterkritischer Geschwindigkeit mit $p_s/p_{a0} > 0{,}5457$ nach Gl. (88)

$$F = \frac{0{,}3015\,D}{\varphi\,y_0} \frac{\sqrt{v_{a0}/p_{a0}}}{p_s/p_{a0}} \quad \ldots \ldots \ldots \ldots \quad (101)$$

bei der kritischen Geschwindigkeit oder darüber mit $p_s/p_{a0} \lessgtr 0{,}5457$ nach Gl. (89)

$$F = \frac{1{,}323}{\varphi} \frac{D}{p_{a0}} \sqrt{p_{a0}\,v_{a0}} \quad \ldots \ldots \ldots \ldots \quad (102)$$

und für Sattdampf:

bei unterkritischer Geschwindigkeit mit $p_s/p_{a0} > 0{,}5774$ nach Gl. (90)

$$F = \frac{0{,}2163}{\varphi\,y_0}\,D \frac{\sqrt{v_{a0}/p_{a0}}}{p_s/p_{a0}} \quad \ldots \ldots \ldots \ldots \quad (103)$$

und bei der kritischen Geschwindigkeit oder darüber mit $p_s/p_{a0} < 0{,}5774$ nach Gl. (91)

$$F = \frac{1{,}386}{\varphi} \frac{D}{p_{a0}} \sqrt{p_{a0}\,v_{a0}} \quad \ldots \ldots \ldots \ldots \quad (104)$$

Nach Annahme der Dampfmenge D rechnet man nach Abschn. 4 B und Gl. (76) den Stopfbüchsendruck p_s und entnimmt aus Abb. 25 entsprechend dem Druckverhältnis p_s/p_{a0} den Wert y_0. Damit kann F nach Gl. (101) oder (103) gerechnet werden. Nach den Gl. (102) und (104) ist die Leitradfläche F der Dampfmenge verhältnisgleich.

B. Segmentregelung.

Der reinen Füllungsregelung kommt in der Wirtschaftlichkeit die Segmentregelung am nächsten. Bei diesem Regelungsverfahren wird der Gesamtquerschnitt des ersten Leitrades in mehrere Teilquerschnitte, in sog. Segmente zerlegt, die entweder gleiche oder verschiedene Kanalzahlen aufweisen. Jedem Segment ist ein kleineres Regelventil vorgeschaltet, das die zugehörige Teildampfmenge mehr oder weniger drosselt. Diese Segmentventile werden nacheinander automatisch vom Geschwindigkeitsregler geöffnet oder geschlossen. Dadurch wird bei Teilbelastungen jeweils nur eine kleine Teildampfmenge gedrosselt, während die übrige Dampfmenge ohne Drosselung, also mit der vollen Eintrittsspannung vor dem ersten Leitrad arbeitet. Der Dampfverbrauch würde für das gewählte Beispiel nach Abb. 24 nach der bekannten Sägezahnlinie c verlaufen. Während bei der Drosselregelung mit Handabschalt-

ventil die ganze Dampfmenge, die durch die Turbine strömt, gedrosselt
wird, erfolgt die Drosselung hier nur für einen Teil, so daß die Zacken
in der gebrochenen Dampfverbrauchslinie bedeutend kleiner sein müssen.
Um die Regelfähigkeit bei allen Belastungen zu wahren, müssen die
Segmentventile überschneiden, d. h. das nächstfolgende Ventil muß zu
öffnen beginnen, wenn in dem vorhergehenden noch eine bestimmte
Drosselung vorhanden ist. Die Kammereinteilung im Ringkanal oder
Düsenkasten für die Segmente mit den dazwischenliegenden Dichtstegen
wie auch die Abschaltung selbst erfordert die Teilbeaufschlagung des
ersten Leitrades und damit die Ausführung eines Gleichdruckrades als
Regelstufe entsprechend Abschn. 2.

Je nach der gewünschten Wirtschaftlichkeit bei Teilbelastung der
Turbine wird die Zahl der Segmentventile festgelegt. Auch hier gilt die

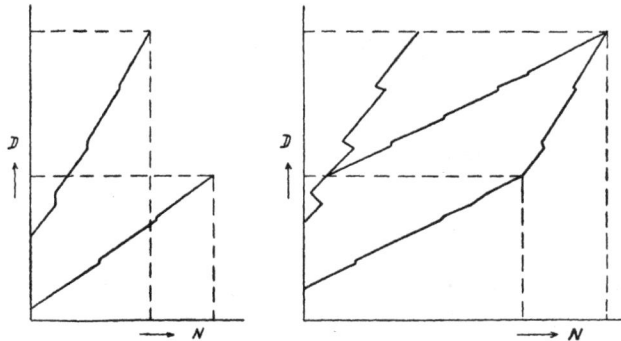

Abb. 27. Tatsächlicher Verlauf der Dampfverbrauchslinien einer
Entnahmeturbine mit Segmentregelung.

Regel nach Abschn. 5 A, je größer das Druckverhältnis p_{g0}/p_{a0} ist, um
so mehr Segmentventile sind erforderlich.

Der in Abb. 24 eingezeichnete, scharfzackige Verlauf der Dampfverbrauchslinie tritt tatsächlich nicht auf. Die Überschneidung der
Ventile und die starke Droßlung beim Anheben ergeben mehr oder
weniger große Abrundungen in den Zacken, so daß der wirkliche Verlauf der Linie schwach wellenförmig ist. Man kann deshalb mit guter
Annäherung eine Gerade hindurchlegen, die über der Linie d für reine
Füllungsregelung liegt. Die Halblastzuschläge dieser Geraden sind in
Abschn. 3 A) bzw. Abb. 11 angegeben. Man kann deshalb in den Dampf-
verbrauchsbildern für diese Regelungsart die Wellenlinie, ohne einen großen
Fehler zu begehen, durch Gerade ersetzen. Man muß sich aber bewußt
bleiben, daß besonders bei einer kleineren Zahl von Segmentventilen
der Dampfverbrauch oberhalb der Abschaltpunkte höher liegt. Die zu-
sammengesetzten Diagramme können demnach unter Umständen

erhebliche Unterschiede ergeben, wie aus Abb. 27 ersichtlich ist. Im linken Teil sind die Dampfverbrauchslinien für den Hoch- und Niederdruckteil einer Entnahmeturbine mit vier bzw. drei Segmentventilen wiedergegeben. Die Zusammensetzung im rechten Bild zeigt, daß der Linienzug für reinen Gegendruckbetrieb stärkere Abweichungen gegenüber einer geraden Linie ergibt, während die übrigen angenähert durch Gerade ersetzt werden können.

a) Vereinigte Drossel- und Segmentregelung.

Die Zahl der Ventile ist meist auch bei sinnvollen Konstruktionen durch die Ausführungsmöglichkeit begrenzt. Man ist deshalb bei Turbinen, die größtenteils mit höherer Belastung betrieben werden, dazu übergegangen, das erste Segment des Leitrades größer auszuführen, so daß bei kleineren, seltener auftretenden Dampfmengen die Turbine mit reiner Droßlung und darüber mit Segmentregelung arbeitet. Dadurch wird es möglich, die Zahl der Segmentventile im oberen Belastungsbereich zu erhöhen. In der weiteren Verfolgung dieses Gedankens kam man dahin, den bei höheren Belastungen einspringenden Segmentventilen ein gemeinsames Hauptdrosselventil vorzuschalten, das nur bis zu einer bestimmten Dampfmenge drosselt und darüber bei Beginn des Öffnens des ersten Segmentventiles die Dampfmenge ungedrosselt zu den Ventilen durchläßt. Das Hauptdrosselventil, das gleichfalls vom Regler automatisch betätigt wird, behält somit ständig die Herrschaft über die gesamte zur Turbine strömende Dampfmenge. Daraus ergeben sich für den praktischen Betrieb besondere Vorteile, über die in den späteren Abschnitten noch gesprochen werden soll.

b) Segmentregelung mit Handabschaltventil.

Bei den Turbinen, die in bestimmten Zeiten mit größerer bzw. kleinerer Belastung arbeiten, wird zweckmäßig die Segmentregelung mit Handabschaltventil verwendet. Das erste Leitrad erhält außer den Kanalgruppen für die Segmentregelung noch eine Anzahl Kanäle, deren Dampfzuführung durch ein von Hand bedienbares Ventil abgeschlossen werden kann. Bei höheren Belastungen bleibt das Ventil offen, und die Segmentregelung arbeitet bis zu einer bestimmten Teildampfmenge. Wird es geschlossen, dann werden auch die kleineren Dampfmengen durch die Segmentventile beherrscht. Auf diese Weise kann man mit einer geringen Zahl von Segmentventilen und dennoch großer Dampfunterteilung einen weiten Belastungsbereich umfassen. Die gleiche Ausführung kann man auf die Segmentregelung mit dem vorgeschalteten Hauptdrosselventil anwenden. In allen Fällen muß aber der Sicherheitsschnellschluß die Gesamtdampfmenge absperren können.

7. Unmittelbare und mittelbare Regelung.

Bei der unmittelbaren Regelung wird die Bewegung der Reglermuffe mittels geeigneter Gestänge auf die Ventilspindel übertragen.
Die für die Ventilbewegung notwendige Kraft muß vom Regler geleistet
werden, der mit großer Verstellkraft ausgeführt sein muß. Um nicht
sehr schwere und teuere Regler verwenden zu müssen, wird diese Regelungsart nur bei Kleinturbinen vorgesehen. Selbst hier geht man
zur mittelbaren Regelung über, wenn die Eintrittsspannung hoch ist,
oder bei sehr kleinen Drücken, wenn die Regelventile zu schwer werden.

In den meisten Fällen kommt für die Turbinenregelung die mittelbare Übertragung in Frage. Die Regelventile werden durch Hilfsmaschinen, sog. Servomotoren bewegt, die mit Drucköl betrieben werden.
Der Regler beeinflußt nur die Drucköregelung, die in Form von Öl-
verteilungsschiebern, sog. Steuerschieber, ausgeführt wird und die
nur eine geringe Verstellkraft erfordern. Um die Bewegung der Hilfsmaschinen entsprechend dem Regelvorgang fest abzugrenzen, sind besondere Rückführungen der Hilfsschieber nötig. Die Regler können verhältnismäßig klein und empfindlich ausgeführt werden.

8. Druck- und Temperaturregelung.

Die Regelung für Sonderturbinen hat nicht nur die Aufgabe, die
Belastung bzw. die Drehzahl, sondern auch bestimmte Dampfdrücke
oder Temperaturen gleichzuhalten. Bedient man sich im ersten Falle
eines Fliehkraftreglers zur Impulsübertragung, so verwendet man im
zweiten Falle besonders konstruierte Druck- und Temperaturregler.
Sie müssen sinngemäß der Steuerung eingefügt werden. — Am häufigsten werden Druckregler ausgeführt, die den Druck der der Turbine
zu- oder abströmenden Dampfmenge gleichhalten sollen. Man verwendet hierfür je nach dem gewünschten Druckungleichförmigkeitsgrad
federbelastete Kolben-, Membran- oder Strahlrohrregler. Um die Regelfähigkeit nicht ungünstig zu beeinflussen, soll die Impulsabnahme
möglichst nahe an der Turbine erfolgen, um Verzögerung und Trägheit,
die durch die Speicherwirkung in den Rohren entstehen, zu vermeiden.
Ebenso ist es schädlich, die Impulsleitungen an Wirbelecken oder Teilen
mit ungewöhnlichen Strömungsverhältnissen anzuschließen.

In besonderen Fällen ist zu überlegen, ob die mittel- oder unmittelbare Übertragung des Regelimpulses besser ist. So ist es zum Beispiel
bei einer Turbine, deren Kondensator für die Warmwasserbereitung
verwendet wird, für die Regelung der Wassertemperatur günstiger, die
Abdampfmenge abhängig vom Abdampfdruck, statt durch einen Temperaturregler in der Warmwasserleitung zu regeln.

9. Gleichwertregelung.

Von jeher wurde bei den Regelungen angestrebt, sie möglichst empfindlich, also mit sehr kleinem Ungleichförmigkeitsgrad zu bauen. Wird er Null, dann bezeichnet man sie als Isodromregelungen. Für die Drehzahlregelung sind verschiedene Ausführungen bekannt, die vor und nach dem Regelvorgang die Drehzahl gleichhalten. Sie werden aber selten ausgeführt, so daß hier nicht näher darauf eingegangen werden soll. Dagegen wird bei Entnahme- und Zweidruckturbinen sehr häufig die Forderung gestellt, daß der Entnahme- oder Abdampfdruck bei Leistungsänderung und die Drehzahl bei Entnahme- oder Abdampfänderung gleich sein sollen. Im elektrischen Parallelbetrieb mit einem Netz soll die Leistung gleichbleiben, wenn sich die Entnahme- oder Abdampfmenge ändert. Diese Regelungen bezeichnet man allgemein als Gleichwertregelungen.

III. Gestängeausmittlung.

10. Allgemeines.

Die Mannigfaltigkeit der möglichen Ausführungen verleitet sehr leicht dazu, die Steuerungen zu verwickelt zu gestalten. Dazu trägt auch bei, daß mit Turbinen viel mehr Betriebsfälle verwirklicht werden können als mit anderen Kraftmaschinen. Die Wünsche und Vorschriften der Betriebsleitung nehmen ständig zu und drängen mitunter den Konstrukteur zu gewagten Ausführungen, die im praktischen Betrieb den Anforderungen nicht oder nur unvollkommen entsprechen. Man mache es sich deshalb zur Regel, die Steuerung so einfach wie möglich und mit größter Einsparung an Gestänge auszuführen. Man vermeidet damit die Häufung von toten Hüben und erhöht die Empfindlichkeit. Die Gelenkspiele machen sich um so störender bemerkbar, je kleiner die Hübe sind. Letztere müssen auf die Hebellängen richtig abgestimmt sein, und dürfen nicht so klein ausgeführt werden, daß die Regelung überempfindlich wird. Zur Betätigung der Segmentventile werden meist Drehwellen mit Hubnocken verwendet. In diesem Falle ist darauf zu achten, daß der Drehwinkel groß gewählt wird, um eine stabile Regelung zu erzielen. Das Steuergestänge soll nicht zur Kraftübertragung benutzt werden. Selbst übermäßig stark bemessene Hebel und Drehwellen ergeben Federungen, die die Regelgenauigkeit beeinträchtigen. Man bedient sich hierfür besser geeigneter Hilfsmotoren. Wenn möglich, soll man auch die häufige Hintereinanderschaltung von Impulsübertragungen vermeiden, die immer die Regelung träge macht. Man soll deshalb anstreben, daß durch das Steuergestänge der Regelimpuls unmittelbar auf das zu beeinflussende Regelorgan übertragen wird, ohne die übrigen Regeleinrichtungen zu stören. Man vermeidet damit am besten das Nachregeln, das häufig die Ursache zu Pendelungen ist. Die Anwendung von Ölbremsen und ähnlichen Dämpfungseinrichtungen, die nur verzögernd wirken, ist oftmals das unvermeidliche Ergebnis dieser Fehler. An Hand des Dampfverbrauchsbildes soll geprüft werden, ob die Regelung alle Bedingungen erfüllt. Der Drehzahlregler muß in jedem Falle alle Ventile schließen können, auch dann, wenn die Drehzahlverstellung oder die Druckregler in ihren Endlagen sind. Bei Stillstand der Turbine soll das Gestänge entlastet sein, die Hebel dürfen nicht durch das Gewicht der Reglermuffe oder der Ventilkegel belastet werden oder auf den Steuerkolben aufliegen. Es ist auch zu prüfen, ob in diesen Lagen die Steuerschieber nicht so weit überlaufen, daß beim Anfahren die Schieberkölbchen verkehrt regeln. Dieselbe Untersuchung muß für die Höchstlage des Einlaßventils durchgeführt werden, wenn vor dem Anfahren das Ventil durch Drucköl der Hilfsölpumpe angehoben wird. Die Endlagen der Drehzahlverstellvorrichtung, ebenso der Druckregler müssen entsprechend der Gestängerechnung begrenzt werden, nicht dagegen die Hilfsmotoren in der Schlußstellung der Ventile. Das Regelgestänge muß genügend abgestützt sein, so daß nicht vorgeschriebene Bewegungen ausgeschlossen sind.

11. Kondensationsturbinen.

Der Fliehkraftregler hat die Aufgabe, das Dampfeinlaßventil so zu verstellen, daß die Drehzahl der Turbine bei allen Belastungen annähernd gleichbleibt. Der Ungleichförmigkeitsgrad, das ist die Verhältniszahl der Zunahme der Drehzahl zur Grunddrehzahl in vH, ist positiv, d. h. der kleineren Leistung entspricht die höhere Drehzahl. Die Grunddrehzahl bei einem gegebenen Reglermuffenhub wird bei der Montage durch das Nachspannen der Reglerhauptfedern eingestellt. Außerdem ist eine Drehzahlverstellvorrichtung nötig, die es ermöglicht, die Drehzahl von Hand oder vom Schaltbrett aus über einen kleinen Elektromotor in gegebenen Grenzen zu verstellen. Diese Einrichtung dient dazu, die Periodenzahl einzuregeln, wenn der Maschinensatz allein läuft oder der Generator mit anderen elektrisch parallel geschaltet werden soll und schließlich zum Belasten des Generators im Parallelbetrieb. Die Drehzahländerung kann erfolgen durch das Spannen von Zusatzfedern am Regler, durch das Verschieben der Hilfsschieberbüchse oder des Anlenkpunktes des Reglerhebels an der Ventilspindel. Die erste Ausführung ergibt kleine, die zweite und dritte große Muffenhübe des Reglers.

Abb. 28 zeigt die Anordnung mit großem Reglerhub, bei der die Drehzahlverstellung durch das Verschieben der Hülse des Steuer- oder Hilfsschiebers HS gedacht ist. Nimmt die Belastung des Generators zu, so sinkt die Drehzahl und dadurch die Reglermuffe und verschiebt den Doppelkolben des Steuerschiebers nach unten. Das Drucköl fließt unter den Kolben des Hilfs- oder Servomotors SM und hebt das Regelventil RV und den Hilfsschieberkolben, bis die Steueröffnungen abgesperrt sind. Das heißt also, daß vor und nach dem Regelvorgang der Anlenkpunkt des Steuerkolbens an der Rückführstange in der gleichen Lage ist.

Die Kennlinie der Drehzahlregler ist eine Gerade oder eine ganz schwach gekrümmte Linie, d. h. der Reglerhub ist verhältnisgleich der Drehzahl der Turbine. Ebenso kann die Dampfmenge in Abhängigkeit

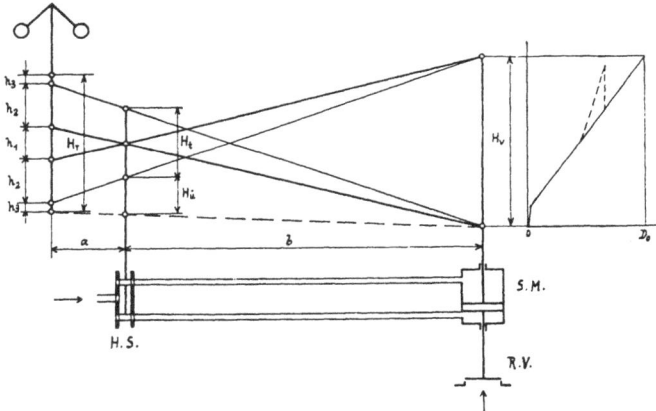

Abb. 28. Schema der Drosselregelung.

vom Ventilhub geradlinig angenommen werden. In Abb. 28 ist in dem vollausgezogenen Linienzug der Verlauf für Drosselregelung und in dem strichlierten der für Drosselregelung mit einem Handabschaltventil wiedergegeben. Die Geraden gehen nicht durch den Nullpunkt, sondern knicken gegen ihn ab. Es ist dies der Leerlaufshub, dem, wie wir später sehen werden, eine besondere Bedeutung zukommt. Mit der Spindel des Regelventils können in geeigneter Weise Segmentventile verbunden sein, so daß ein Teil des Hubes H_v für die Regelung des Hauptregelventiles RV und der andere für die der Segmentventile ausgenutzt wird. Damit bekommt man die vereinigte Drosselsegmentregelung und, wenn das Hauptventil weggelassen wird, die reine Segmentregelung.

Bezeichnen wir mit δ_1 in vH den Ungleichförmigkeitsgrad von Null- bis Vollhub, mit δ_2 die Drehzahlverstellung und mit δ_3 einen Sicherheitszuschlag, dann ist der Gesamtungleichförmigkeitsgrad des

Reglers δ_0 in vH

$$\delta_0 = \delta_1 + 2\,(\delta_2 + \delta_3) \quad \ldots \ldots \ldots \quad (105)$$

δ_1 beträgt gewöhnlich 4—8 vH, $\delta_2 \pm 5$ vH und $\delta_3\,0,5$—1 vH. Sind h_1, h_2 und h_3 die Teilhübe und H_r der ganze Reglerhub, so sind

$$h_1 = \frac{a}{b}\,H_v, \quad h_2 = \frac{\delta_2}{\delta_1}\,\frac{a}{b}\,H_v \text{ und } h_3 = \frac{\delta_3}{\delta_1}\,\frac{a}{b}\,H_v$$

und

$$H_r = \left[1 + \frac{2}{\delta_1}\,(\delta_2 + \delta_3)\right]\frac{a}{b}\,H_v \quad \ldots \ldots \quad (106)$$

Bei der Wahl von δ_1 ist der Leerlaufhub zu berücksichtigen, der bei Entnahme- und Gegendruckturbinen verhältnismäßig groß ist. Der tatsächliche Ungleichförmigkeitsgrad von Null- bis Vollast sinkt damit im Verhältnis des wirksamen Hubes zum Gesamthub.

Die Endlagen ergeben sich aus den Forderungen, daß bei der Höchstdrehzahl der Regler das Regelventil ganz abschließen und bei der Tiefstdrehzahl ganz öffnen muß. Damit findet man die Verschiebung der Hilfsschieberhülse H_t

$$H_t = 2\,\frac{\delta_2}{\delta_1}\,\frac{a}{a+b}\,H_v \quad \ldots \ldots \ldots \quad (107)$$

Bei Stillstand der Maschine sinken die Reglermuffe und der Ventilkegel in die Tiefstlage, und der Steuerkolben überläuft die Steuerkanäle bei der niedrigsten Drehzahl um die Strecke $H_{\ddot{u}}$

$$H_{\ddot{u}} = \left[\frac{a}{a+b}\left(1 - \frac{\delta_3}{\delta_1}\,\frac{a}{b}\right) + \frac{\delta_3}{\delta_1}\,\frac{a}{b}\right]H_v \quad \ldots \ldots \quad (108)$$

Der größte mögliche Überlauf $H_{\ddot{u}}'$, bei dem der obere Kolben die Öleintrittsöffnung nicht verschließen darf, ist

$$H_{\ddot{u}}' = H_t + H_{\ddot{u}} \quad \ldots \ldots \ldots \ldots \quad (109)$$

Wird ein kleiner Reglerhub verwendet, d. h. wird durch die Drehzahlverstellung die Federspannung des Reglers beeinflußt, dann ist $h_2 = 0$ und

$$H_r = \left(1 + 2\,\frac{\delta_3}{\delta_1}\right)\frac{a}{b}\,H_v, \quad \ldots \ldots \ldots \quad (110)$$

während $H_{\ddot{u}}$ und $H_{\ddot{u}}'$ nach Gl. (108) und (109) bleiben.

12. Gegendruckturbinen.

Ist der Heizdampfbedarf größer als der jeweils der Belastung entsprechende Turbinenabdampf, so verwendet man Gegendruckturbinen für die die Segmentregelung nach Abschn. 11 ausgeführt wird. Soll die

Turbine den gesamten Heizdampf abgeben ohne Rücksicht auf den
Leistungsbedarf, dann läuft sie mit anderen Maschinen elektrisch
parallel und wird durch einen Druckregler je nach der erforderlichen
Heizdampfmenge be- oder entlastet. Wird weniger Dampf gebraucht,
steigt der Gegendruck, und der Druckregler entlastet die Maschine, bis
der ursprüngliche Druck erreicht ist. Das Schema dieser Regelung ist
in Abb. 29 für einen großen Reglerhub wiedergegeben. Man erkennt
daraus leicht, daß der Druckregler wie eine zusätzliche Drehzahlverstellung wirkt. Nachdem der Druckregler wie der Drehzahlregler die Ventile

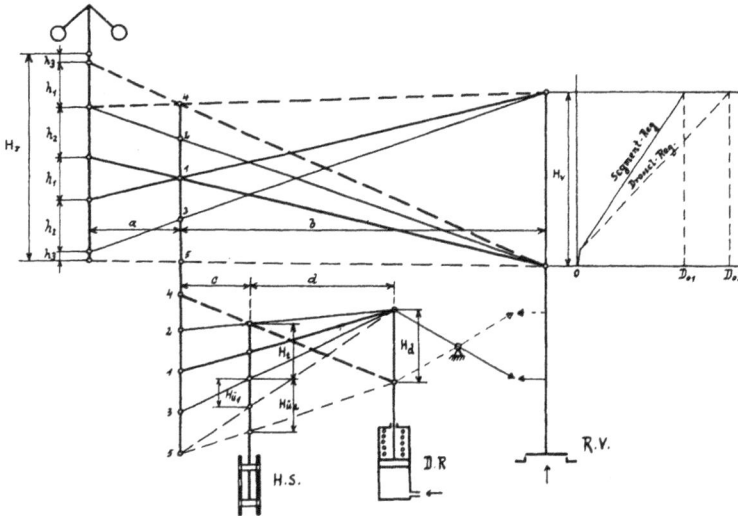

Abb. 29. Schema der Gegendruckturbinen-Regelung mit Druckregler.

voll öffnen muß, entspricht sein Hub einem Ungleichförmigkeitsgrad
von δ_1. Steht der Druckregler in der Tiefstlage, so muß der Regler die
Ventile auch bei der höchsten Drehzahl schließen können, d. h. der
Reglerhub muß um h_1 vergrößert werden. Damit ergeben sich

$$H_r = 2 \frac{a}{b} \left(1 + \frac{\delta_2}{\delta_1} + \frac{\delta_3}{\delta_1} \right) H_v \quad \dots \dots \dots \quad (111)$$

$$H_t = 2 \frac{\delta_2}{\delta_1} \frac{a}{a+b} \frac{d}{c+d} H_v \quad \dots \dots \dots \quad (112)$$

$$H_d = \frac{a}{a+b} \frac{d}{c} H_v \quad \dots \dots \dots \quad (113)$$

$$H_{ü_1} = \left[\frac{a}{a+b} \left(1 - \frac{\delta_3}{\delta_1} \frac{a}{b} \right) + \frac{\delta_3}{\delta_1} \frac{a}{b} \right] \frac{d}{c+d} H_v \quad \dots \quad (114)$$

$$H_{ü2} = H_{ü1} + \frac{c}{c+d} H_d, \quad \ldots \ldots \ldots \ldots \quad (115)$$

wenn H_d der Druckreglerhub ist. Der Druckregler muß, um das Parallel-schalten nicht zu stören, in der Höchstlage feststellbar sein. In diesem Falle ist bei Stillstand der Überlauf des Steuerkolbens $H'_{ü1} = H_t + H_{ü1}$. Unterbleibt das Feststellen, dann kommt $H'_{ü2} = H_t + H_{ü2}$ als größter Überlauf in Frage. Im vorhergehenden Abschnitt wurde schon angedeu-tet, daß im Parallelbetrieb die Drehzahlverstellung zur Leistungsein-stellung dient. Die Drehzahl wird durch das Netz gleichgehalten, der Regler bleibt also in einer bestimmten Lage. Das Heben und Senken des Regelventiles kann dann nur mit der Drehzahlverstellung erfolgen. Sobald aber, wie in Abb. 29, ein Druckregler verwendet wird, ist dies nicht mehr möglich. Würde man hier die Drehzahlverstellung betätigen, so würde die Belastung fast gleichbleiben, dagegen würde man den Druck-regler in die eine oder andere Endlage treiben. Der Erfolg wäre der, daß der Druckregler das Regelventil entweder nicht ganz schließen oder nicht voll öffnen könnte. Um den Gleichlauf des Druckreglers und des Regelventiles ständig überwachen zu können, ist es nötig, wie in Abb. 29 angedeutet, eine entsprechende Zeigervorrichtung vorzusehen. Die beiden Zeiger müssen in jeder Lage des Regelventiles einander gegenüberstehen. Sollte eine Abweichung vorhanden sein, dann muß mit der Drehzahl-verstellung die Übereinstimmung hergestellt werden.

Läuft der Maschinensatz allein, so ist bei eingeschaltetem Druck-regler der Betrieb nur möglich, wenn der Heizdampfbedarf größer ist, als der der jeweiligen Belastung entsprechende Dampfverbrauch der Turbine. Der Heizdampfdruck ist so niedrig, daß der Druckregler dauernd in seiner Endlage bleibt. Deckt sich aber die Abdampfmenge mit dem Heizdampfbedarf, dann würde bei jeder Belastungsänderung der Drehzahlregler erst den Druckregler in eine Endlage treiben müssen, bis er wirksam eingreifen könnte. Ein ordnungsmäßiger Betrieb wäre dadurch unmöglich. Deshalb ist es geboten, im Alleinbetrieb den Druck-regler in seiner Ausgangsstellung festzustellen.

Bei Verwendung eines kleinen Reglerhubes werden $h_2 = 0$ und $H_t = 0$, es bleiben H_d, $H_{ü1}$ und $H_{ü2}$ nach den Gl. (113) bis (115) gleich und H_r wird

$$H_r = 2 \frac{a}{b} \cdot \left(1 + \frac{\delta_3}{\delta_1}\right) H_r \quad \ldots \ldots \ldots \quad (116)$$

13. Entnahme-Kondensationsturbinen mit einfacher Entnahme.

Die ersten Entnahmesteuerungen, die auch jetzt noch von einigen Werken ausgeführt werden, haben keine gegenseitige Beeinflussung zwischen Drehzahl- und Druckregelung, sind also keine Gleichwertregelungen. Der Regler wirkt nur auf die Hochdruckventile, wie in Abschn. 11 beschrieben, und der Druckregler nur auf die Niederdruckventile. Ändert sich die Belastung der Turbine, so muß auch der Druckregler die Stellung der Niederdruckventile verändern, und umgekehrt muß auch der Regler eingreifen, wenn sich nur die Heizdampfmenge ändert. Jeder Regelimpuls bringt also beide Steuerungen zum Spielen und erzeugt eine Störung und Unruhe in der Regelung. Sie kann nur verwendet werden, wenn die Belastung und Heizdampfmenge fast gleichbleiben. Es werden daher hauptsächlich Gleichwertregelungen nach Abschnitt 9 ausgeführt, die durch die gegenseitige, gleichzeitige Beeinflussung den höchsten Anforderungen entsprechen.

A. Beziehung der Hebellängen zur Dampfverhältniszahl.

a) Niederdruckventile am Hebelende angelenkt.

Soll die Entnahmesteuerung gleichwertig regeln, so müssen folgende Forderungen erfüllt sein: Wird die Turbine be- oder entlastet, dann muß der Drehzahlregler gleichzeitig im Hoch- und Niederdruckteil die gleiche Dampfmenge zu- oder abschalten. Wird der Turbine mehr oder weniger Heizdampf entnommen, so muß der Druckregler gleichzeitig im Hochdruckteil eine bestimmte Dampfmenge zu- und im Niederdruckteil abschalten oder umgekehrt. In Abb. 30 ist schematisch die Steuerung

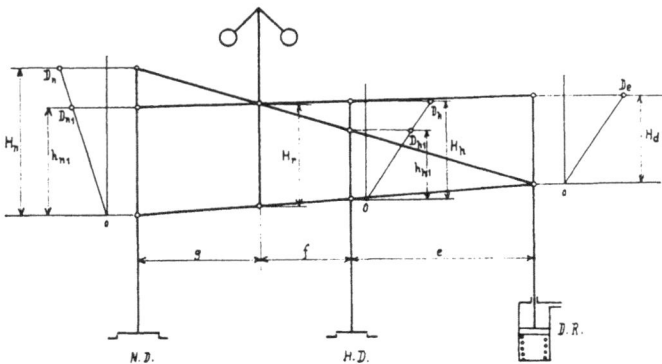

Abb. 30. Hochdruckventile am Hebelende angelenkt $v_g = 1/v_e$.

wiedergegeben, die diese Forderungen erfüllt. Die Niederdruckventile sind an einem Hebelende, die Hochdruckventile zwischen dem Druckregler am anderen Ende und dem Angriffspunkt des Geschwindigkeitsreglers angelenkt.

Die durchströmenden Dampfmengen, abhängig von den Hüben, sind in besonderen Dampfhubdiagrammen eingetragen. Zur Erfüllung der Gleichwertwirkung muß gefordert werden, daß die Dampfmengen den

Hüben verhältnisgleich sind, also geradlinig verlaufen, eine Voraussetzung, die, wie später gezeigt wird, innerhalb des Regelbereiches eingehalten werden kann. Der Leerlaufshub soll vorläufig unberücksichtigt bleiben. Der schematisch gezeichnete Regler soll nur die Regleranlenkung andeuten, es darf ihm also nicht die Deutung beigelegt werden, daß bei steigender Drehzahl die Ventile öffnen. Die auch schematisch richtige Anordnung ist in den Abb. 33 und 34 eingezeichnet.

Wird die Turbine ohne Dampfentnahme belastet, so hebt der Regler den Hebel, der sich um den Tiefstpunkt des Druckreglers dreht, und beide Ventile öffnen sich. Wenn bei voller Belastung Dampf entnommen wird, dreht der Druckregler den Hebel um den Anlenkpunkt des Reglers, und die Ventile bewegen sich entgegengesetzt. Bezeichnet man mit D_h, D_{h1}, D_n und D_{n1} die Höchst- und Teildampfmengen der Hoch- und Niederdruckventile, mit σ und ϱ die zugehörigen Tangenten der Neigungswinkel, und mit H_h, h_{h1}, H_n und h_{n1} die Ventilhübe, so ist für die Lastregelung

$$h_{h1} = \sigma D_{h1} = \frac{e}{e+f} H_v \quad \text{und} \quad H_n = \varrho D_n = \frac{e+f+g}{e+f} H_v,$$

wenn H_v der Hub des Regleranlenkpunktes ist. Nach den Bedingungen muß aber $D_{h1} = D_n$ sein, es ist also

$$\frac{\sigma}{\varrho} = \frac{e}{e+f+g}.$$

Wird Dampf entnommen, so ist

$$H_h - h_{h1} = \sigma (D_h - D_{h1}) = \sigma \Delta D_h, \quad H_n - h_{n1} = \varrho (D_n - D_{n1}) = \varrho \Delta D_n$$

und

$$\frac{\sigma}{\varrho} \frac{\Delta D_h}{\Delta D_n} = \frac{f}{g} \quad \ldots \ldots \ldots \ldots (117)$$

Die Gesamtgleichung für beide Regelbedingungen ist demnach

$$\frac{\Delta D_h}{\Delta D_n} = \frac{e+f+g}{e} \frac{f}{g} \quad \ldots \ldots \ldots (118)$$

Bezeichnet man das Gestängeverhältnis mit v_g

$$v_g = \frac{e+f+g}{e} \frac{f}{g} \quad \ldots \ldots \ldots (119)$$

und $\dfrac{\Delta D_h}{\Delta D_n} = v_e$ nach Gl. (41) Abschn. 3 B a), so ist

$$v_g = v_e \quad \ldots \ldots \ldots \ldots (120)$$

b) Hochdruckventile am Hebelende angelenkt.

Vertauscht man die beiden Ventile, so erhält man das Schema nach Abb. 31. Der Druckregler bewegt sich hier von oben nach unten und muß zum Parallelschalten in der obersten Lage feststellbar sein, während er es im vorigen Abschnitt in der unteren Lage sein mußte. Mit denselben Bezeichnungen ergibt sich ähnlich wie unter a):

$$\frac{\varrho}{\sigma} = \frac{e}{e+f+g} \quad \text{und} \quad \frac{\varrho \, \varDelta \, D_n}{\sigma \, \varDelta \, D_h} = \frac{f}{g} \quad \dots \dots \quad (121)$$

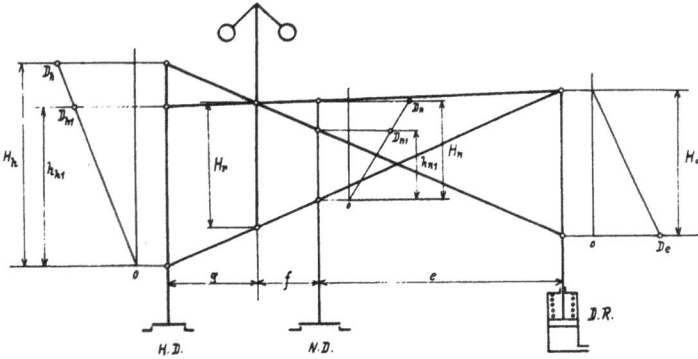

Abb. 31. Niederdruckventile am Hebelende angelenkt $v_g = v_a$.

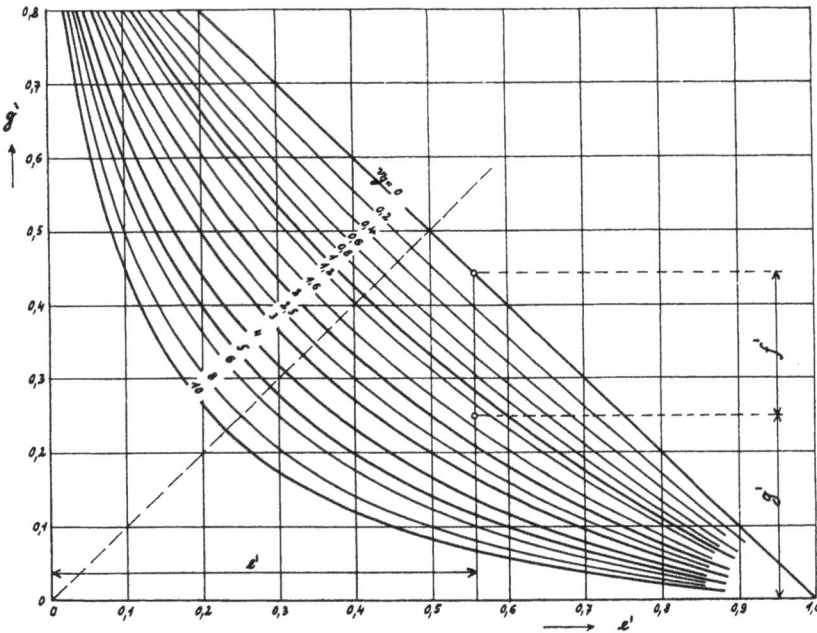

Abb. 32. Linien zur Bestimmung der Gestängelängen abhängig von v_g.

Damit wird

$$\frac{\varDelta D_n}{\varDelta D_h} = \frac{e+f+g}{e} \cdot \frac{f}{g} \quad \text{und} \quad v_g = \frac{1}{v_e}, \quad \ldots \ldots (122)$$

d. h. wenn die Hochdruckventile außen angelenkt werden, gelten dieselben Beziehungen der Hebellängen, nur ist das Verhältnis v_g gleich dem reziproken Wert des Dampfdifferenzenverhältnisses v_e. Setzten wir $e+f+g=1$ und $e=e'$, $f=f'$ und $g=g'$ als Verhältniszahlen von 1, so kann man die in Abb. 32 wiedergegebenen Linien zeichnen. Sie sind, wie schon Gl. (118) erkennen läßt, zur 45⁰-Linie symmetrisch, es kann also e und g vertauscht werden. Für $e=g$ gibt f den Höchstwert zu

$$f_{\max} = 1 - \frac{2}{v_g}\left(\sqrt{1+v_g}-1\right) \ldots \ldots \ldots (123)$$

und

$$e = g = \frac{1}{v_g}\left(\sqrt{1+v_g}-1\right) \quad \ldots \ldots (124)$$

Ist $v_e < 1$ und gibt auch $f_{\max}$ noch zu kleine Werte, dann vertauscht man die Ventile und erhält nach Gl. (122) $v_g = \dfrac{1}{v_e} > 1$ und damit brauchbare Werte. Zum Vergleich sei angeführt, daß Steuerungen mit $f = 50$ mm ausgeführt, noch recht gut regelten.

B. Ausmittlung der Hübe.

In den folgenden Abschnitten soll die Berechnung der Hübe für die häufiger vorkommenden Betriebsfälle angegeben werden. Zur besseren Übersicht und um leichter nachprüfen zu können, ob von der angenommenen Steuerung die vorgeschriebenen Bedingungen auch erfüllt werden, empfiehlt es sich, in das Schema das Dampfverbrauchsbild mit aufzunehmen, mit dem auch v_e gegeben ist. Die Linienschar Dampfmenge, abhängig von der Leistung, wird in einem Maßstab entworfen, bei dem die Höchstdampfmenge D_h des Hochdruckteiles gleich dem Hub der Hochdruckventile H_h ist. Dieses Hilfsmittel ermöglicht außer der leichteren Überprüfung, in einfacher Weise die Hubausmittlung zeichnerisch zu lösen. Die Vollast der Turbine N_0 ist jeweils in den Diagrammen angegeben. Die Abb. 33 und 34 sind für die vereinigte Drosselsegmentregelung mit vorgeschaltetem Hauptdrosselventil nach Abschnitt 6 B a) gezeichnet, bei der der Hauptsteuerschieber HS auf den Hilfsmotor des Hauptregelventiles HD einwirkt. Die übrigen Regelungsarten lassen sich leicht von dieser ableiten.

Vor dem Anfahren der Turbine wird das vorgeschaltete Ventil durch Drucköl angehoben und damit die Anlenkpunkte des Reglers und der Niederdruckventile in eine ungewöhnliche Stellung gebracht. Die dadurch entstehenden Überhübe sollen mit H_v'' und H_n'' bezeichnet werden. Eine weitere besondere Lage ergibt sich aus der Forderung, daß der Regler auch dann beide Ventilgruppen schließen muß, wenn der Druckregler die größte Entnahmemenge einstellt. Dieser Fall tritt dann ein, wenn während des Entnahmebetriebes der Hauptschalter fällt. Der Regler schließt die Ventile und der Druckregler versucht die Hochdruckventile zufolge der Druckabnahme zu öffnen. Um die Hochdruckventile schließen zu können, müssen die Anlenkpunkte des Reglers und der Niederdruckventile um die Strecken H_v' und H_n' überlaufen.

a) Niederdruckteil für Vollast und Nullentnahme ausgelegt.

α) *Höchstentnahme bei Vollast.*

Soll die Turbine ohne Entnahme die volle Leistung und außerdem bei dieser Last die größte erforderliche Entnahmemenge abgeben, so ergibt sich nach dem Dampfverbrauchsbild, wenn die Niederdruckventile außen angelenkt werden, das Schema nach Abb. 33. Wegen der Ventilanlenkung ist $v_g = v_e$, und wir müssen von Gl. (117) ausgehen, die auch geschrieben werden kann

$$\frac{H_h}{H_n}\frac{D_n}{D_h} v_e = \frac{f}{g}.$$

Aus dieser Gleichung und mit den gegebenen Hebelverhältnissen nach v_g der Gl. (119) sind

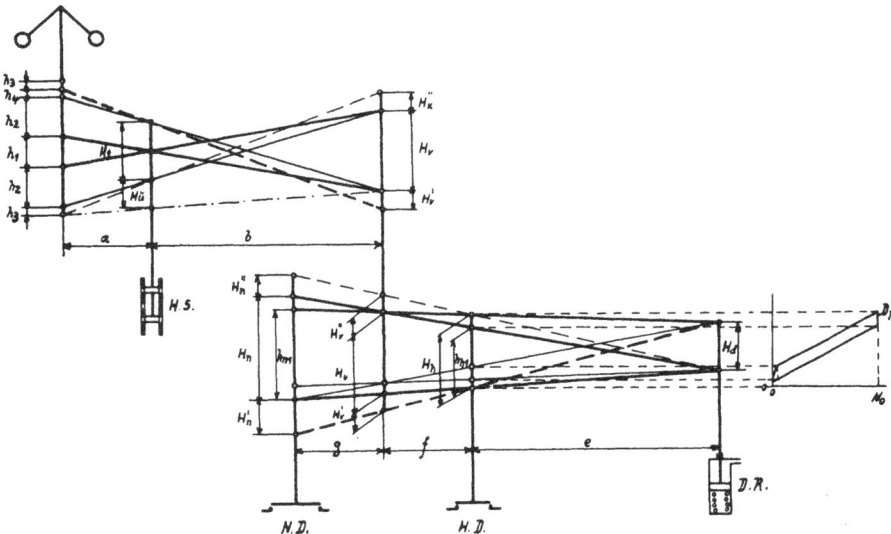

Abb. 33. Niederdruckteil für Vollast und Nullentnahme bemessen $v_g = v_e$.

$$H_n = v_e \frac{g}{f} \frac{D_n}{D_h} H_h \quad . \quad . \quad . \quad . \quad . \quad . \quad . \quad . \quad (125)$$

$$H_v = \frac{e+f}{e+f+g} \frac{g}{f} v_e \frac{D_n}{D_h} H_h \quad . \quad . \quad . \quad . \quad . \quad (126)$$

$$H_d = \frac{e+f}{f} \left(1 - \frac{D_n}{D_h}\right) H_h \quad . \quad . \quad . \quad . \quad . \quad . \quad (127)$$

$$H_v' = \frac{e+f}{e} \left(1 - \frac{D_n}{D_h}\right) H_h \quad . \quad . \quad . \quad . \quad . \quad (128)$$

$$H_n' = \frac{f+g}{e} \frac{e+f}{f} \left(1 - \frac{D_n}{D_h}\right) H_h \quad . \quad . \quad . \quad . \quad (129)$$

$$H_v'' = \frac{e+f}{e} \left(1 - \frac{D_n}{D_h}\right) H_h \quad . \quad . \quad . \quad . \quad (130)$$

$$H_n'' = \frac{e+f+g}{e} \left(1 - \frac{D_n}{D_h}\right) H_h \quad . \quad . \quad . \quad . \quad (131)$$

Der Überhub H_v'' braucht, wie die Abb. 33 erkennen läßt, für den Reglerhub nicht berücksichtigt zu werden. Dagegen erfordert H_v' einen zusätzlichen Hub h_4

$$h_4 = \frac{a}{b} H_v' = \frac{a}{b} \frac{e+f}{e} \left(1 - \frac{D_n}{D_h}\right) H_h \quad . \quad . \quad . \quad . \quad (132)$$

Für die Ausmittlung des Reglergestänges gelten wieder die Gl. (107) und (108), während sich H_r nach Gl. (106) um h_4 vergrößert.

Werden die Hochdruckventile außen angelenkt, dann ist $v_g = 1/v_e$, und die Hübe ergeben sich nach Abb. 34 zu

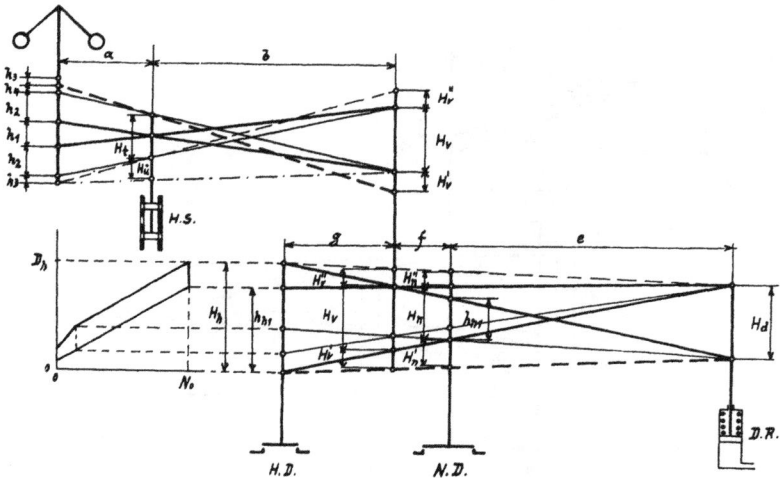

Abb. 34. Niederdruckteil für Vollast und Nullentnahme bemessen $v_g = 1/v_e$.

$$H_n = v_e \frac{f}{g} \frac{D_n}{D_h} H_h \quad \dots \dots \dots \dots \dots \quad (133)$$

$$H_v = v_e \frac{e+f}{e} \frac{f}{g} \frac{D_n}{D_h} H_h \quad \dots \dots \dots \dots \quad (134)$$

$$H_d = \frac{e+f}{g} \left(1 - \frac{D_n}{D_h}\right) H_h \quad \dots \dots \dots \dots \quad (135)$$

$$H_v' = \frac{e+f}{e+f+g} \left(1 - \frac{D_n}{D_h}\right) H_h \quad \dots \dots \dots \quad (136)$$

$$H_n' = \frac{f+g}{e+f+g} \frac{e+f}{g} \left(1 - \frac{D_n}{D_h}\right) H_h \quad \dots \dots \quad (137)$$

$$H_v'' = \frac{e+f}{e+f+g} \left(1 - \frac{D_n}{D_h}\right) H_h \quad \dots \dots \dots \quad (138)$$

$$H_n'' = \frac{e}{e+f+g} \left(1 - \frac{D_n}{D_h}\right) H_h \quad \dots \dots \dots \quad (139)$$

$$h_4 = \frac{a}{b} \frac{e+f}{e+f+g} \left(1 - \frac{D_n}{D_h}\right) H_h \quad \dots \dots \dots \quad (140)$$

Für die Konstruktion ist das Diagramm gegeben, und die Strecken H_h, e und $(e+f+g)$ werden angenommen. Der Druckreglerhub H_d und die Hebellängen f und g findet man aus der Höchstlast bei reinem Gegendruckbetrieb und der Umschaltung bei gleicher Last auf Nullentnahme. Die Hochdruckdampfmengen werden auf der HD-Linie abgetragen und einerseits mit dem Nullpunkt des Niederdruckventiles, andererseits mit dem des Druckreglers verbunden. Der Schnittpunkt der beiden Geraden gibt den Anlenkpunkt des Reglers und die Verlängerung der ersten Linie den Druckreglerhub. H_v und H_n ergeben sich aus der Dampfmenge bei Vollast und Nullentnahme als Schnittpunkt der ND-Linie mit der Geraden, die durch h_{h1} und den Nullpunkt des Druckreglerhubes geht. Mit H_v sind bei gegebenem Reglerhub auch a, b und H_t gegeben.

β) Höchstentnahme bei Gegendruckbetrieb.

Es sei nach Abb. 35 und 36 angenommen, daß die Turbine ohne Entnahme die Vollast abgibt und daß ihr bei Teillast die Höchstdampfmenge entnommen werde, so daß $D_e = D_h$ bei $D_n = 0$ wird. Das Dampfverbrauchsbild läßt sich leicht aus dem der Abb. 33 und 34 ableiten. Es gelten somit H_n, H_v, H_v'' und H_n'' nach den Gl. (125), (126), (130) und (131) für $v_g = v_e$ und die Gl. (133), (134), (138) und (139) für $v_g = 1/v_e$ nach Abschn. a α auch hier. Lassen wir die Gleichungen für h_4 weg, die man leicht aus H_v bestimmen kann, so sind für $v_g = v_e$

$$H_d = \frac{e+f+g}{f+g} H_h \quad \dots \dots \dots \dots \dots \quad (141)$$

$$H'_v = \frac{e + f + g}{f + g} H_h \quad \dots \dots \dots \quad (142)$$

$$H''_n = \frac{e + f + g}{e} H_h \quad \dots \dots \dots \quad (143)$$

und für $v_g = 1/v_e$

$$H_d = \frac{e}{f + g} H_h \quad \dots \dots \dots \dots \quad (144)$$

$$H'_v = \frac{e}{e + f + g} \frac{g}{f + g} H_h \quad \dots \dots \quad (145)$$

$$H'_n = \frac{e}{e + f + g} H_h \quad \dots \dots \dots \quad (146)$$

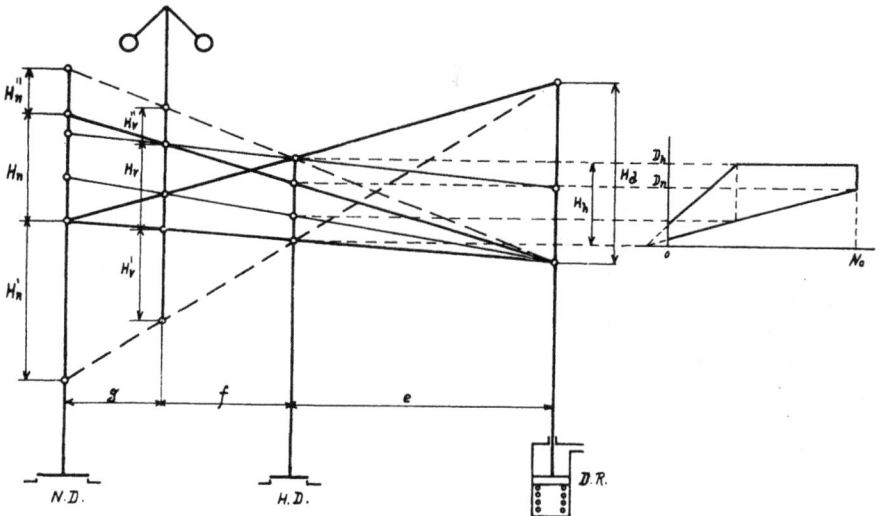

Abb. 35. Niederdruckteil für Vollast und Nullentnahme bemessen.
Höchstentnahme bei Gegendruckbetrieb $v_g = v_e$.

Zeichnerisch lassen sich die Hübe wie folgt ermitteln: Man bestimmt bei der Höchstlast im Gegendruckbetrieb die Dampfmenge bei Nullentnahme, überträgt sie auf die HD-Linie und verbindet diesen Punkt mit dem Nullpunkt des Druckreglers. Der Punkt für D_h auf der HD-Linie wird mit dem Punkt $D_n = 0$ der ND-Linie verbunden. Während man mit der zweiten Geraden H_d findet, gibt der Schnittpunkt beider die Strecken f und g. H_n wird aus der Dampfmenge für Vollast ohne Entnahme bestimmt.

Im Zusammenhang mit den Abb. 35 und 36 soll einiges über den Gegendruckbetrieb von Entnahmeturbinen gesagt werden. Die Niederdruckventile sind hierbei geschlossen, und es wird die zugeführte Frisch-

dampfmenge bis auf die Nabenverluste des Zwischenbodens der Heizdampfleitung zugeführt. Der Alleinbetrieb der Turbine wäre, wie in
Abschn. 12 besprochen, nur mit festgestelltem Druckregler möglich.
Es soll deshalb nur der Fall besprochen werden, wenn der Maschinensatz
elektrisch parallel geschaltet läuft. Vollast kann die Turbine nur bis zu
der Entnahmedampfmenge abgeben, bei der die Hochdruckventile voll
offen sind. Wird noch mehr Dampf entnommen, so entlastet der Druckregler die Maschine. In der Endlage sind die Niederdruckventile ganz
geschlossen und die Turbine gibt die größtmögliche Entnahme im Gegendruckbetrieb ab. Eine weitere selbsttätige Entlastung durch den Druckregler ist nicht mehr möglich. Wird nun die Turbine durch die Dreh-

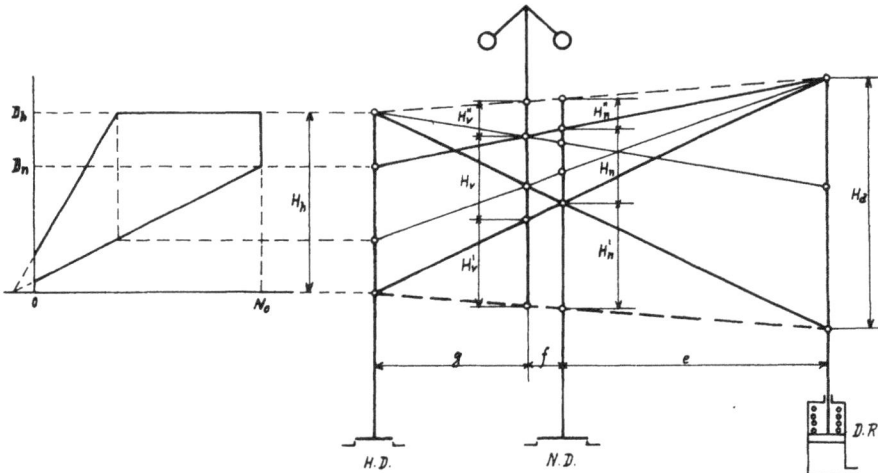

Abb. 36. Niederdruckteil für Vollast und Nullentnahme bemessen. Höchstentnahme bei Gegendruckbetrieb $v_g = 1/v_e$.

zahlverstellung soweit entlastet, bis der Regleranlenkpunkt in der
Tiefstlage von H_v ist, dann vermag der Druckregler von dieser Last bis
Leerlauf wie bei der Gegendruckturbine nach dem Dampfbedarf zu
regeln, über diese Last hinaus bis zur vollen Dampfmenge D_h jedoch
nicht. Letzteres ist aber der Fall, wenn der Druckreglerhub bis zum
Schnittpunkt der DR-Linie mit der Verbindungsgeraden des höchsten
Punktes von H_h und des tiefsten von H_v vergrößert wird. Auch hier ist,
wie in Abschn. 12 angegeben, eine Zeigervorrichtung nötig, um die
Drehzahlverstellung richtig einstellen zu können. Läuft der Maschinensatz allein, so ist der Druckregler in der Nullage festgestellt. Der Gegendruckbetrieb ist möglich, wenn mittels einer Umschaltvorrichtung die
Niederdruckventile dauernd geschlossen gehalten werden. Sie ist jedoch
entbehrlich, wenn der Druckregler auch in der Endlage feststellbar ist,
die dem kleinsten Entnahmedruck entspricht. In allen Fällen muß also

5*

von Hand aus geschaltet werden. Ein Betrieb in der Form, daß vom Gegendruck- zum Entnahmebetrieb selbsttätig übergegangen werden kann, ist nicht möglich.

b) Niederdruckteil für Teillast und Nullentnahme ausgelegt.

α) Niederdruckteil für Vollast und Höchstentnahme ausgelegt.

In diesem Falle ist die Turbine so bemessen, daß bei Vollast und Höchstentnahme der Hoch- und Niederdruckteil von den größten durchgehenden Dampfmengen durchflossen werden. Die Abb. 37 und 38 zeigen wieder die Dampfdiagramme und die zugehörigen Gestängehübe. Man kann leicht auf die Verhältnisse des Abschn. a α) kommen, wenn man sich die Nullentnahmelinie bis Vollast verlängert denkt. Der Niederdruckteil müßte dann mit der ideellen Dampfmenge D_n' betrieben werden. Diese Dampfmenge findet man, wenn man in Gl. (26) Abschn. 3 B a) die Leistung N nach Gl. (35) einsetzt, zu

$$D_n' = \frac{\alpha + \beta}{A + B} \quad \cdots \cdots \cdots \cdots \quad (147)$$

Vergleicht man die Abb. 37 und 38 mit den Abb. 33 und 34, so sieht man, daß H_v, H_d, H_v', H_n' und H_v'' nach den Gl. (126), (127), (128), (129) und (130) nach Abschn. a α) für $v_g = v_e$ bzw. Gl. (134) bis (138) für $v_g = 1/v_e$ gelten, wenn D_n' nach Gl. (147) an Stelle von D_n eingesetzt wird. H_n und H_n'' ergeben sich aus den Hebelverhältnissen für $v_g = v_e$ zu

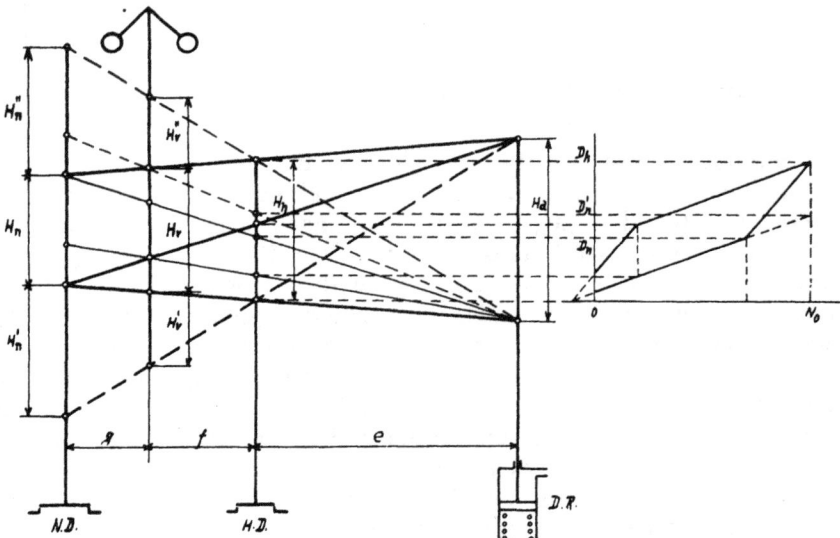

Abb. 37. Niederdruckteil für Vollast und Höchstentnahme bemessen $v_g = v_e$.

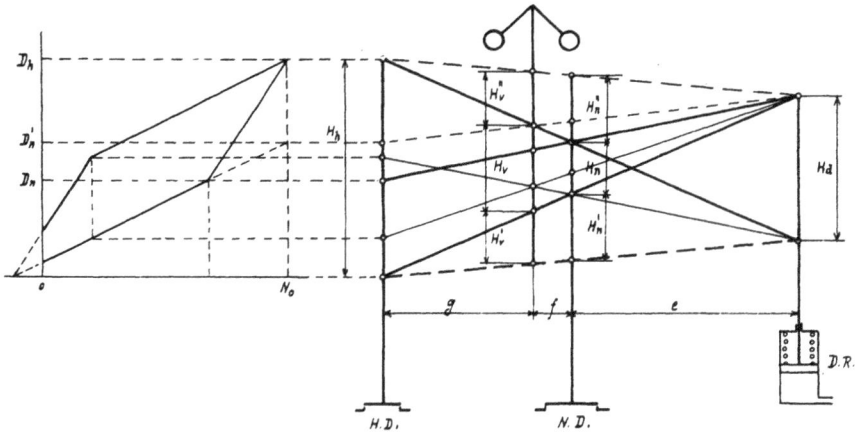

Abb. 38. Niederdruckteil für Vollast und Höchstentnahme bemessen $v_g = 1/v_e$.

$$H_n = \left[e + f + g - \frac{e + f}{f} (f + g) \left(1 - \frac{D'_n}{D_h} \right) \right] \frac{H_h}{e} \quad \dots \quad (148)$$

$$H''_n = \frac{f + g}{e} \frac{e + f}{f} \left(1 - \frac{D'_n}{D_h} \right) H_h \quad \dots \dots \dots \dots (149)$$

und für $v_g = 1/v_e$

$$H_n = \left[e - \frac{e + f}{g} (f + g) \left(1 - \frac{D'_n}{D_h} \right) \right] \frac{H_h}{e + f + g} \quad \dots \quad (150)$$

$$H''_n = \frac{f + g}{e + f + g} \frac{e + f}{g} \left(1 - \frac{D'_n}{D_h} \right) H_h \quad \dots \dots \dots (151)$$

H_n erhält man aus der höchsten Last bei Nullentnahme und H_d aus der Verbindungslinie H_n und H_h.

β) Niederdruckteil für Vollast und Entnahme ausgelegt. Höchstentnahme bei Gegendruckbetrieb.

Das Dampfverbrauchsbild der Abb. 39 und 40 ist im wesentlichen gleich mit dem der Abb. 37 und 38, nur kann hier die ganze Hochdruckdampfmenge bei Teillast entnommen werden. Es bleiben daher auch H_n und H''_n nach den Gl. (148) und (149), H_v und H''_v nach den Gl. (126) und (130) und H_d und H'_n nach den Gl. (141) und (143) für $v_g = v_e$ und H_n und H''_n nach den Gl. (150) und (151), H_v und H''_v nach den Gl. (134) und (138) und H_d und H'_n nach den Gl. (144) und (146) für $v_g = 1/v_e$ bestehen, wenn an Stelle von D_n nach Gl. (147) D'_n gesetzt wird.

Für $v_g = v_e$ ist wieder

$$H'_v = \frac{e + f + g}{f + g} \frac{f}{e} H_h$$

und für $v_g = 1/v_e$

$$H'_v = \frac{g}{e + f + g} \; \frac{e}{f + g} \; H_h$$

entsprechend den Gl. (142) und (145).

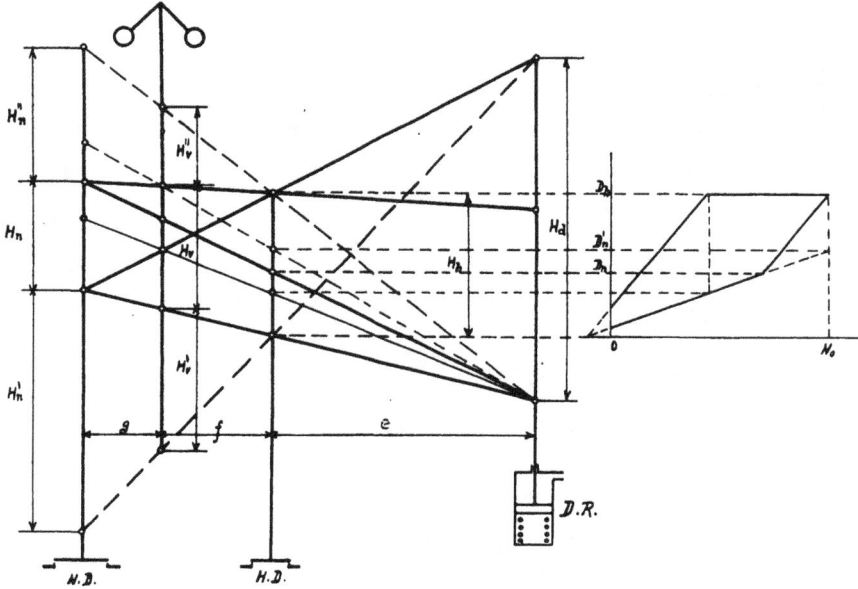

Abb. 39. Niederdruckteil für Vollast und Entnahme bemessen. Höchstentnahme bei Gegendruckbetrieb $v_g = v_e$.

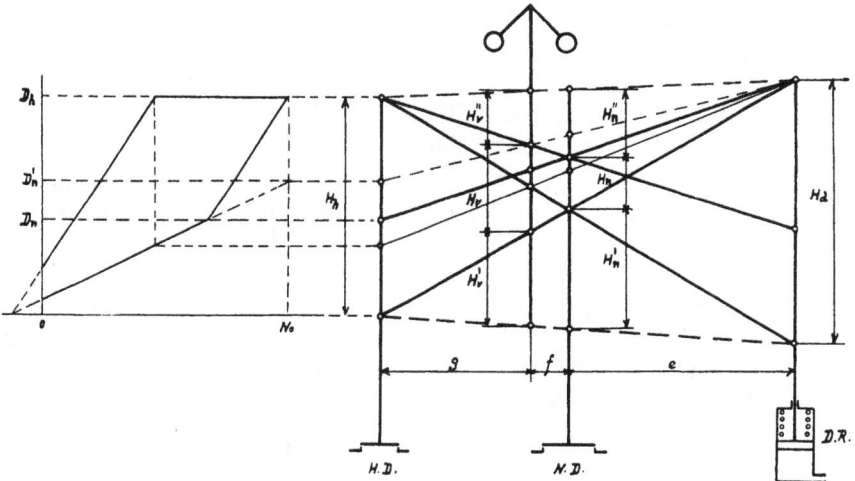

Abb. 40. Niederdruckteil für Vollast und Entnahme bemessen. Höchstentnahme bei Gegendruckbetrieb $v_g = 1/v_e$.

H_n ermittelt man wieder aus der Höchstlast bei Nullentnahme, H_d aus dem Gegendruckbetrieb, H_v aus der Verbindungslinie von H_n und H_h und f aus der Umschaltung von Gegendruckbetrieb auf Nullentnahme.

γ) *Niederdruckteil größer ausgelegt, als für Vollast und Höchstentnahme nötig.*

Am häufigsten kommt die Ausführung der Turbine mit verkleinertem Niederdruckteil vor, bei der Vollast noch bei einer bestimmten Mindestentnahmemenge erreicht werden soll. Damit ergibt sich das in den Abb. 41 und 42 gezeichnete Dampfverbrauchsbild. Für die Be-

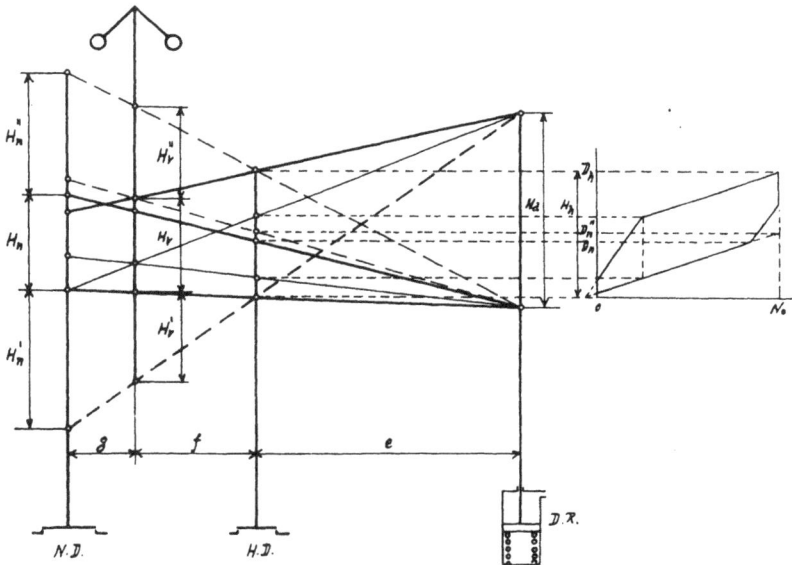

Abb. 41. Niederdruckteil größer bemessen als für Vollast und Höchstentnahme nötig $v_g = v_e$.

rechnung der Hübe führen wir das Diagramm auf das der Abb. 33 und 34 zurück, indem wir die Nullentnahmelinie bis zur Vollast N_0 verlängern. Die hierfür erforderliche, gedachte Dampfmenge D_n'' kann aus Gl. (24) Abschn. 3 B a) gerechnet werden, wenn $N = N_0$ gesetzt wird. Damit ist

$$D_n'' = \frac{\alpha\, a_h + \beta\, a_n + N_0}{A + B}, \ldots \ldots \ldots (152)$$

und es wird nach Abb. 12 $N_{02} < N_0 < N_{04}$.

Mit der Hilfsgröße D_n'' lassen sich wieder eine Reihe von Gleichungen verwenden. Setzt man für D_n den Wert D_n'' nach Gl. (152) ein, so gelten auch hier für H_v, H_d, H_v', H_n' und H_v'' die Gl. (126) bis

(130) für $v_g = v_e$ und die Gl. (134) bis (138) für $v_g = 1/v_e$. Aus den Hebelverhältnissen ergeben sich dann für $v_g = v_e$

$$H_n = \frac{e + f + g}{e} \frac{D_n}{D_h} H_h \quad \ldots \ldots \ldots \quad (153)$$

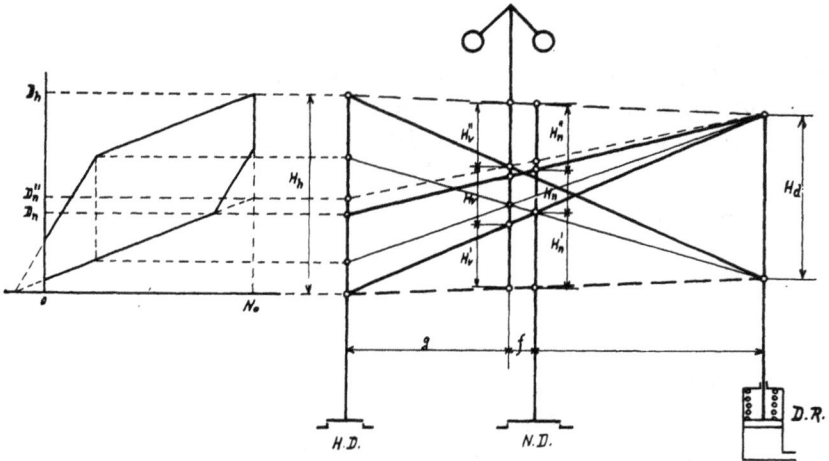

Abb. 42. Niederdruckteil größer bemessen als für Vollast und Entnahme nötig. Höchstentnahme bei Gegendruckbetrieb $v_g = 1/v_e$.

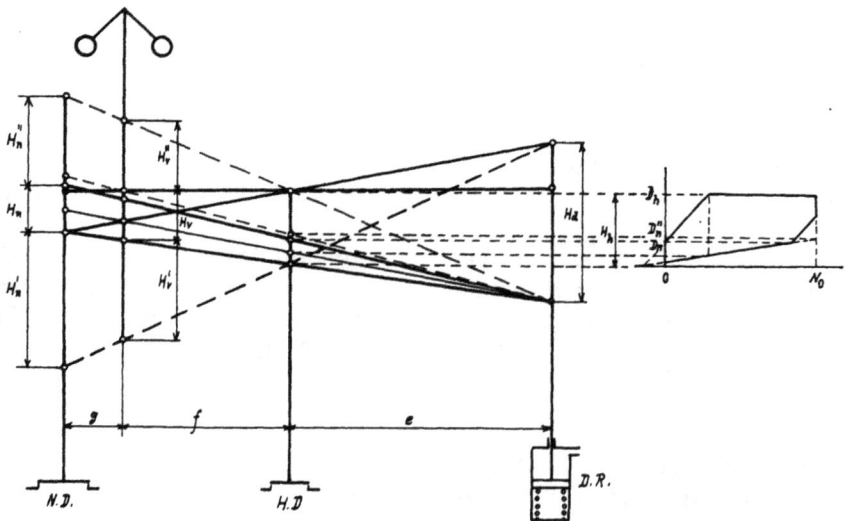

Abb. 43. Niederdruckteil größer bemessen als für Vollast und Entnahme nötig. Höchstentnahme bei Gegendruckbetrieb $v_g = v_e$.

und $H_n'' = \dfrac{e+f+g}{e}\left(1 - \dfrac{D_n}{D_h}\right) H_h$ nach Gl. (131) und für $v_g = 1/v_e$

$$H_n = \frac{e}{e+f+g}\,\frac{D_n}{D_h}\, H_h \quad \ldots \ldots \ldots \quad (154)$$

und $H_n'' = \dfrac{e}{e+f+g}\left(1 - \dfrac{D_n}{D_h}\right) H_h$ nach Gl. (139). Es wird ausdrück-
lich darauf hingewiesen, daß in diesen Gleichungen nicht D_n'', sondern
die tatsächliche Niederdruckdampfmenge D_n einzusetzen ist.

Konstruktiv findet man H_n aus der Höchstlast bei Nullentnahme,
f, g und H_d aus der Umschaltung von Gegendruckbetrieb auf Nullentnahme und H_v aus der Hilfsdampfmenge D_n''.

δ) Niederdruckteil größer ausgelegt, als für Vollast und Entnahme nötig.
Höchstentnahme bei Gegendruckbetrieb.

Der Unterschied der Dampfverbrauchsbilder der Abb. 43 und 44
gegenüber denen der Abb. 41 und 42 besteht darin, daß im Gegendruckbetrieb $D_e = D_h$ wird. Für die Hübe H_v und H_v'' können wieder, wenn

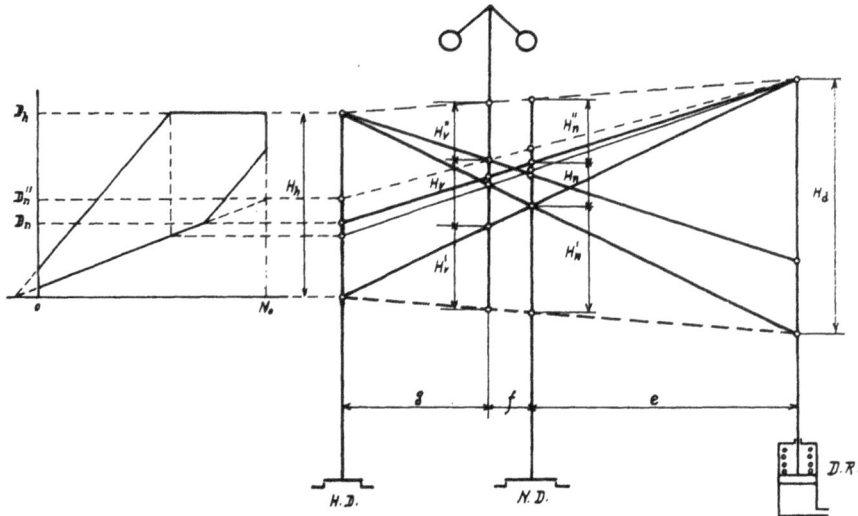

Abb. 44. Niederdruckteil größer bemessen als für Vollast und Höchstentnahme nötig $v_g = 1/v_e$.

D_n'' anstatt D_n gesetzt wird, die Gl. (126) und (130), für H_d, H_v' und H_n'
die Gl. (141) bis (143) genommen werden, wenn $v_g = v_e$ ist, und die
Gl. (134) und (138) bzw. (144) bis (146), wenn $v_g = 1/v_e$ ist.

Ferner sind für $v_g = v_e$ die Gl. (153) und (131) für H_n und H_n'' und
für $v_g = 1/v_e$ die Gl. (154) und (139) gültig.

H_n erhält man aus der Höchstlast bei Nullentnahme, f, g und H_d
aus der Umschaltung von Gegendruckbetrieb auf Nullnahme und

Abschn.	$v_g=$	H_d	H_n	H'_n
$a\,\alpha$	v_e	$\frac{e+f}{f}\left(1-\frac{D_n}{D_h}\right)H_h$	$v_e\,\frac{g}{f}\,\frac{D_n}{D_h}H_h$	$\frac{f+g}{e}\,\frac{e+f}{f}\left(1-\frac{D_n}{D_h}\right)H_h$
	$\frac{1}{v_e}$	$\frac{e+f}{g}\left(1-\frac{D_n}{H_h}\right)H_h$	$v_e\,\frac{f}{g}\,\frac{D_n}{D_h}H_h$	$\frac{f+g}{e+f+g}\,\frac{e+f}{g}\left(1-\frac{D_n}{D_h}\right)H_h$
$a\,\beta$	v_e	$\frac{e+f+g}{f+g}H_h$	$v_e\,\frac{g}{f}\,\frac{D_n}{D_h}H_h$	$\frac{e+f+g}{e}H_h$
	$\frac{1}{v_e}$	$\frac{e}{f+g}H_h$	$v_e\,\frac{f}{g}\,\frac{D_n}{D_h}H_h$	$\frac{e}{e+f+g}H_h$
$b\,\alpha$	v_e	$\frac{e+f}{f}\left(1-\frac{D'_n}{D_h}\right)H_h$	$\left[e+f+g-\frac{e+f}{f}(f+g)\left(1-\frac{D'_n}{D_h}\right)\right]\frac{H_h}{e}$	$\frac{f+g}{e}\,\frac{e+f}{f}\left(1-\frac{D'_n}{D_h}\right)H_h$
	$\frac{1}{v_e}$	$\frac{e+f}{g}\left(1-\frac{D'_n}{D_h}\right)H_h$	$\left[e-\frac{e+f}{g}(f+g)\left(1-\frac{D'_n}{D_h}\right)\right]\frac{H_h}{e+f+g}$	$\frac{f+g}{e+f+g}\,\frac{e+f}{g}\left(1-\frac{D'_n}{D_h}\right)H_h$
$b\,\beta$	v_e	$\frac{e+f+g}{f+g}H_h$	$\left[e+f+g-\frac{e+f}{f}(f+g)\left(1-\frac{D'_n}{D_h}\right)\right]\frac{H_h}{e}$	$\frac{e+f+g}{e}H_h$
	$\frac{1}{v_e}$	$\frac{e}{f+g}H_h$	$\left[e-\frac{e+f}{g}(f+g)\left(1-\frac{D''_n}{D_h}\right)\right]\frac{H_h}{e+f+g}$	$\frac{e}{e+f+g}H_h$
$b\,\gamma$	v_e	$\frac{e+f}{f}\left(1-\frac{D''_n}{D_h}\right)H_h$	$\frac{e+f+g}{e}\,\frac{D_n}{D_h}H_h$	$\frac{f+g}{e}\,\frac{e+f}{f}\left(1-\frac{D''_n}{D_h}\right)H_h$
	$\frac{1}{v_e}$	$\frac{e+f}{g}\left(1-\frac{D''_n}{D_h}\right)H_h$	$\frac{e}{e+f+g}\,\frac{D_n}{D_h}H_h$	$\frac{f+g}{e+f+g}\,\frac{e+f}{g}\left(1-\frac{D''_n}{D_h}\right)H_h$
$b\,\delta$	v_e	$\frac{e+f+g}{f+g}H_h$	$\frac{e+f+g}{e}\,\frac{D_n}{D_h}H_h$	$\frac{e+f+g}{e}H_h$
	$\frac{1}{v_e}$	$\frac{e}{f+g}H_h$	$\frac{e}{e+f+g}\,\frac{D_n}{D_h}H_h$	$\frac{e}{e+f+g}H_h$

H_v aus der Hilfsdampfmenge D''_n und Vollast. Um eine Verwechslung der Gleichungen zu vermeiden, sind in Tafel 1 sämtliche Betriebsfälle zusammengefaßt.

c) Überlastung des Hochdruckteiles durch Dampfumführung.

Wird Dampf zur Überlastung der Turbine in eine Stufe niedrigeren Druckes umführt, so verringert sich der Wirkungsgrad und der Neigungswinkel der Dampfverbrauchslinie wird größer. Der dadurch entstehende Knick in der Geraden stört die Gleichwertwirkung, so daß im Moment des Umschaltens des Druckreglers auf Dampfentnahme der Regler nachregeln muß. In Abb. 45 ist dieser Vorgang dargestellt. Der

Entnahmeturbinen. $v_e = \dfrac{\Delta D_h}{\Delta D_n}$.

H_n''	H_v	H_v'	H_v''
$\frac{e+f+g}{e}\left(1-\frac{D_n}{D_h}\right)H_h$	$\frac{e+f}{e+f+g}\frac{g}{f}v_e\frac{D_n}{D_h}H_h$	$\frac{e+f}{e}\left(1-\frac{D_n}{D_h}\right)H_h$	$\frac{e+f}{e}\left(1-\frac{D_n}{D_h}\right)H_h$
$\frac{e}{e+f+g}\left(1-\frac{D_n}{D_h}\right)H_h$	$\frac{e+f}{e}\frac{f}{g}v_e\frac{D_n}{D_h}H_h$	$\frac{e+f}{e+f+g}\left(1-\frac{D_n}{D_h}\right)H_h$	$\frac{e+f}{e+f+g}\left(1-\frac{D_n}{D_h}\right)H_h$
$\frac{e+f+g}{e}\left(1-\frac{D_n}{D_h}\right)H_h$	$\frac{e+f}{e+f+g}\frac{g}{f}v_e\frac{D_n}{D_h}H_h$	$\frac{e+f+g}{f+g}\frac{f}{e}H_h$	$\frac{e+f}{e}\left(1-\frac{D_n}{D_h}\right)H_h$
$\frac{e}{e+f+g}\left(1-\frac{D_n}{D_h}\right)H_h$	$\frac{e+f}{e}\frac{f}{g}v_e\frac{D_n}{D_h}H_h$	$\frac{e}{e+f+g}\frac{g}{f+g}H_h$	$\frac{e+f}{e+f+g}\left(1-\frac{D_n}{D_h}\right)H_h$
$\frac{f+g}{e}\frac{e+f}{f}\left(1-\frac{D_n'}{D_h}\right)H_h$	$\frac{e+f}{e+f+g}\frac{g}{f}v_e\frac{D_n'}{D_h}H_h$	$\frac{e+f}{e}\left(1-\frac{D_n'}{D_h}\right)H_h$	$\frac{e+f}{e}\left(1-\frac{D_n'}{D_h}\right)H_h$
$\frac{f+g}{e+f+g}\frac{e+f}{g}\left(1-\frac{D_n'}{D_h}\right)H_h$	$\frac{e+f}{e}\frac{f}{g}v_e\frac{D_n'}{D_h}H_h$	$\frac{e+f}{e+f+g}\left(1-\frac{D_n'}{D_h}\right)H_h$	$\frac{e+f}{e+f+g}\left(1-\frac{D_n'}{D_h}\right)H_h$
$\frac{f+g}{e}\frac{e+f}{f}\left(1-\frac{D_n'}{D_h}\right)H_h$	$\frac{e+f}{e+f+g}\frac{g}{f}v_e\frac{D_n'}{D_h}H_h$	$\frac{e+f+g}{f+g}\frac{f}{e}H_h$	$\frac{e+f}{e}\left(1-\frac{D_n'}{D_h}\right)H_h$
$\frac{f+g}{e+f+g}\frac{e+f}{g}\left(1-\frac{D_n'}{D_h}\right)H_h$	$\frac{e+f}{e}\frac{f}{g}v_e\frac{D_n'}{D_h}H_h$	$\frac{e}{e+f+g}\frac{g}{f+g}H_h$	$\frac{e+f}{e+f+g}\left(1-\frac{D_n'}{D_h}\right)H_h$
$\frac{e+f+g}{e}\left(1-\frac{D_n}{D_h}\right)H_h$	$\frac{e+f}{e+f+g}\frac{g}{f}v_e\frac{D_n''}{D_h}H_h$	$\frac{e+f}{e}\left(1-\frac{D_n''}{D_h}\right)H_h$	$\frac{e+f}{e}\left(1-\frac{D_n''}{D_h}\right)H_h$
$\frac{e}{e+f+g}\left(1-\frac{D_n}{D_h}\right)H_h$	$\frac{e+f}{e}\frac{f}{g}v_e\frac{D_n''}{D_h}H_h$	$\frac{e+f}{e+f+g}\left(1-\frac{D_n''}{D_h}\right)H_h$	$\frac{e+f}{e+f+g}\left(1-\frac{D_n''}{D_h}\right)H_h$
$\frac{e+f+g}{e}\left(1-\frac{D_n}{D_h}\right)H_h$	$\frac{e+f}{e+f+g}\frac{g}{f}v_e\frac{D_n''}{D_h}H_h$	$\frac{e+f+g}{f+g}\frac{f}{e}H_h$	$\frac{e+f}{e}\left(1-\frac{D_n''}{D_h}\right)H_h$
$\frac{e}{e+f+g}\left(1-\frac{D_n}{D_h}\right)H_h$	$\frac{e+f}{e}\frac{f}{g}v_e\frac{D_n''}{D_h}H_h$	$\frac{e}{e+f+g}\frac{g}{f+g}H_h$	$\frac{e+f}{e+f+g}\left(1-\frac{D_n''}{D_h}\right)H_h$

Anlenkpunkt des Reglers hat bei Vollast und Nullentnahme einen Hub $H_v - h_v$ entsprechend dem Ungleichförmigkeitsgrad δ_1, sodaß sich die größte Drehzahländerung δ_c in vH für Vollast und Höchstentnahme zu

$$\delta_e = \frac{h_r}{H_v - h_v}\,\delta_1 \quad\ldots\ldots\ldots\ldots \text{(155)}$$

errechnet.

Es gibt aber ein einfaches Mittel, auch in diesem Falle die volle Gleichwertregelung zu erreichen. Bisher wurde stillschweigend angenommen, daß die Dampfmenge dem Ventilhub verhältnisgleich ist. Führt man jedoch diese Gerade nur bis zu dem Hube, der der Dampfmenge D_h entspricht, und knickt sie darüber hinaus so ab, daß in dem

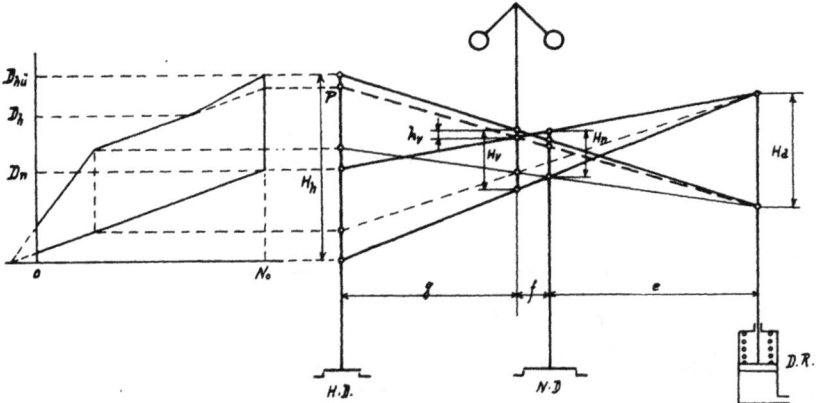

Abb. 45. Überlastung des Hochdruckteiles durch Dampfumführung.

Punkte P des Ventilhubes die Dampfmenge $D_{h\ddot{u}}$ erreicht wird, so bleibt die Drehzahl ungeändert. In diesem Falle ist auch der Ungleichförmig-keitsgrad gleich, wenn bei gleicher Entnahme über D_h hinaus belastet wird, während er im anderen Falle größer wird.

14. Zweifachentnahme-Kondensationsturbinen.

A. Beziehungen der Hebellängen zu den Dampfverhältniszahlen.

Entnahmeturbinen mit zwei Anzapfstellen, deren Dampfdrücke gleichgehalten, also geregelt werden müssen, sollten nur mit Gleichwert-regelungen ausgeführt werden. Wenn die Änderungen der Heizdampf-mengen auf die Drehzahl und die Leistungsänderungen auf die Heiz-dampfdrücke keinen Einfluß ausüben dürfen, so müssen von der Steue-rung ähnlich Abschn. 13 A a) folgende Forderungen erfüllt werden:

1. Ändert sich bei gleichen Entnahmedampfmengen die Leistung, dann müssen die Hoch-, Mittel- und Niederdruckventile die gleiche Dampfmenge zu- oder abschalten.

2. Ändert sich bei gleicher Leistung und gleichbleibender Entnahme an der zweiten Anzapfstelle die erste Entnahmemenge, dann müssen die Mittel- und Niederdruckventile im gleichen, die Hochdruckventile im entgegengesetzten Sinne eine bestimmte Dampfmengendifferenz schalten.

3. Ändert sich allein nur die Entnahmemenge der zweiten Anzap-fung, dann müssen sich die Hoch- und Mitteldruckventile im gleichen, die Niederdruckventile im entgegengesetzten Sinne bewegen.

4. Die gleichsinnig bewegten Ventilgruppen unter 2 und 3 müssen wieder der Forderung 1 entsprechen.

5. Der Regler muß in der Lage sein alle Ventile, ganz zu schließen.

Ein Schema der Steuerung, die diese Bedingungen erfüllt, ist in Abb. 46 wiedergegeben. Man erkennt leicht daraus, daß die einfache Entnahmeregelung nach Abschn. 13 zweimal angewendet ist, so daß die dort abgeleiteten Regeln auch hier sinngemäß Anwendung finden können. Der Übersichtlichkeit halber sind die Anlenkpunkte der Hebel je nach dem Betriebszustand mit gleichen Zahlen bezeichnet. *0* ist die Schlußlage, *1* die Belastung bei Nullentnahme, *2* die Zuschaltung der zweiten und *3* die der ersten Entnahme. Mit den Bezeichnungen nach Abschn. 13, wobei sich die Zeiger *h*, *m* und *n* auf den Hoch-, Mittel- und Niederdruckteil beziehen, ergibt sich für die Belastung ohne Entnahme

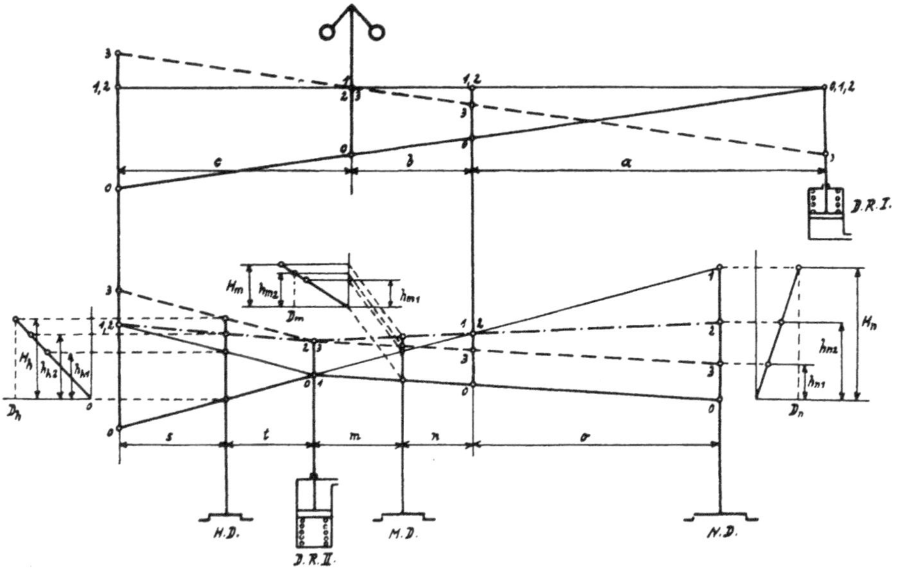

Abb. 46. Regelschema einer Zweifachentnahme-Kondensationsturbine.

$$h_{m1} = \frac{s+t}{t} \frac{a}{a+b+c} \frac{m}{m+n} h_{h1}$$

$$H_n = \frac{s+t}{t} \frac{a}{a+b+c} \frac{m+n+o}{m+n} h_{h1}$$

$$H_n = \frac{m+n+o}{m} h_{m1}.$$

Sind σ, ϱ und τ die Tangenten der Neigungswinkel der Geraden der Dampfdiagramme, so sind zur Erfüllung der Forderung 1

$$\frac{h_{h1}}{\sigma} = \frac{h_{m1}}{\varrho} = \frac{H_n}{\tau}$$

und in Verbindung mit den vorhergehenden Gleichungen

$$\frac{h_{m1}}{h_{h1}} = \frac{\varrho}{\sigma} = \frac{s+t}{t} \; \frac{a}{a+b+c} \; \frac{m}{m+n} \quad \cdots \cdots \cdots \quad (156)$$

$$\frac{H_n}{h_{h1}} = \frac{\tau}{\sigma} = \frac{s+t}{t} \; \frac{a}{a+b+c} \; \frac{m+n+o}{m+n} \quad \cdots \cdots \quad (157)$$

$$\frac{H_n}{h_{m1}} = \frac{\tau}{\varrho} = \frac{m+n+o}{m} \quad \cdots \cdots \cdots \cdots \quad (158)$$

Wird nun an der zweiten Anzapfstelle Dampf entnommen, so ist nach Bedingung 2

$$\frac{H_m - h_{m1}}{H_n - h_{n2}} = \frac{\varrho}{\tau} \; \frac{\varDelta D_{m2}}{\varDelta D_n} = \frac{n}{m+n} \; \frac{m+n}{o}$$

und mit Gl. (158)

$$\frac{\varDelta D_{m2}}{\varDelta D_n} = \frac{m+n+o}{m} \; \frac{n}{o} \quad \cdots \cdots \cdots \quad (159)$$

Nach Gl. (57) Abschn. 3 B c) ist aber $\dfrac{\varDelta D_{m2}}{\varDelta D_n} = v_{e2}$, so daß für $\dfrac{m+n+o}{m} \; \dfrac{n}{o} = v_{\sigma 2}$ gesetzt, $v_{e2} = v_{\sigma 2}$ wird, wie nach Abschn. 13 A a), weil auch hier die Niederdruckventile am Hebelende angelenkt sind.

Die Zuschaltung der Entnahme der ersten Anzapfstelle gibt mit Rücksicht auf Forderung 3

$$\frac{H_m - h_{m2}}{H_h - h_{h2}} = \frac{\varrho}{\sigma} \; \frac{\varDelta D_{m1}}{\varDelta D_h} = \frac{m}{m+n} \; \frac{s+t}{t} \; \frac{b}{a+b} \; \frac{a+b}{c}$$

und in Verbindung mit Gl. (156)

$$\frac{\varDelta D_{m1}}{\varDelta D_h} = \frac{a+b+c}{a} \; \frac{b}{c} \quad \cdots \cdots \cdots \quad (160)$$

Nach Abschn. 3 B c) und Gl. (56) ist $\dfrac{\varDelta D_{m1}}{\varDelta D_h} = 1/v_{e1}$, so daß mit $\dfrac{a+b+c}{a} \; \dfrac{b}{c} = v_{\sigma 1}$, entsprechend Abschn. 13 A b), $v_{\sigma 1} = 1/v_{e1}$ wird, weil hier der Hochdruckteil am Hebelende angelenkt ist.

Um die Bedingung 4 zu erfüllen, muß

$$\frac{H_m - h_{m1}}{\varrho} = \frac{h_{h2} - h_{h1}}{\sigma}$$

oder

$$\frac{\varrho}{\sigma} = \frac{H_m - h_{m1}}{h_{h2} - h_{h1}} = \frac{n}{m+n} \; \frac{s+t}{s}$$

sein. Mit Gl. (156) ergibt sich

$$\frac{s}{t} = \frac{a+b+c}{a} \; \frac{n}{m} \quad \cdots \cdots \cdots \cdots \quad (161)$$

Außerdem muß

$$s + t + m + n = b + c \quad \dots \dots \dots (162)$$

sein. Auch hier läßt sich bei der ersten und zweiten Entnahmeregelung der Nieder- oder Hochdruckteil am Hebelende anlenken. Die Gestänge-verhältnisse sind dann wieder gleich dem Dampfmengenverhältnis oder

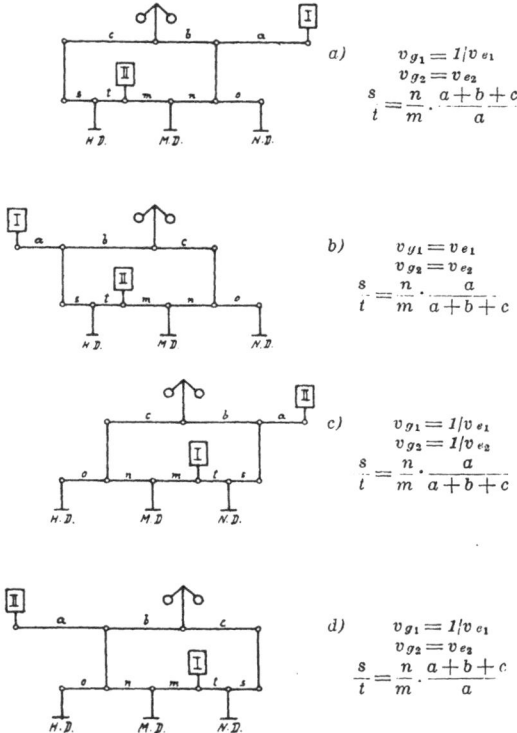

a)
$$v_{g_1} = 1/v_{e_1}$$
$$v_{g_2} = v_{e_2}$$
$$\frac{s}{t} = \frac{n}{m} \cdot \frac{a+b+c}{a}$$

b)
$$v_{g_1} = v_{e_1}$$
$$v_{g_2} = v_{e_2}$$
$$\frac{s}{t} = \frac{n}{m} \cdot \frac{a}{a+b+c}$$

c)
$$v_{g_1} = 1/v_{e_1}$$
$$v_{g_2} = 1/v_{e_2}$$
$$\frac{s}{t} = \frac{n}{m} \cdot \frac{a}{a+b+c}$$

d)
$$v_{g_1} = 1/v_{e_1}$$
$$v_{g_2} = v_{e_2}$$
$$\frac{s}{t} = \frac{n}{m} \cdot \frac{a+b+c}{a}$$

Abb. 47. Anordnung der Ventile und Druckregler einer Zweifach-Entnahmeturbine.

dessen reziprokem Wert. In Abb. 47 und 47a sind die acht in Frage kommenden Fälle gezeichnet und die zugehörigen Hauptgleichungen angegeben.

B. Gestängeausmittlung.

Je nach der Bemessung des Niederdruckteiles und der Begrenzung des Druckreglers sind für die zweite Entnahmeregelung, wie in Abschn.13B angegeben, sechs verschiedene Fälle möglich. Dazu kommt noch die Begrenzung des Druckreglers der ersten Entnahmeregelung, die so ausgeführt werden kann, daß die Höchstentnahme bei Vollast bzw. Gegendruckbetrieb abgegeben werden kann. Damit verdoppeln sich die wichtigsten Betriebsfälle. Es können auch hier die Hübe rechnerisch für die verschiedenen Betriebsarten festgelegt werden, doch soll hier davon Abstand genommen werden. Dagegen soll an Hand der Abb. 48 gezeigt werden, wie die Gestänge- und Hubausmittlung auf Grund des gegebenen Dampfverbrauchsbildes zeichnerisch erfolgen kann. Die Wahl der Anordnung der Ventile ist nach Abb. 47a angenommen, so daß die Hebellängen nach den Gl. (159) bis (162) gerechnet werden können. Es ist aber

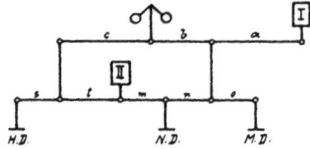

e)
$$v_{g_1} = 1/v_{e_1}$$
$$v_{g_2} = 1/v_{e_2}$$
$$\frac{s}{s+t} = \frac{a+b+c}{a} \cdot \frac{o}{m+n+o}$$

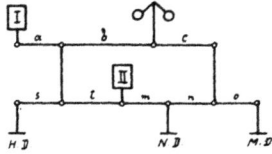

f)
$$v_{g_1} = v_{e_1}$$
$$v_{g_2} = 1/v_{e_2}$$
$$\frac{s}{s+t} = \frac{a}{a+b+c} \cdot \frac{o}{m+n+o}$$

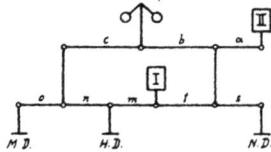

g)
$$v_{g_1} = v_{e_1}$$
$$v_{g_2} = 1/v_{e_2}$$
$$\frac{s}{s+t} = \frac{a}{a+b+c} \cdot \frac{o}{m+n+o}$$

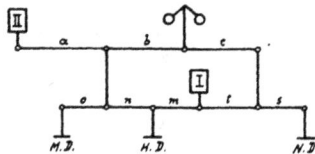

h)
$$v_{g_1} = v_{e_1}$$
$$v_{a_2} = v_{e_2}$$
$$\frac{s}{s+t} = \frac{a+b+c}{a} \cdot \frac{o}{m+n+o}$$

Abb. 47a. Anordnung der Ventile und Druckregler einer Zweifach-Entnahmeturbine.

auch möglich, sie unmittelbar zeichnerisch zu bestimmen. Die Längen a $(a+b+c)$, s, t und $(m+n)$ werden angenommen und die Strecken m und n aus Gl. (161) gerechnet. Die Schlußlage 0 des Gestänges kann gleichfalls angenommen werden. Nunmehr werden die Gestängelagen für die Punkte 1 und 2, die die Umschaltung von Nullentnahme bis Gegendruckbetrieb der zweiten Anzapfstelle bei gleicher Last angeben, eingezeichnet. Nachdem im Gegendruckbetrieb die Niederdruckventile ganz geschlossen sein müssen, ergibt sich ihre Lage und damit die Länge o als Schnittpunkt der Geraden 0 und 2 im Niederdruckteil. Das gleiche

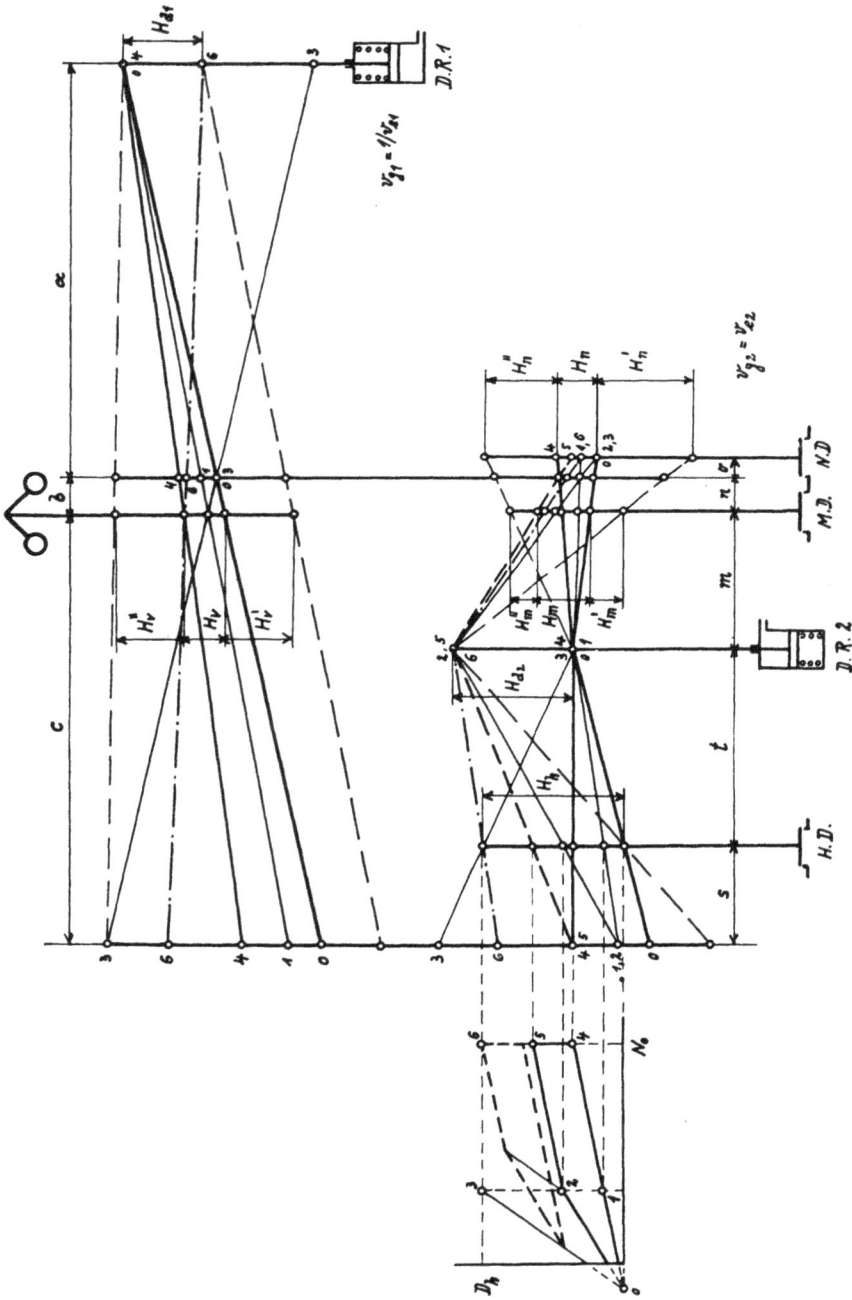

Abb. 48. Ausmittlung der Hübe einer Zweifach-Entnahmekondensationsturbine.

Verfahren wird mit den Umschaltpunkten *1* und *3* der ersten Anzapfung wiederholt. Mit dem Schnittpunkt der Linien *0* und *3* findet man die Lage der Regleranlenkung und damit die Längen *b* und *c*. Nachdem die Hebellängen festgelegt sind, lassen sich die übrigen Betriebsfälle, die die größten Nutz- und Überhübe erfordern, leicht ermitteln.

15. Mehrfachentnahme-Kondensationsturbinen.

Wenn auch bisher Turbinen mit mehr als zwei Entnahmestellen nicht ausgeführt worden sind, so ist es doch naheliegend, die Erweiterung der Regelung für mehr als zwei Anzapfungen zu untersuchen. Die Anforderungen an die Steuerung sind dieselben wie unter Abschn. 14 beschrieben, müssen aber dahin erweitert werden, daß bei Änderung einer Entnahmedampfmenge die Ventilgruppen vor dieser Anzapfstelle gegenüber denen hinter derselben gleichzeitig, aber entgegengesetzt arbeiten müssen. Diese Forderung ist nicht erfüllt, wenn die Anlenkung der Ventile nach den bisher bekannten Gesetzen vorgenommen wird,

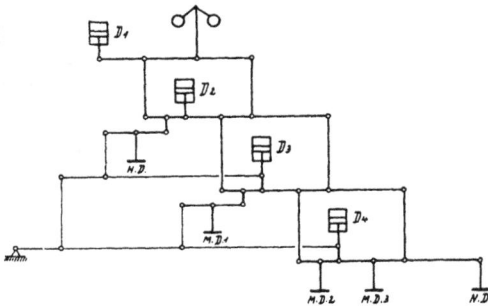

Abb. 49. Vierfach-Entnahmeturbine.

weil dann vom dritten Druckregler an die Hochdruckventile nicht mehr beeinflußt werden können. Es ist vielmehr ein zusätzliches Gestänge nötig. In Abb. 49 ist das Regelschema einer Entnahmeturbine mit vier Anzapfstellen dargestellt. Die stark ausgezogenen Linien lassen die Erweiterung nach der in den früheren Abschnitten beschriebenen Regelung erkennen, während die dünneren Linien das Zusatzgestänge darstellen. Man sieht daraus, daß die Gestängezahl unliebsam vergrößert wird, sobald mehr als zwei Anzapfstellen in Frage kommen.

16. Entnahme-Gegendruckturbinen.

A. Einfachentnahmeturbinen.

a) Alleinbetrieb.

Wird der Maschinensatz allein betrieben, also nicht parallel geschaltet mit einer zweiten Maschine oder einem Fremdnetz, so kann auch für die Entnahme-Gegendruckturbine die Regelung nach Abschn. 13 verwendet werden. Die Entnahmedampfmenge wird von der Steuerung gleichgehalten, während sich die Gegendruckdampfmenge mit der Belastung ändert. Die noch darüber hinaus benötigte Heizdampfmenge muß von der Frischdampfleitung über ein Druckminderventil zugesetzt werden. Es liegt der Gedanke nahe, diese Dampfmenge von der Ent-nahmeleitung zu reduzieren. Das ist aber wegen dem Hintereinander-ansprechen der Impulse nicht angängig, denn sobald die Last wechselt, ändert sich auch die Entnahme, und der Regler muß nachregeln. Die Gleichwertwirkung ist dadurch aufgehoben und der Regelvorgang nur unnötig verzögert. Solange die Überschußenergie nicht verwendet werden kann, ist damit auch kein wirtschaftlicher Betrieb zu erzielen. Kann aber die Abfalleistung ausgenützt werden, so kommt der Parallel-betrieb in Frage.

b) Parallelbetrieb.

Im Abschn. 12 wurde schon gesagt, daß im Parallelbetrieb die Turbine unabhängig von der erforderlichen Leistung nur nach dem Dampfbedarf regelt. In diesem Falle muß also ein zweiter Druckregler den Gegendruck gleichhalten. Denken wir uns die Gegendruck- und Drehzahlregelung nach Abb. 29 an die Gleichwert-Entnahmesteuerung angebaut, dann ist wohl die Regelung einwandfrei, wenn sich die Gegen-druckdampfmenge, nicht aber, wenn sich die Entnahme ändert. In diesem Falle müßte wegen der Änderung der Niederdruckdampfmenge der Gegendruckregler nachregeln. Verzichtet man auf die Gleichwert-regelung und läßt den Entnahmedruckregler allein auf die Niederdruck- und den Gegendruckregler auf die Hochdruckventile einwirken, so müssen bei jeder Dampfänderung beide Druckregler nacheinander eingreifen. Schaltet man den Entnahmedruckregler auf die Hochdruck- und den Gegendruckregler auf die Niederdruckventile (Doppelgegendruck-turbine), dann ist die Entnahmeregelung gut, die Gegendruckregelung nicht. Denn bei jeder Abdampfänderung muß auch der Entnahmedruck-regler eingreifen. Die Änderungen der Dampfmengen gehen meist ver-hältnismäßig langsam vor sich, so daß die Regelung genügend Zeit hat, den neuen Zustand einzustellen. Ist das nicht der Fall oder werden aus anderen Gründen hohe Anforderungen gestellt, dann ist nur eine Regelung ohne gegenseitige Störung möglich.

Von dieser Regelung muß gefordert werden, daß die Ventile un-mittelbar die veränderte Dampfmenge einstellen, ohne die gleichbleibende zu beeinflussen. Eine Steuerung dieser Art ist in Abb. 50 schematisch dargestellt. Der Gegendruckregler $DR\,II$ verstellt gleichzeitig beide Ventilgruppen in gleichem Sinne derart, daß die zu- oder abgeschalteten Dampfmengen des Hoch- und Niederdruckteiles gleich sind, während der Entnahmedruckregler $DR\,I$ allein die Hochdruckventile regelt.

Wir nehmen wieder geradlinigen Verlauf der Dampfmengen in Abhängigkeit vom Hub an, dann ist mit den Bezeichnungen nach Ab-schnitt 13 bei höchster Last ohne Entnahme das Verhältnis der Hübe der Hochdruck- und Niederdruckventile gleich $\dfrac{\sigma}{\varrho}$, weil die Dampfmenge im Hoch- und Niederdruckteil gleich ist. Setzt man für σ und ϱ die Höchstwerte der Dampfmengen und Hübe ein, so erhält man

$$\frac{\sigma}{\varrho} = \frac{H_h}{H_n} \frac{D_n}{D_h} = \frac{a}{a+b}$$

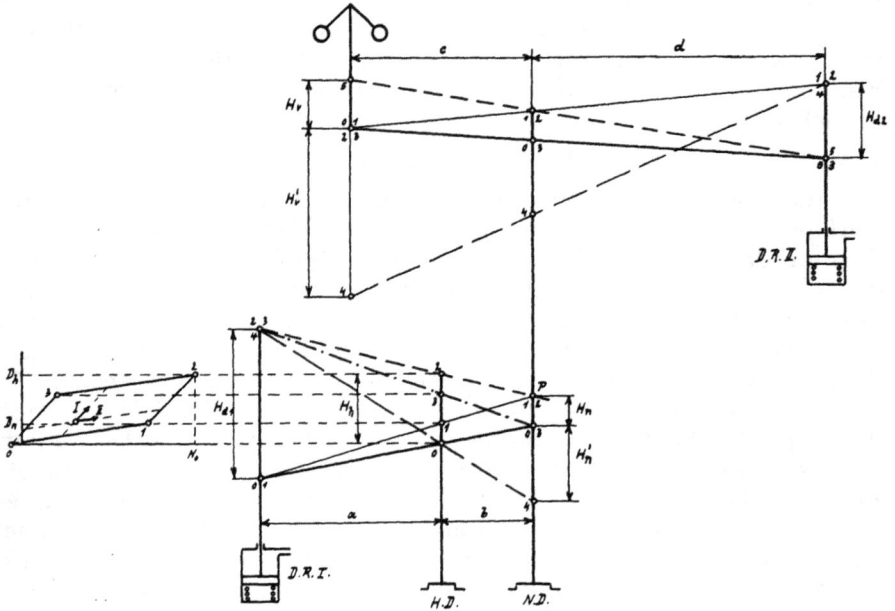

Abb. 50. Regelschema einer Entnahme-Gegendruckturbine.

und daraus die Hübe

$$H_n = \frac{a+b}{a} \frac{D_n}{D_h} H_h \quad\dots\dots\dots\dots \quad (163)$$

$$H_{d2} = \frac{a+b}{a} \frac{c+d}{c} \frac{D_n}{D_h} H_h \quad\dots\dots\dots \quad (164)$$

$$H_v = \frac{a+b}{a} \frac{c+d}{d} \frac{D_n}{D_h} H_h \quad\dots\dots\dots \quad (165)$$

$$H'_n = \frac{a+b}{a} \left(1 - \frac{D_n}{D_h}\right) H_h \quad\dots\dots\dots \quad (166)$$

$$H'_v = \frac{a+b}{a} \frac{c+d}{d} H_h \quad\dots\dots\dots\dots \quad (167)$$

$$H_{d1} = \frac{a+b}{b} \left(1 - \frac{D_n}{D_h}\right) H_h \quad\dots\dots\dots \quad (168)$$

Ebenso können die Überhübe gerechnet werden, die bei Stillstand oder vor dem Anfahren entstehen, wenn die Hochdruckventile durch Drucköl angehoben werden. An Stelle der gezeichneten Geschwindigkeits- und Druckregelung kann an dem Punkte P die nach Abb. 29 gezeichnete Regelung angelenkt werden. Bei gleicher Entnahme belastet der Gegendruckregler die Turbine entsprechend den Dampflinien nach Pfeil II des Dampfdiagrammes nach Abb. 50, während eine Änderung der Dampfentnahme wegen der gleichbleibenden Gegendruckdampfmenge nach Pfeil I verläuft. Der letztere Umstand bringt es mit sich, daß die Entnahmeregelung vom Regler nachgeregelt werden muß, wenn die Turbine allein, also ohne Parallelschaltung, laufen soll. Konstruktiv lassen sich die Hübe, wie aus dem Schema zu sehen ist, leicht bestimmen.

Auch hier wäre es möglich, die Turbine, wie im Abschn. 13 B beschrieben, für verschiedene Betriebsfälle zu bauen. Von einer zahlenmäßigen Untersuchung soll jedoch Abstand genommen werden, nachdem es sich nur um eine sinngemäße Wiederholung handelt. Wird die Turbine für eine kleinere Leistung gebaut, wie sie bei vollem Dampfdurchsatz im Hoch- und Niederdruckteil abgeben kann, so muß eine Lastbegrenzung vorgesehen werden, um zu verhindern, daß der Generator überlastet wird.

B. Zweifachentnahme-Gegendruckturbinen.

Die Regelung der Zweifachentnahmeturbine hat folgende Bedingungen zu erfüllen: Der Druckregler der ersten Entnahmestelle $DR\ I$ darf nur die Hochdruck-, der der zweiten $DR\ II$ die Hoch- und Niederdruckventile im gleichen Sinne bewegen. Der Drehzahl- und Gegendruckregler $DR\ III$ muß alle drei Ventilgruppen im gleichen Sinne verstellen. Hierbei müssen die zu- oder abgeschalteten Dampfmengen gleich sein. In Abb. 51 ist das Regelschema wiedergegeben, das diesen Forderungen entspricht. Auch hier fehlt das entgegengesetzte Schalten der Ventile wie bei den Entnahmekondensationsturbinen. Mit den Bezeichnungen nach Abschn. 14 gelten für die reine Belastung, bei der die Dampfmengen der drei Teilturbinen gleich sind, folgende Beziehungen:

$$\frac{\sigma}{\varrho} = \frac{a}{a+b} = \frac{H_h}{H_m}\frac{D_m}{D_h}; \quad \frac{\varrho}{\tau} = \frac{c}{c+d} = \frac{H_m}{H_n}\frac{D_n}{D_m}.$$

Hieraus und aus den Hebelverhältnissen ergeben sich die Hübe zu:

$$H_m = \frac{a+b}{a}\frac{D_m}{D_h}H_h \quad \dots \dots \dots \quad (169)$$

$$H_n = \frac{a+b}{a}\frac{c+d}{c}\frac{D_n}{D_h}H_h \quad \dots \dots \quad (170)$$

$$H_{d3} = \frac{a+b}{a}\frac{c+d}{c}\frac{e+f}{e}\frac{D_n}{D_h}H_h \quad \dots \dots \quad (171)$$

$$H_{d2} = \frac{a+b}{a} \cdot \frac{c+d}{d} \cdot \frac{D_m}{D_h} H_h \quad \ldots \ldots \quad (172)$$

$$H_{d1} = \frac{a+b}{b} \left(1 - \frac{D_m}{D_h}\right) H_h \quad \ldots \ldots \quad (173)$$

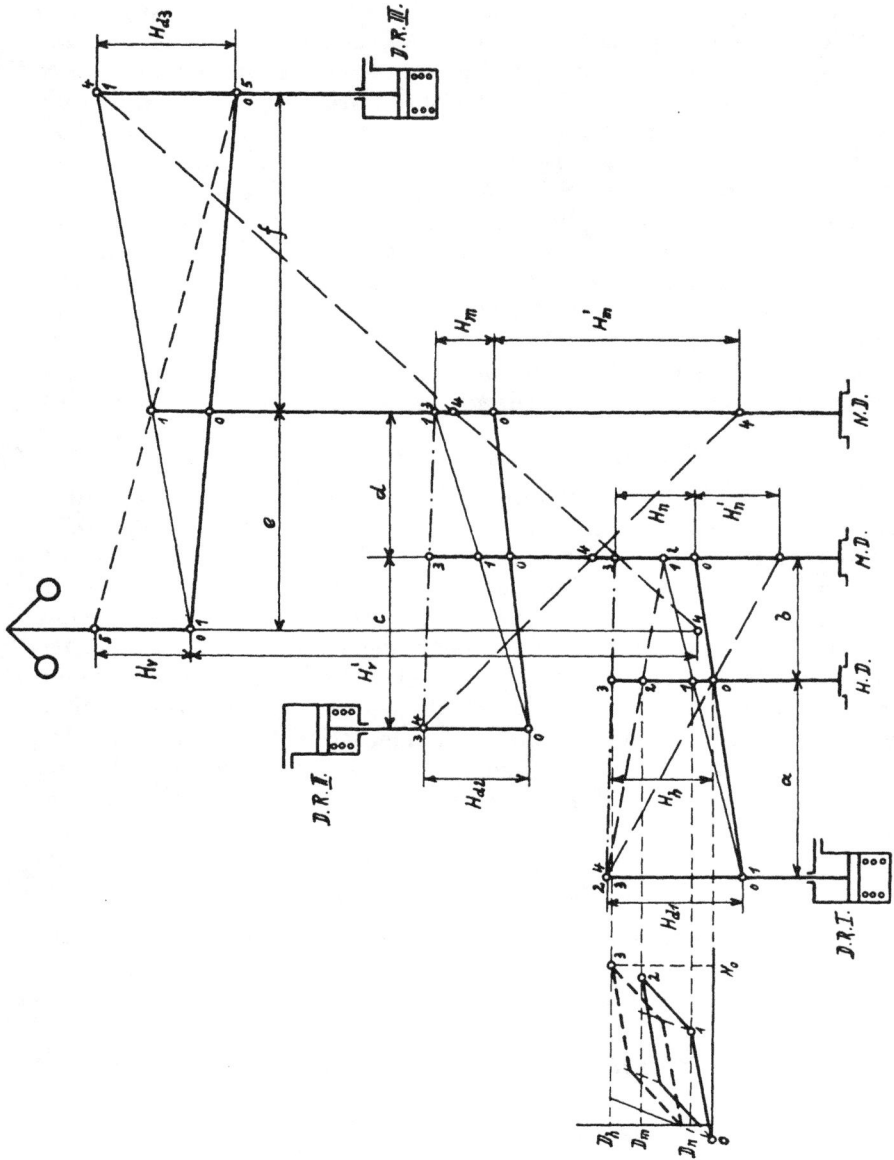

Abb. 51. Regelschema einer Zweifach-Entnahmegegendruckturbine.

$$H_v = \frac{a+b}{a} \cdot \frac{c+d}{c} \cdot \frac{e+f}{f} \cdot \frac{D_n}{D_h} H_h \quad \dots \quad (174)$$

$$H'_m = \frac{a+b}{a} \left(1 - \frac{D_m}{D_h}\right) H_h \quad \dots \dots \quad (175)$$

$$H'_n = \frac{a+b}{a} \cdot \frac{c+d}{c} \left(1 - \frac{D_n}{D_h}\right) H_h \quad \dots \quad (176)$$

$$H'_v = \frac{a+b}{a} \cdot \frac{c+d}{c} \cdot \frac{e+f}{f} H_h \quad \dots \dots \quad (177)$$

Die zeichnerische Lösung kann der Abb. 51 unmittelbar entnommen werden. Auch hier fehlt wie in Abb. 50 die Gleichwertregelung, so daß der Drehzahlregler verbessernd eingreifen muß, wenn die Entnahme sich ändert und der Maschinensatz nicht parallel läuft. Ebenso muß die Lastbegrenzung vorgesehen werden, wenn die Vollast des Generators kleiner gewählt wird als die Höchstlast der Turbine bei vollem Dampfdurchsatz.

17. Zweidruckturbinen.

A. Mitteldruckbetrieb.

In diesem Abschnitt sollen die Turbinen behandelt werden, die entsprechend Abb. 4 mit einem vollen Zwischenboden und Segmentregelung im Hoch- und Niederdruckteil ausgeführt werden. Als Kennzeichen dafür wählen wir die Bezeichnung »Mitteldruckbetrieb« und wollen damit sagen, daß diese Regelung hauptsächlich dann verwendet werden soll, wenn das zugeführte Dampfvolumen relativ klein ist, also der Niederdruckringkanal nicht unverhältnismäßig groß ausgebildet werden muß, denn die großen Kanäle lassen sich an der Teilfuge des Gehäuses nicht zuverlässig abdichten. Dieser Betrieb kommt demnach vor, wenn Mitteldruckdampf oder kleinere Abdampfmengen zugeführt werden. Er kommt zum Beispiel in Frage, wenn als Erweiterung ein Hochdruckkessel aufgestellt wird, der nicht für den Gesamtdampfbedarf ausreicht, so daß die vorhandenen Kessel mit in Betrieb bleiben müssen. Der Einfachheit halber soll die mit niedrigerem Druck zugeführte Dampfmenge unabhängig vom Druck als Abdampf bezeichnet werden.

a) Beziehungen der Hebellängen zur Dampfverhältniszahl.

Soll die Steuerung gleichwertig regeln, dürfen also die Schwankungen in der Dampfzufuhr bei gleicher Last die Drehzahl nicht beeinflussen, so muß der Abdampfdruckregler die Hoch- und Niederdruckventile in einem bestimmten Verhältnis entgegengesetzt, der Drehzahlregler bei gleicher Abdampfmenge und veränderlicher Last gleichsinnig bewegen. Es sind also dieselben Forderungen wie bei den Entnahmeturbinen.

Die einfache Überlegung führt schon zu der Tatsache, daß jeder Entnahmeturbine nicht nur Dampf entnommen, sondern auch zugeführt werden kann und daß beide Male der Druckregler den Dampfdruck gleichhält. Nur könnte wegen des kleiner bemessenen Niederdruckteils der Entnahmeturbine verhältnismäßig wenig Dampf zugeführt werden, wenn sich der Druckregler entgegengesetzt bewegen kann. Vertauscht man in Abb. 30 die Hoch- und Niederdruckventile, so erhält man das Regelschema dieser Zweidruckturbinen. Die Gl. (119) geht dann über in

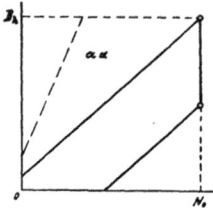
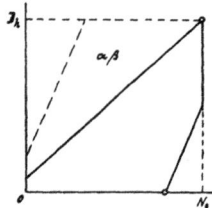

Abb. 52 a   Abb. 52 b.

$$\frac{\varDelta D_n}{\varDelta D_h} = \frac{e+f+g}{e} \frac{f}{g}.$$

$\frac{\varDelta D_n}{\varDelta D_h}$ ist aber nach Abschn. 3 B b) und Gl. (52) das Dampfdifferenzverhältnis v_a, so daß auch $v_g = v_a$ wird. Das gleiche gilt für Abschn. 13 A b) und Abb. 31, wofür $v_g = 1/v_a$ ist. Daraus ergibt sich die Regel, daß bei Anlenkung der Hochdruckventile am Hebelende das Hebelverhältnis gleich ist dem Dampfmengenverhältnis und bei Anlenkung der Niederdruckventile am Hebelende das Hebelverhältnis dem reziproken Wert des Dampfmengenverhältnisses gleichzusetzen ist.

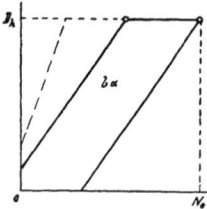
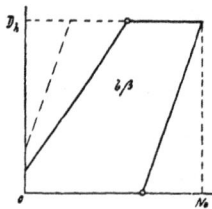

Abb. 52 c   Abb. 52 d.

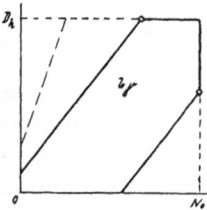
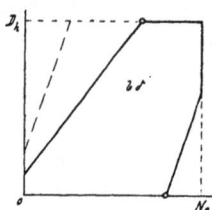

Abb. 52 e   Abb. 52 f.

Abb. 52. Dampfverbrauchsdiagramme für Zweidruckturbinen.

b) Gestängeausmittlung.

Je nach der Bemessung des Hochdruckteiles ergeben sich auch für die Zweidruckturbine entsprechend den Entnahmeturbinen sechs Betriebsfälle:

a) Hochdruckteil für Vollast und Nullabdampf ausgelegt.

α) Höchstabdampf bei Vollast, Abb. 52a.

β) Höchstabdampf bei reinem Abdampfbetrieb, Abb. 52b.

b) Hochdruckteil für Teillast und Nullabdampf ausgelegt.

α) Hochdruckteil für Vollast und Höchstabdampf ausgelegt, Abb. 52 c.

β) Hochdruckteil für Vollast und Abdampfbetrieb ausgelegt. Höchstabdampf bei reinem Abdampfbetrieb, Abb. 52 d.

γ) Hochdruckteil größer ausgelegt wie für Vollast und Höchstabdampf nötig, Abb. 52 e.

δ) Hochdruckteil größer ausgelegt wie für Vollast und Abdampfbetrieb nötig. Höchstabdampf bei reinem Abdampfbetrieb, Abb. 52 f.

Zum besseren Verständnis sind in Abb. 52 a—f die zugehörigen Dampfverbrauchsdiagramme gezeichnet und die charakteristischen Punkte besonders hervorgehoben. In jedem der Fälle können wieder die Hoch- oder Niederdruckventile mit dem Hebelende verbunden werden, so daß sich insgesamt zwölf verschiedene Regelschemata ergeben. Die in Abschn. 13 B ermittelten Gleichungen für die Hübe gelten auch hier, wenn die Hoch- und Niederdruckventile in den Abb. 33 bis 44 vertauscht werden. Für die Fälle b α) und b β) ist

$$D'_h = \frac{\alpha + \beta}{A + B} \quad \ldots \ldots \ldots \ldots (178)$$

und für die Fälle b γ) und b δ)

$$D''_h = \frac{\alpha \, a_h + \beta \, a_n + N_0}{A + B} \quad \ldots \ldots \ldots (179)$$

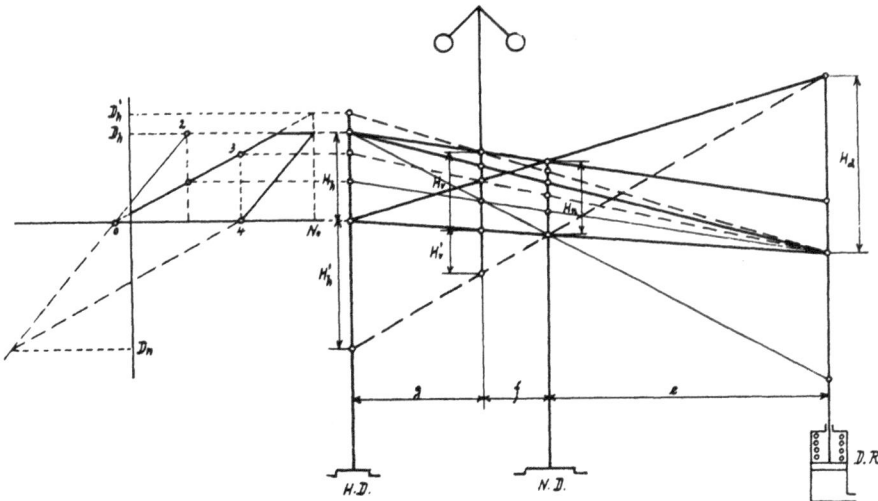

Abb. 53. Gestängeausmittelung einer Zweidruckturbine $v_g = v_a$.

a) Hochdruckteil für V o l l a s t und Nullabdampf ausgelegt.

	$v_g =$	H_d	H_h
a Höchstabdampf bei Vollast	v_a	$\frac{e+f}{f}\left(1-\frac{D_h}{D_n}\right)H_n$	$v_a\,\frac{g}{f}\,\frac{D_h}{D_n}\,H_n$
	$1/v_a$	$\frac{e+f}{g}\left(1-\frac{D_h}{D_n}\right)H_n$	$v_a\,\frac{f}{g}\,\frac{D_h}{D_n}\,H_n$
Höchstabdampf bei reinem Abdampfbetrieb	v_a	$\frac{e+f+g}{f+g}\,H_n$	$v_a\,\frac{g}{f}\,\frac{D_h}{D_n}\,H_n$
	$1/v_a$	$\frac{e}{f+g}\,H_n$	$v_a\,\frac{g}{f}\,\frac{D_h}{D_n}\,H_n$
b Hochdruckteil für Vollast und Höchstabdampf ausgelegt	v_a	$\frac{e+f}{f}\left(1-\frac{D_h'}{D_n}\right)H_n$	$\left[e+f+g-\frac{e+f}{f}(f+g)\left(1-\frac{D_h'}{D_n}\right)\right]\frac{H_n}{e}$
	$1/v_a$	$\frac{e+f}{g}\left(1-\frac{D_h'}{D_n}\right)H_n$	$\left[e-\frac{e+f}{g}(f+g)\left(1-\frac{D_h'}{D_n}\right)\right]\frac{H_n}{e+f+g}$
Hochdruckteil für Vollast u. Abdampfbetrieb ausgelegt. Höchstabdampf bei reinem Abdampfbetrieb	v_a	$\frac{e+f+g}{f+g}\,H_n$	$\left[e+f+g-\frac{e+f}{f}(f+g)\left(1-\frac{D_h'}{D_n}\right)\right]\frac{H_n}{e}$
	$1/v_a$	$\frac{e}{f+g}\,H_n$	$\left[e-\frac{e+f}{g}(f+g)\left(1-\frac{D_h'}{D_n}\right)\right]\frac{H_n}{e+f+g}$
Hochdruckteil größer ausgelegt, wie für Vollast und Höchstabdampf nötig	v_a	$\frac{e+f}{f}\left(1-\frac{D_h''}{D_n}\right)H_n$	$\frac{e+f+g}{e}\,\frac{D_h}{D_n}\,H_n$
	$1/v_a$	$\frac{e+f}{g}\left(1-\frac{D_h''}{D_n}\right)H_n$	$\frac{e}{e+f+g}\,\frac{D_h}{D_n}\,H_n$
Hochdruckteil größer ausgelegt, wie für Vollast und Abdampfbetrieb nötig. Höchstabdampf bei r. Abdampfbetrieb	v_a	$\frac{e+f+g}{f+g}\,H_n$	$\frac{e+f+g}{e}\,\frac{D_h}{D_n}\,H_n$
	$1/v_a$	$\frac{e}{f+g}\,H_n$	$\frac{e}{e+f+g}\,\frac{D_h}{D_n}\,H_n$

Um Irrtümer zu vermeiden, sind in Tafel 2 die Hubgleichungen für die Zweidruckturbinen übersichtlich zusammengestellt.

Es soll nun an Hand der Abb. 53 die zeichnerische Ausmittlung gezeigt werden. Gewählt wurde ein Dampfdiagramm nach Fall b β) mit der Anlenkung der Hochdruckventile am Hebelende. Angenommen ist H_h, e und $(f+g)$, und es soll die Hebellänge f bzw. g der Regleranlenkung gesucht werden. Es wäre naheliegend, ähnlich wie bei den Entnahmeturbinen f und g aus der Umschaltung von Nullabdampf (Punkt 3) bis reinen Abdampfbetrieb (Punkt 4) bei gleicher Last zu ermitteln. Dieses Verfahren versagt hier aber, weil der Hub der Nieder-

Zweidruckturbinen. $v_a = \dfrac{\Delta D_n}{\Delta D_h}$.

b) Hochdruckteil für **Teillast** und Nullabdampf ausgelegt.

H_h'	H_v	H_r'
$\dfrac{f+g}{c}\dfrac{e+f}{f}\left(1-\dfrac{D_h}{D_n}\right)H_n$	$\dfrac{e+f}{e+f+g}\dfrac{g}{f}v_a\dfrac{D_h}{D_n}H_n$	$\dfrac{e+f}{e}\left(1-\dfrac{D_h}{D_n}\right)H_n$
$\dfrac{f+g}{e+f+g}\dfrac{e+f}{g}\left(1-\dfrac{D_h}{D_n}\right)H_n$	$\dfrac{e+f}{e}\dfrac{f}{g}v_a\dfrac{D_h}{D_n}H_n$	$\dfrac{e+f}{e+f+g}\left(1-\dfrac{D_h}{D_n}\right)H_n$
$\dfrac{e+f+g}{e}H_n$	$\dfrac{e+f}{e+f+g}\dfrac{g}{f}v_a\dfrac{D_h}{D_n}H_n$	$\dfrac{e+f+g}{c+f}\dfrac{f}{e}H_n$
$\dfrac{e}{e+f+g}H_n$	$\dfrac{e+f}{e}\dfrac{f}{g}v_a\dfrac{D_h}{D_n}H_n$	$\dfrac{e}{e+f+g}\dfrac{g}{f+g}H_n$
$\dfrac{f+g}{e}\dfrac{e+f}{f}\left(1-\dfrac{D_h'}{D_n}\right)H_n$	$\dfrac{e+f}{e+f+g}\dfrac{g}{f}v_a\dfrac{D_h'}{D_n}H_n$	$\dfrac{e+f}{e}\left(1-\dfrac{D_h'}{D_n}\right)H_n$
$\dfrac{f+g}{e+f+g}\dfrac{e+f}{g}\left(1-\dfrac{D_h'}{D_n}\right)H_n$	$\dfrac{e+f}{e}\dfrac{f}{g}v_a\dfrac{D_h'}{D_n}H_n$	$\dfrac{e+f}{e+f+g}\left(1-\dfrac{D_h'}{D_n}\right)H_n$
$\dfrac{e+f+g}{e}H_n$	$\dfrac{e+f}{e+f+g}\dfrac{g}{f}v_a\dfrac{D_h'}{D_n}H_n$	$\dfrac{e+f+g}{f+g}\dfrac{f}{e}H_n$
$\dfrac{e}{e+f+g}H_n$	$\dfrac{e+f}{e}\dfrac{f}{g}v_a\dfrac{D_h'}{D_n}H_n$	$\dfrac{g}{e+f+g}\dfrac{e}{f+g}H_n$
$\dfrac{f+g}{e}\dfrac{e+f}{f}\left(1-\dfrac{D_h''}{D_n}\right)H_n$	$\dfrac{e+f}{e+f+g}\dfrac{g}{f}v_a\dfrac{D_h''}{D_n}H_n$	$\dfrac{e+f}{e}\left(1-\dfrac{D_h''}{D_n}\right)H_n$
$\dfrac{f+g}{e+f+g}\dfrac{e+f}{g}\left(1-\dfrac{D_h''}{D_n}\right)H_n$	$\dfrac{e+f}{e}\dfrac{f}{g}v_a\dfrac{D_h''}{D_n}H_n$	$\dfrac{e+f}{e+f+g}\left(1-\dfrac{D_h''}{D_n}\right)H_n$
$\dfrac{e+f+g}{e}H_n$	$\dfrac{e+f}{e+f+g}\dfrac{g}{f}v_a\dfrac{D_h''}{D_n}H_n$	$\dfrac{e+f+g}{f+g}\dfrac{f}{e}H_n$
$\dfrac{e}{e+f+g}H_n$	$\dfrac{e+f}{e}\dfrac{f}{g}v_a\dfrac{D_h''}{D_n}H_n$	$\dfrac{e}{e+f+g}\dfrac{g}{f+g}H_n$

druckventile vorerst nicht bekannt ist. Dagegen führt die Umschaltung von Nullentnahme auf Gegendruckbetrieb bei gleicher Last zum Ziele. Würde der Niederdruckteil ganz abgeschlossen und der Dampf nicht zugeführt sondern entnommen, so entspricht die Hochdrucklinie *0—2* dem Dampfverbrauch bei Gegendruckbetrieb. Schalten wir nun von dem Punkt *1* auf *2* um, so ergibt der Schnittpunkt der Lastlinie mit der der Umschaltlinie, die durch den Nullpunkt der Niederdruckventile gehen muß, die Länge *f* bzw. *g*. Aus der Abdampfumschaltung (*3—4*) findet man H_n und H_d und aus den Hoch- und Niederdruckventil-hüben H_v.

Der reine Abdampfbetrieb, bei dem also die Hochdruckventile geschlossen bleiben, entspricht dem Gegendruckbetrieb der Entnahmeturbinen. Der Alleinbetrieb des Maschinensatzes dürfte hier nicht in Frage kommen, weil der überschüssige Abdampf abgeblasen werden müßte. Er wäre aber möglich, wenn der Druckregler in seiner Endlage, die dem höchsten Abdampfdruck zukommt, festgestellt wird, oder wenn mittels einer geeigneten Umschaltvorrichtung die Hochdruckventile dauernd geschlossen gehalten werden. Soll im Parallelbetrieb der Druckregler die Turbine nach der anfallenden Abdampfmenge regeln, so müßte der Druckreglerhub bis zum Schnittpunkt der Geraden vergrößert werden, die den tiefsten Punkt von H_v und den höchsten von H_n verbindet. Auch hier wäre wie bei den Gegendruckturbinen eine Zeigervorrichtung nötig.

c) Zweidruck-Entnahmeturbinen.

Wie bei der Zweifachentnahmeturbine (Abschn. 14) sind auch bei der Zweidruckentnahme-Kondensationsturbine je nach der Auslegung der Turbine und Anordnung der Druckregler 48 verschiedene Regelschemata möglich, ohne die Fälle mit Überlastung mitzuzählen. Als Beispiel soll in Abb. 54 der Betriebsfall herausgegriffen werden, bei dem der Niederdruckteil für Vollast bemessen ist und die Entnahme- wie Abdampfmenge nicht die möglichen Höchstwerte erreichen. Die Anlenkung der Druckregler entspricht dem Falle a der Abb. 47. Damit sind schon die drei Hauptgleichungen gegeben, die hier wegen des Zweidruckteiles lauten:

$v_{g1} = v_a$, weil der Hochdruckteil-, und $v_{g2} = v_e$, weil der Niederdruckteil am Hebelende angelenkt ist und $\dfrac{s}{t} = \dfrac{n}{m} \dfrac{a+b+c}{a}$ wegen der Anordnung der Druckregler nach Abb. 47 a. Die Dampfverhältnisse v_a und v_e sind nach den Gl. (61) und (62) des Abschn. 3 B c) gegeben, ebenso v_{g1} und v_{g2} nach Abb. 32 Abschn. 13 A b). Die Hebellängen können damit gerechnet werden. Sie lassen sich aber ebenso einfach zeichnerisch bestimmen. Da nur drei Gleichungen gegeben sind, können fünf Hebellängen angenommen werden. Es seien außer H_h die Strecken a ($b + c$), s, t und ($m + n$) angenommen. m und n werden aus der dritten Gleichung gerechnet. Die Länge o findet man aus der Umschaltung auf Gegendruckbetrieb von Punkt 1 auf 2 nach Abschn. 14 B und b aus der von 3 auf 4 nach dem vorhergehenden Abschnitt. Die verschiedenen Hübe lassen sich dann aus dem Diagramm entwickeln. Zur besseren Verfolgung des Konstruktionsganges sind wieder die Hebellagen mit Zahlen versehen, die den gleichen Bezeichnungen in dem Diagramm entsprechen.

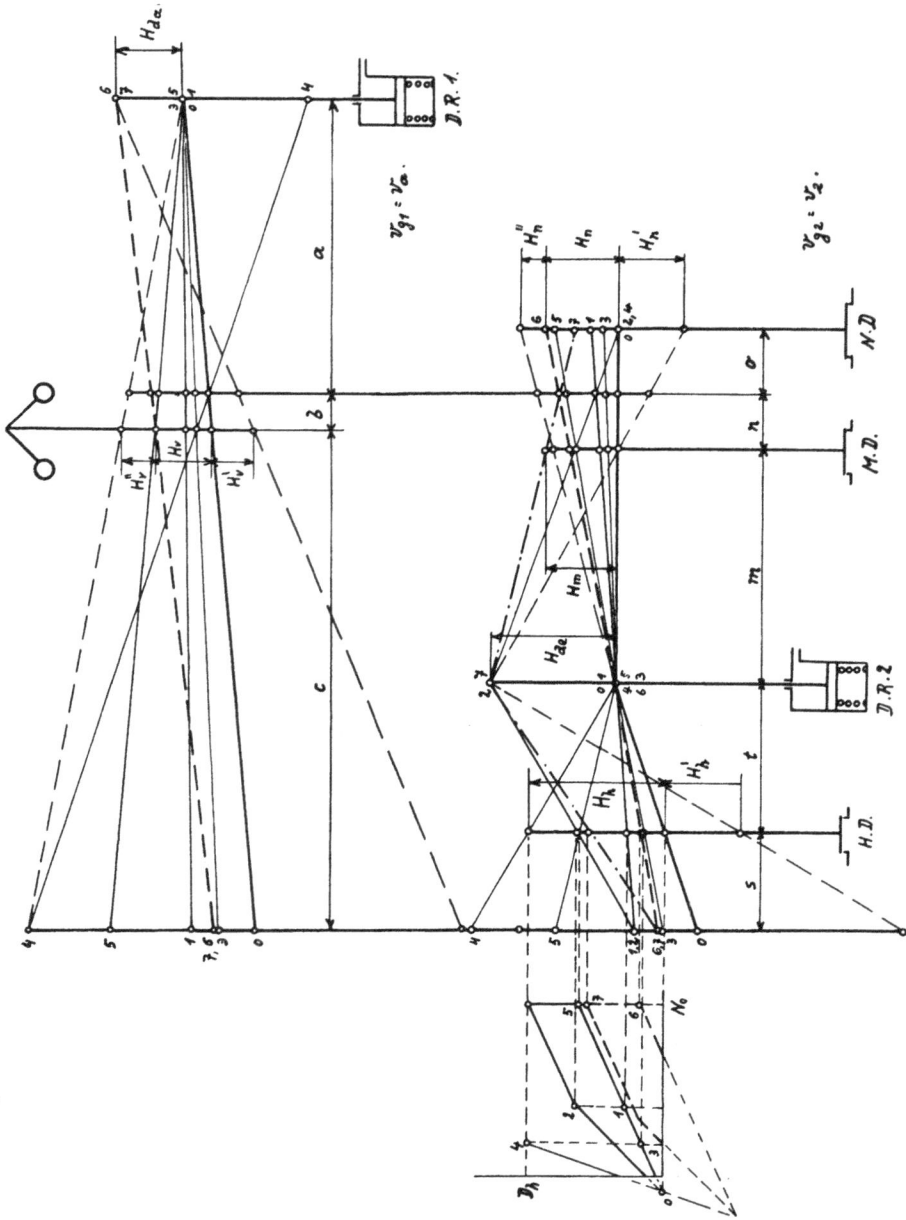

Abb. 54. Gestängeausmittlung einer Zweidruck-Entnahmekondensationsturbine.

d) Entnahme-Zweidruckturbinen.

Liegt die Dampfentnahme vor der Abdampfzufuhr, so spricht man von einer Entnahmezweidruck-Kondensationsturbine. In Abb. 55 ist die Ausmittlung des Steuergestänges und der Hübe bei gegebenem Dampfdiagramm zu ersehen. Die drei Hauptgleichungen sind: $v_{g1} = 1/v_c$, weil bei der Entnahmeregelung der Hochdruckteil, $v_{g2} = 1/v_a$, weil bei der Zweidrucksteuerung der Niederdruckteil am Hebelende liegt, und

$$\frac{s}{t} = \frac{n}{m} \frac{a+b+c}{a},$$

wegen der Druckregleranordnung nach Abb. 47a. Die Annahme der Hebellängen bleibt die gleiche wie im vorhergehenden Abschnitt. Die Strecke o ergibt sich aus der Umschaltung auf ideellen Gegendruck-betrieb vom Punkte 1 auf 2, wobei die Gegendrucklinie o—2 die Summen-gerade der Hoch- und Mitteldrucklinie ist. Aus der Umschaltung auf Gegendruckbetrieb von 1 auf 3 bekommt man b. Der Hub H_n der Niederdruckventile wird aus Punkt 7 ermittelt, das ist der Betrieb bei Nullentnahme und Höchstabdampfzufuhr bei Vollast. Die Überhübe ergeben sich aus der Forderung, daß der Regler unter Überwindung der Druckreglerhübe sämtliche Ventile schließen muß.

B. Betrieb mit Niederdruckdampf.

Die Nachteile der mit Drosselregelung im Hochdruck- und Nieder-druckteil ausgeführten Zweidruckturbinen sind schon in den Abschn. 1 und 4 C c) angegeben worden. Des geringeren Dampfverbrauches halber führt man sie jetzt nur mit Mengenregelung aus. Ist das Abdampf-volumen groß, so kann man die schlecht abdichtbaren Dampfkanäle am Gehäuse vermeiden, wenn man die Turbine nach Abb. 5 ausführt. Der Hochdruckdampf strömt durch die Leitkanäle des nicht mehr voll ausgeführten Zwischenbodens zum ersten Niederdrucklaufrad, dem auch der Abdampf aus getrennten Kammern zugeführt wird. Die Forde-rungen, die die Steuerung bei diesen Maschinen erfüllen muß, sind folgende:

1. Der Regler soll bei Belastungsänderungen vorerst nur die Hochdruckventile beeinflussen.

2. Sind die Hochdruckventile geschlossen, so soll der Regler bei weiterer Entlastung in der Lage sein, unabhängig von der Stel-lung des Druckreglers auch die Niederdruckventile ganz zu schließen.

3. Bei gleicher Last und Änderung der Abdampfmenge sollen sich die Hoch- und Niederdruckventile entgegengesetzt bewegen und bestimmte Dampfmengen schalten.

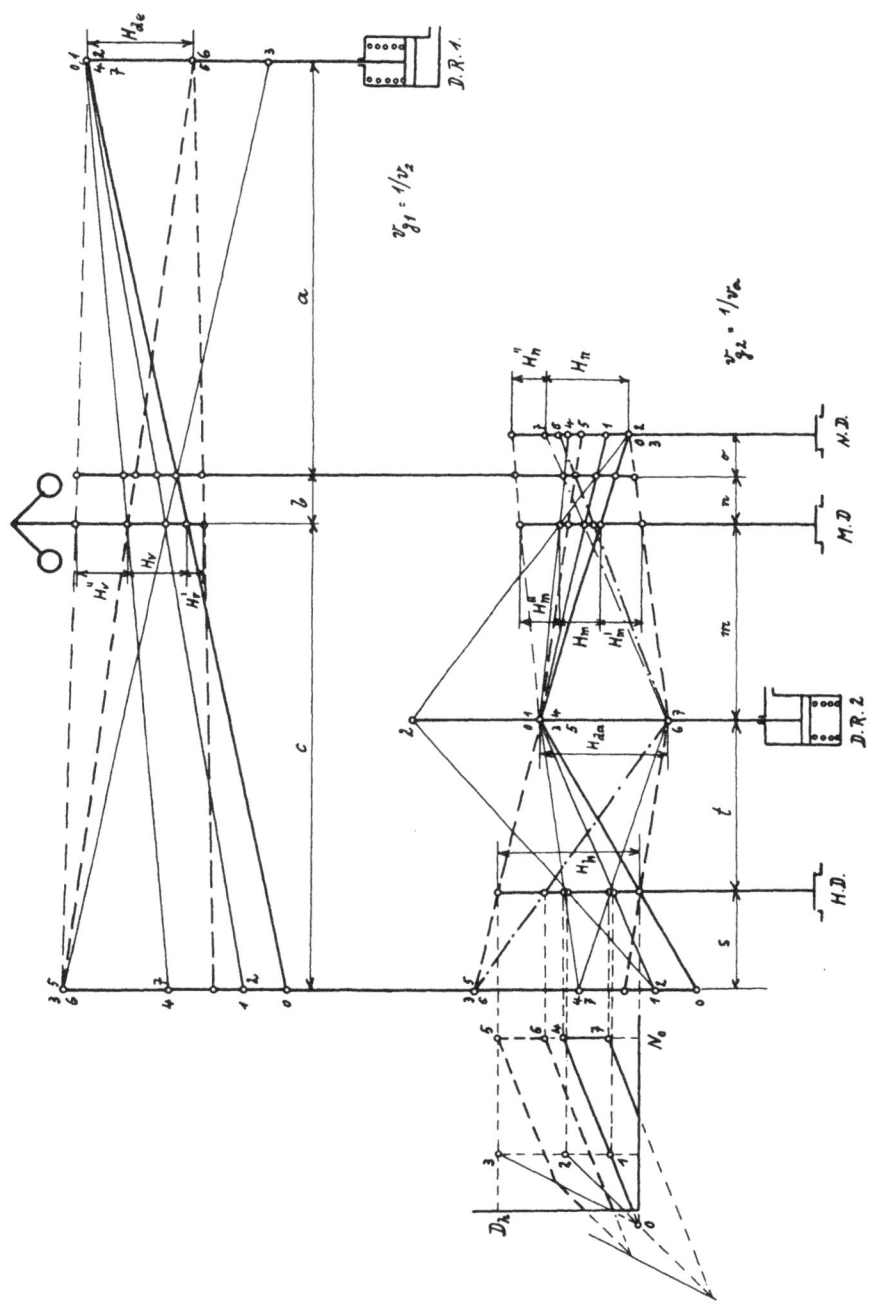

Abb. 55. Gestängeausmittlung einer Entnahme-Zweidruckkondensationsturbine.

Abb. 56 zeigt das Schema dieser Regelung. Die Niederdruckventile sind mit dem Druckregler lose gekuppelt und werden mit ihm
durch Feder oder Gegengewicht in dauernder Verbindung gehalten.
Diese löst sich, wenn der Betrieb auf reine Abdampfzufuhr übergeht oder
der Regler die Niederdruckventile schließt. Die Feder über den Hochdruckventilen soll andeuten, daß diese Ventile bei Entlastung zuerst
schließen müssen.

Wegen der Parallelschaltung des Abdampfes in der ersten Niederdruckstufe sind die Dampfverbrauchslinien nicht mehr gerade und haben
auch untereinander nicht mehr den gleichen Abstand, so daß bei der
Umschaltung die Dampfdifferenz $\Delta D_{h1} > \Delta D_{h2}$ wird. Werden H_h,

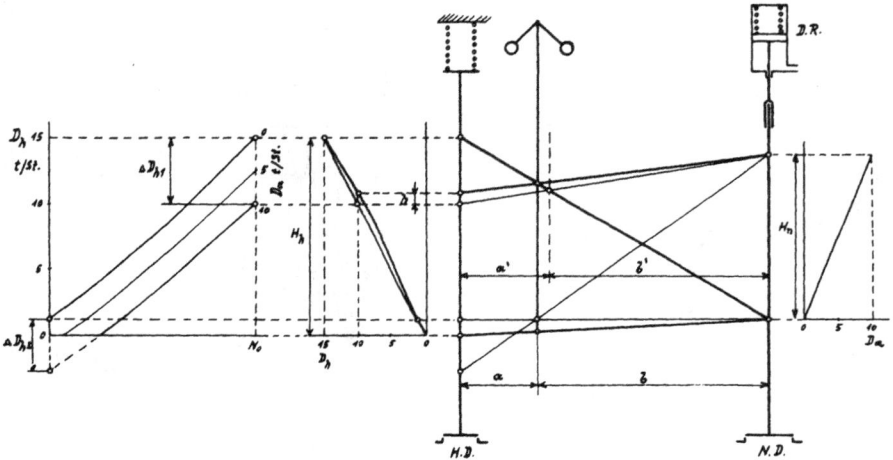

Abb. 56. Regelschema einer Zweidruckturbine.

H_n und $(a + b)$ angenommen, und bestimmt man a aus der Umschaltung im Leerlauf, so findet man, daß bei Vollast die Gleichwertregelung
nur gewahrt bleibt, wenn der Hochdruckventilhub größer wird als bei
dem geradlinigen Verlauf der Dampfmenge, abhängig vom Hub. Wiederholt man die Umschaltung bei verschiedenen Belastungen, so erhält
man punktweise den Verlauf der Dampfmengen, der für die Umschaltung ohne Drehzahländerung nötig ist. Behält man die Gerade bei, so
müßte für Leerlauf

$$\frac{a}{b} = \frac{H_h}{H_n} \cdot \frac{\Delta D_{h2}}{D_h} \quad \text{und für Vollast} \quad \frac{a'}{b'} = \frac{H_h}{H_n} \cdot \frac{\Delta D_{h1}}{D_h}$$

sein. Tatsächlich würde man das Mittel nehmen und $a'' = \dfrac{a + a'}{2}$
ausführen. Der hierdurch entstehende Ungleichförmigkeitsgrad δ_a in vH
bei Umschaltung auf Abdampfbetrieb läßt sich leicht rechnen, wenn man

bedenkt, daß der volle Hub H_h für Vollast ohne Abdampfzufluß dem Ungleichförmigkeitsgrad δ_1 in vH entspricht. Es ist demnach

$$\pm \delta_a = \frac{1}{2}\,\frac{h}{H_h}\,\delta_1$$

und mit

$$\frac{h}{H_h} = \frac{\varDelta D_{h1} - \varDelta D_{h2}}{D_h}$$

ergibt sich

$$\pm \delta_a = \frac{(\varDelta D_{h1} - \varDelta D_{h2})}{D_h}\,\frac{\delta_1}{2} \quad \ldots \ldots \ldots (180)$$

Der reine Abdampfbetrieb und der Übergang auf Mischbetrieb ist bei dieser Steuerung ohne weiteres möglich. Es ist dies ein besonderer Vorteil gegenüber den Zweidruckregelungen nach Abschn. 17 A.

Die Steuerung läßt sich auch mit der Entnahmeregelung in Verbindung bringen. Die Abb. 57 a zeigt das Schema für eine Turbine, bei der der Abdampf vor, und Abb. 57 b, bei der er hinter der Entnahmestelle eingeführt wird. Im ersten Fall wird bei der Entnahmesteuerung an Stelle des Druckreglers der zweiarmige Hebel BC angelenkt, an dessen einem Ende der Entnahmedruckregler EDR und am anderen das mit dem Abdampfdruck-

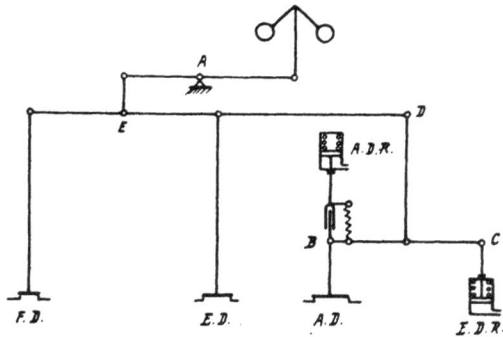

Abb. 57 a.

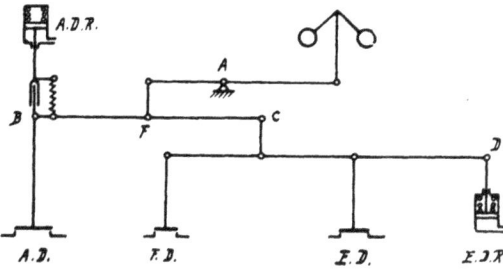

Abb. 57 b.

Abb. 57. Regelschemata von Entnahmeturbinen mit Abdampfzufuhr.

regler ADR lose gekuppelte Abdampfventil, befestigt ist. Im zweiten Fall ist der Hebel BC zwischen dem Reglerangriffspunkt und der Entnahmesteuerung geschaltet. Bei den verschiedenen Betriebsarten wirken einzelne Punkte wie feste Drehpunkte, und zwar bei

	Abb. 57 a	Abb. 57 b
Belastungsänderung	A, D	A, B, D
Änderung der Entnahme	B, E	C
Änderung des Abdampfes	C, E	D, F
Schlußlage durch Regler	A, C	A, D

Die lose Kupplung des Abdampfventiles und Abdampfdruckreglers ermöglicht es, daß bei geschlossenem Frischdampfventil auch die Abdampfventile vom Regler verstellt werden können, also der reine Abdampfbetrieb ohne Eingriff von Hand gefahren werden kann. Wird statt der Einfach- eine Zweifachentnahmeturbine mit Abdampfzufluß ausgeführt, so gilt die Regel, daß der zweiarmige Hebel $B\,C$ an Stelle des Druckreglers angebracht wird, der die Entnahmestelle beeinflußt, die unmittelbar hinter der Abdampfeinführung liegt.

Die Gestänge- und Hubausmittlung erfolgt bei diesen Turbinen, deren Dampfverbrauchslinien teilweise stark von dem Geradliniengesetz abweichen, mit Hilfe des Dampfdiagrammes am besten zeichnerisch.

18. Pumpen- und Kompressorantrieb.

Die Förderleistung von größeren Kreiselpumpen wird nicht durch Abdrosseln der Förderhöhe, sondern durch Drehzahländerung geregelt. Der Kraftbedarf ändert sich hierbei mit der dritten Potenz der Drehzahl, so daß bei Turbinenantrieb die Drehzahlverstellung in festen Grenzen gegeben ist und nicht mehr wie bei dem Generatorantrieb frei gewählt werden kann. Die dafür in Frage kommende Untersuchung soll an Hand eines Beispiels gezeigt werden. Eine Hochdruckpumpe mit 1820 m³/h Fördermenge, 56,5 m Druck und 1100 U/min soll über ein Getriebe von einer Kondensationsturbine mit Handzuschaltventil und einer Höchstleistung von 600 PS bei 9000 U/min angetrieben werden. Die Kennlinien der Pumpe und der Kraftbedarf sind nach Abb. 58 gegeben. Die Linien a, b und c stellen die Widerstandslinien bei höchstem, mittlerem und tiefstem Wasserstand im Hochbehälter dar. d, e und f sind die Kennlinien bei 0 und $\pm$ 6 vH Drehzahlände-

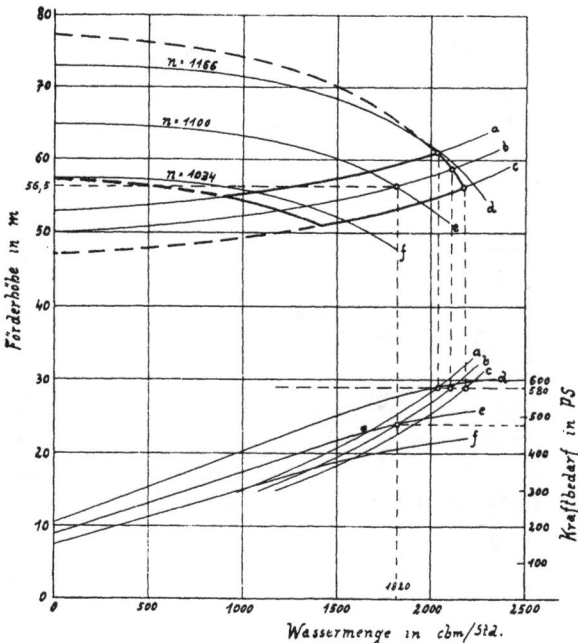

Abb. 58. Kennlinien und Kraftbedarf einer Kreiselpumpe.

rung. Die zugehörigen Leistungslinien sind gleichfalls eingezeichnet. Mit Berücksichtigung des Getriebewirkungsgrades ist der Höchstkraftbedarf der Pumpe mit 580 PS an der Kupplung gemessen gegeben. Werden die Schnittpunkte der strichlierten Linie bei 580 PS mit den Leistungslinien *a*, *b* und *c* auf die gleichbezeichneten Widerstandslinien übertragen, so ist mit deren Verbindungslinie der obere Teil des Diagrammes abgegrenzt. Innerhalb dieser Grenze muß natürlich die verlangte Höchstwassermenge liegen. Ist die untere Begrenzung auch gegeben, so ist das Gebiet für die Drehzahlregelung durch die stark ausgezogenen Linien festgelegt.

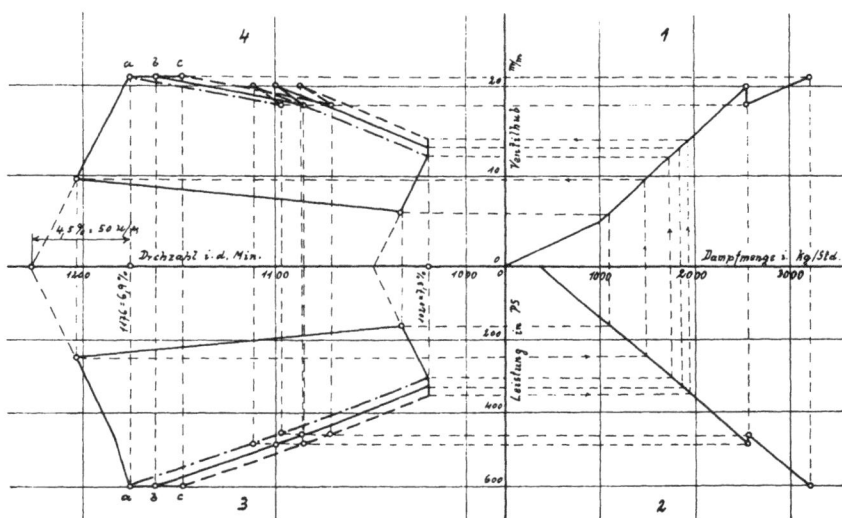

Abb. 59. Ausmittlung der Drehzahlverstellung einer Kondensationsturbine für den Antrieb einer Kreiselpumpe.

In Abb. 59 ist das gegebene Dampfverbrauchsbild in Feld *2* eingezeichnet. In Feld *1* ist die Dampfmenge in Abhängigkeit vom Ventilhub eingetragen, wie sie sich aus der Ventilkonenrechnung ergibt. Wegen des relativ hohen Kraftbedarfes der Pumpe bei geschlossenem Schieber würde bei gleicher Neigung der Geraden der eigentliche Regelhub des Ventiles sehr klein werden. Man vermeidet diesen Nachteil, wenn man die Gerade abknickt, so daß der für die Regelung unwirksame Anfahrhub klein wird. In das Feld *3* werden die Leistungslinien *a*, *b* und *c* aus Abb. 58 in Abhängigkeit von der Drehzahl und unter Berücksichtigung des Getriebewirkungsgrades übertragen. Daraus ergeben sich über Feld *2* und *1* die Linien im Feld *4*, die den Ventilhub abhängig von der Drehzahl darstellen. Wählt man den Ungleichförmigkeitsgrad des Reglers mit $\delta_1 = 4,5$ vH für den ganzen Ventilhub, so findet man die seitlichen Be-

7*

grenzungslinien in den Feldern *3* und *4*. Die letzteren können nun in die Abb. 58 mit Hilfe der Kraftbedarfslinien der Pumpe in die Kennlinien übertragen werden. Damit erhält man die beiden oberen, stark strichlierten Linien, die die Änderung der Wassermenge bei Droßlung des Schiebers in der Druckleitung zeigen, wenn für den Regler $\delta_1 = 4,5$ angenommen wird. Bei $Q = 0$ werden für beide Linien die Leistungen bestimmt und in die Felder *3* und *4* eingetragen. Die Verbindung der beiden Punkte geben die vierten Begrenzungslinien. Maßgebend für die Drehzahlverstellung sind die Drehzahlen $1176 = + 6,9$ vH und $1020 = - 7,3$ vH. Wählen wir für das Reglerhubspiel 2,3 vH, so ist

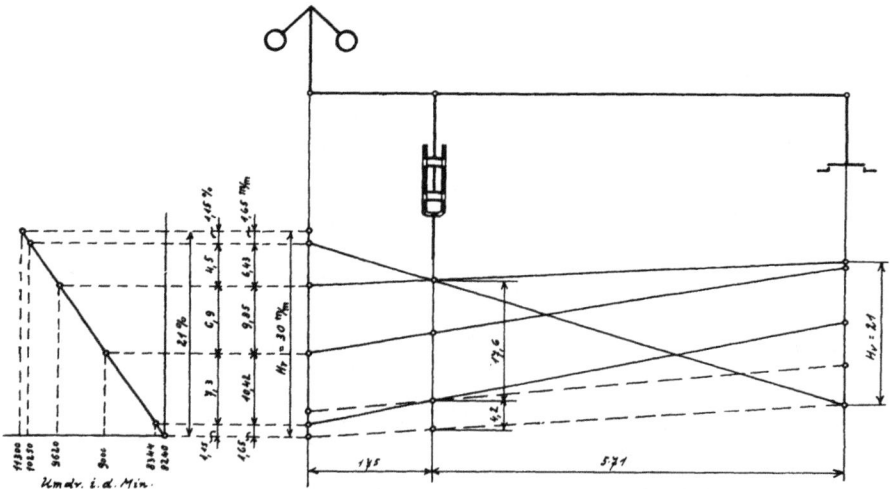

Abb. 60. Schema der Steuerung einer Pumpenantriebsturbine.

der Gesamtungleichförmigkeitsgrad des Reglers $4,5 + 6,9 + 7,3 + 2,3 = 21$ vH. Es kann nunmehr nach Abb. 60 die Gestängeausmittlung erfolgen, wenn der Reglerhub mit 30 mm angenommen wird. Daraus findet man die größte Hülsenverschiebung des Steuerkolbens zu 17,6 mm und den Kolbenüberlauf bei Stillstand zu 4,2 mm.

Die Turbokompressoren haben ähnliche Kennlinien wie die Kreiselpumpen, die aber von der Pumplinie begrenzt werden. Der Enddruck wird von einem Luftdruckregler gleichgehalten, der entsprechend Abb. 29 an der Steuerung angelenkt ist. Die Steuerungsausmittlung kann in gleicher Weise durchgeführt werden wie bei den Pumpen. An die Stelle der Drehzahlverstellung tritt hier der Druckregler.

19. Leerlaufhub.

In den früheren Abschnitten wurde angenommen, daß die Gerade der Dampfmenge abhängig vom Ventilhub durch den Nullpunkt geht.

In vielen Fällen, besonders im Hochdruckbetrieb, würde diese Ausführung sehr kleine Ventilhübe für den Leerlaufbetrieb der Turbine
geben, so daß die Steuerung zu Pendelungen neigen würde. Um das zu
vermeiden, vergrößert man künstlich diesen Hub, indem man dem
eigentlichen Regelkonus einen zylindrischen Ansatz vorschaltet, dessen
Durchmesser um 0,1 bis 0,2 mm kleiner ist als der Sitzdurchmesser. Die
Länge dieses Ansatzes muß um so größer sein, je kleiner die Leerlaufdampfmenge und je höher die Eintrittsdampfspannung ist. Durch diese
Maßnahme wird der Leerlaufhub vergrößert und damit die Regelung
stabil. Es ist dies die wichtigste Forderung für das Parallelschalten. In
den Abb. 28 und 29 ist in den Diagrammen der Leerlaufhub berücksichtigt. Bezeichnet man den Hub bei Verlängerung der Geraden bis $D = 0$
mit ε, so ist in den Gleichungen für H_v und H_n in den Abschn. 13 und 17
an Stelle von H_h der Betrag $(H_h + \varepsilon)$ zu setzen. Damit bekommt auch
das erste Segmentventil des Niederdruckteiles einen Leerlaufhub,
jedoch nur, um den gleichzeitigen Eingriff bzw. die Übereinstimmung
mit der Ausmittlung des Hochdruckteiles zu erreichen. Häufig werden
auch die übrigen Segmentventilkonen mit einem wesentlich kürzeren,
zylindrischen Ansatz ausgeführt, der sich aus der Konenrechnung ergibt.

20. Gestängelose Regelung.

Bisher wurde angenommen, daß die Impulsübertragung und die
Betätigung der Ventile mittels Gestänge und Hebel vor sich geht, unter
Zwischenschaltung zweckentsprechender Hilfsmotoren. Die gestängelose oder reine Flüssigkeitsregelung verwendet für die Übertragung
Drucköl und setzt die Regelimpulse in Druckänderungen um. An Hand
der schematischen Darstellung der Abb. 61 soll kurz die Arbeitsweise
der wichtigsten Turbinenregelungen besprochen werden. Abb. 61a stellt
die Regelung der Kondensationsturbine dar. Das Regelventil wird von
einem Kraftkolben bewegt, der einerseits unter dem Einfluß des Druck-
öles, andererseits unter dem einer Feder steht. Unter dem Kolben ist
eine Ablauföffnung von bestimmter Größe vorgesehen, so daß das Öl
ständig durchfließt. In derselben Ölleitung ist ein Öldruckregelventil
eingebaut, das vom Drehzahlregler abhängig ist. Steigt nun die Drehzahl,
so öffnet der Regler das Ölventil, der Öldruck sinkt und das Dampfventil wird von der Feder geschlossen. Bei der Gegendruckturbine, die
im Parallelbetrieb durch einen Druckregler nach dem Dampfbedarf
belastet wird, ist in der Ölleitung noch ein zweites Ölventil eingebaut, das,
wie Abb. 61b zeigt, vom Druckregler beeinflußt wird. Steigt im Parallelbetrieb der Gegendruck, so öffnet das Ölventil 2, der Druck unter dem
Kolben sinkt und schließt das Dampfventil. In Abb. 61c ist die Regelung
von Entnahmeturbinen nach Abschn. 13 wiedergegeben. Hier ist das
vom Druckregler betätigte Ölventil 2 in der Verbindungsölleitung

zwischen Hoch- und Niederdruckventil eingebaut. Wird die Turbine belastet, so drosselt der Regler das Ventil *1*, steigert dadurch den Öldruck und die beiden Dampfventile heben gleichzeitig an. Bei Dampfentnahme, also sinkendem Dampfdruck, schließt der Druckregler das Ölventil *2*, wodurch der Öldruck vor dem Ventil ansteigt und dahinter

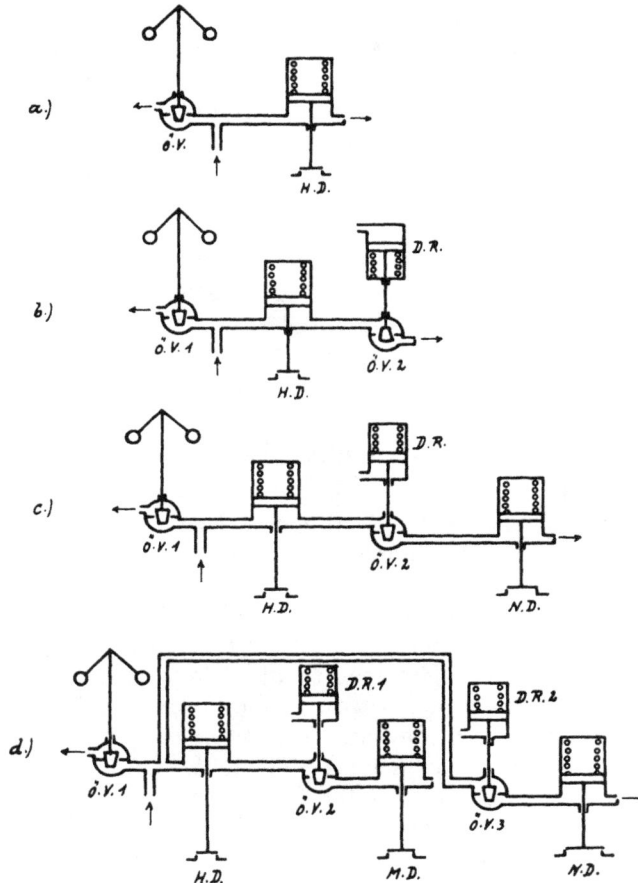

Abb. 61. Gestängelose Regelung.

absinkt. Das Hochdruckventil wird also geöffnet und das Niederdruckventil geschlossen. Werden die Dampfventile vertauscht, so erhält man die Zweidruckregelung nach Abschn. 17. Abb. 61 d stellt eine Regelung für eine Zweifachentnahmeturbine dar, die nach entsprechender Anordnung der Ventile in eine Entnahmezweidruck- oder eine Zweidruckentnahmeturbine umgewandelt werden kann.

Auch hier ist die Ausführung von Segmentventilen möglich, die mit abgestimmten Federn nacheinander öffnen.

Die Ausmittlung dieser Regelungen wird in gleicher Art durchgeführt, wie bei den Gestängesteuerungen. Damit erhält man für jedes Ventil das Hubdampfdiagramm (Abb. 28—31, 46, 56). Setzt man den Öldruck der Dampfmenge verhältnisgleich, so läßt sich wegen des geradlinigen Verlaufes der Dampfmenge aus dem Öldruckhubdiagramm leicht die Federkonstante aus der Neigung der Geraden ermitteln. Mit den gerechneten Hüben und angenommenen Kraftkolbendurchmessern sind die Federn gegeben. Um gute Gleichwertwirkung zu erhalten, müssen die Kennlinien der Federn genau erreicht werden.

Es gibt auch noch Regelungen, die zum Teil Gestänge, zum Teil Drucköl für die Übertragung der Bewegungen verwenden. Ihre Ausmittlung ist nach dem bisher Erläuterten leicht durchzuführen.

IV. Ventilkonenrechnung.

Eines der wichtigsten Elemente einer Steuerung ist der Drosselkonus des Regelventiles. Je nach seiner Ausführung kann die Regelung stabil oder labil, empfindlich oder unempfindlich werden. Es ist auch möglich, den Ungleichförmigkeitsgrad damit innerhalb des Belastungsbereiches zu verändern und dadurch die Aufnahmefähigkeit von Lastspitzen und schließlich die Gleichwertregelung selbst weitgehend zu beeinflussen. Der Ventilkonus soll also eine vorgeschriebene Gesetzmäßigkeit zwischen Dampfmenge und Ventilhub einhalten, so daß bei gegebenen Dampfzuständen vor und hinter dem Ventil jedem Hub eine bestimmte, freie Durchgangsfläche zugeordnet ist. Wegen der Änderung der Dampfgeschwindigkeit und des Volumens entsteht eine kegelförmige Begrenzungsfläche, deren Erzeugende eine hyperbelähnliche Linie ist. Die Strömungsgleichungen in diesen ringförmigen, erweiterten Kanälen sind sehr verwickelt und würden die Konenrechnung umständlich und zeitraubend gestalten. Es soll deshalb nur die einfache Kontinuitätsgleichung angewendet werden, die sich bei den ausgeführten Regelungen als genügend genau erwiesen hat. Für die Ausmittlung der Konen werden die in den Abschn. 5 und 6 abgeleiteten Gleichungen verwendet.

Bekanntlich muß der Hub eines Tellerventiles dem vierten Teile des Rohrdurchmessers entsprechen, damit die Geschwindigkeiten im Ventil und Rohr gleich sind. Der Hub eines Doppelsitzventiles kann im Mittel dem neunten Teile gleichgesetzt werden, weil der Sitzdurchmesser um 10—15 vH größer ist als der Rohrdurchmesser. Bei voller Öffnung kann die Geschwindigkeit im Ventil doppelt so groß wie im Rohr angenommen werden, der Hub also halb so groß. Der Ventilhub für die eigentliche Regelung soll mindestens 2,5mal zu groß sein. Berücksichtigt man noch die Vergrößerung des Leerlaufhubes nach Abschn.19, und bezeichnet man mit H_T und H_D die Hübe der Teller- und Doppelsitzventile und mit d_R den Rohrdurchmesser, dann ist

$$H_T = \frac{d_R}{3,2} + \varepsilon \quad \text{und} \quad H_D = \frac{d_R}{7} + \varepsilon \quad \ldots \ldots \quad (181)$$

Damit erhält man einen Anhaltspunkt für die Wahl der Hübe. Es ist aber noch zu beachten, daß die Regelung stabiler wird, wenn die Ventilhübe groß gewählt werden, die Regelgeschwindigkeit aber sinkt. Es soll nun an Hand von Beispielen die Konenrechnung erläutert werden.

21. Drosselregelung.

Es soll der Ventilkonus einer Kondensationsturbine mit Drosselregelung gerechnet werden. Aus der Turbinenberechnung sind folgende Größen bekannt:

Dampfdruck vor dem Ventil . . . $p_{a0} = 26$ at abs
Dampftemperatur vor dem Ventil . $t_{a0} = 375^0$C
Zugehöriges Dampfvolumen . . . . $v_{a0} = 0,1128$ m³/kg
Vollastdampfmenge bei 24 at abs
Dampfdruck vor dem ersten Leitrade . . . . $D = 13300$ kg/h
Höchstdampfmenge bei 26 at abs
Dampfdruck vor dem ersten Leitrade . . . . $D_0 = 13300 \frac{26}{24} = 14400$ kg/h
Geschwindigkeitsverlust im Leitrade $\varphi = 0,96$
Dampfdruck hinter der ersten Stufe
bei 14400 kg/h . . . . $p_{s0} = 13$ at abs
Leitradfläche bei 18 Kanälen . . . $F_1 = 1307$ mm².

Der Durchmesser der Frischdampfleitung ergibt sich bei 25,5 m/s Geschwindigkeit zu $d_R = 150$ mm und der Sitzdurchmesser des Doppelsitzventiles $d_s = 170$ mm. Der Ventilhub wird mit $H_D = 40$ mm und $\varepsilon = 10$ mm angenommen.

Der Dampfdruck hinter der ersten Stufe ist der Dampfmenge verhältnisgleich, weil in Gl. (75) Abschn. 4 C a) der Gegendruck $p_{g0} = 0$ gesetzt werden kann.

Der Drosseldruck p_a, das ist der Druck hinter dem Ventil bzw. vor dem Leitrad 1, wird nach Abschn. 5 B Gl. (89) gerechnet, weil $p_s/p_a <$ 0,5457 ist. Er ist der Dampfmenge verhältnisgleich und in Abb. 62 als Gerade p_{a1} eingezeichnet. Nachdem die Abhängigkeit des Drosseldruckes von der Dampfmenge gegeben ist, können die Drosselquerschnitte nach Abschn. 5 C gerechnet werden. In die Gl. (97) werden die Zahlenwerte eingesetzt, und man erhält damit

$$f_1 = 0{,}3015 \sqrt{\frac{v_{a0}}{p_{a0}} \frac{D}{z}} = 0{,}01985 \frac{D}{z}.$$

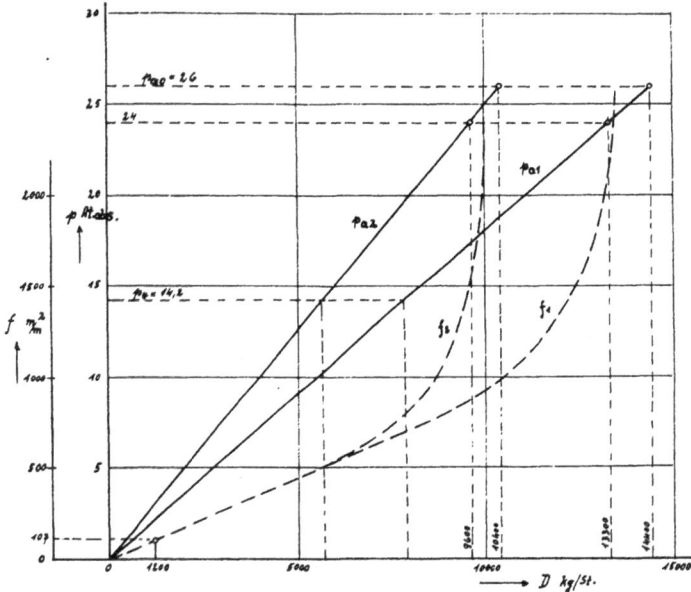

Abb. 62. Drosseldruck und Drosselflächen.

Um z aus Abb. 26 entnehmen oder nach Gl. (94) rechnen zu können, muß p_{a1}/p_{a0} bekannt sein. Man nimmt verschiedene Dampfmengen an, bestimmt hierzu den Drosseldruck aus der Geraden p_{a1} und bildet das Verhältnis p_{a1}/p_{a0}. In Tafel 3 ist das Rechnungsergebnis zusammengestellt und f_1 in Abb. 62 eingetragen. Vom kritischen Druck $p_k = 0{,}5457 \cdot 26 = 14{,}2$ at abs an verläuft die Linie gerade, entsprechend Gl. (98). Wählt man für den zylindrischen Ansatz 0,1 mm radiales Spiel, so beträgt die zugehörige Fläche 107 mm² und die Dampfmenge nach Abb. 62 1200 kg/h. Die Spaltweite b zwischen Sitz und Konus ist in Tafel 3 für das Doppelsitzventil einmal aus der zylindrischen, einmal aus der ringförmigen Fläche gerechnet nach den Gleichungen

$$b = \frac{f}{2\pi d_s} \quad \text{und} \quad b' = \frac{d_s}{2} - \sqrt{\frac{d_s^2}{4} - \frac{f}{2\pi}} \quad \ldots \ldots (182)$$

Für Tellerventile ist

$$b = \frac{f}{\pi d_s} \quad \text{und} \quad b' = \frac{d_s}{2} - \sqrt{\frac{d_s^2}{4} - \frac{f}{\pi}} \quad \ldots \ldots (183)$$

Tafel 3.

D	14400	13300	12200	11100	10000	8900	7900	6000	4000	2000
p_{a1}	26	24	22	20	18	16	14,2	—	—	—
p_{a1}/p_{a0}	$c = 75$	0,923	0,846	0,769	0,692	0,615	0,5457	—	—	—
z		0,125	0,1708	0.198	0,2155	0,224	0,227	—	—	—
f_1	6000	2110	1420	1113	922	788	691	525	350	175
b	5,6	1,98	1,33	1,05	0,86	0,74	0,65	0,49	0,33	0,16
b'	5,8	2,0	1,34	1,05	0,86	0,74	0,65	0,49	0,33	0,16

Solange der Konus in den Sitz eingreift, wird b' und darüber hinaus b genommen. Häufig ist der Unterschied so klein, daß nur mit b gerechnet zu werden braucht. Nimmt man die Dampfmenge verhältnisgleich dem Hub an, so ist die Gerade durch die Annahmen $\varepsilon = 10$ bei $D = 0$ und $H = 38$ bei $D = 14400$ festgelegt. Der Hub für die Höchstdampfmenge wird so gewählt, daß sich die Kreise mit den Radien b bzw. b' nicht überschneiden und die Dampfgeschwindigkeit bei dem größten Hub ungefähr doppelt so groß ist als die in der Rohrleitung. Aus Abb. 63 sieht man, daß bis zur Vollastdampfmenge das Geradliniengesetz gewahrt ist und erst darüber hinaus wegen der Hubvergrößerung eine Krümmung entsteht. Die in Tafel 3 gerechneten Spaltweiten können nun nach den Dampfmengen im zugehörigen Hub eingezeichnet werden. Die Berührungslinie dieser Kreise gibt den Regelkonus, der aus Fabrikationsgründen durch gerade Linien und wenn nötig durch Kreisbogen ersetzt wird.

Nehmen wir nun weiter an, daß die Turbine noch mit einem Handabschaltventil versehen wird, mit dem fünf Leitradkanäle abgeschaltet werden können, so daß die freie Fläche des ersten Leitrades $F_2 = 944 \text{ mm}^2$ wird, so beträgt die Höchstdampfmenge bei geschlossenem Ventil

$$14400 \frac{944}{1307} = 9600 \text{ kg/h}.$$ Sie ist der Leitradfläche verhältnisgleich, weil das kritische Druckverhältnis in der ersten Stufe überschritten ist. Die Gerade des Drosseldruckes p_{a2} und die Linie der Drosselfläche f_2 nach der Rechnung der Tafel 4 sind in Abb. 62 eingezeichnet. Daraus lassen sich bei gleicher Drosselfläche bzw. gleichen Ventilhüben die durchgehenden Dampfmengen bestimmen und in Abb. 63 eintragen. Der stark ausgezogene, gebrochene Linienzug gibt den Verlauf der Dampfmenge abhängig vom Hub bei Drosselregelung mit Handabschaltventil an. Man hätte auch umgekehrt vorgehen können, indem man für das geschlossene Handventil die Hubdampfmengenlinie als Gerade annimmt und aus dem neuen Konus, der nicht eingezeichnet wurde, die Dampfmengen für die Zuschaltung ermittelt. In Abb. 63 ist dieser Linienzug stark strichliert wiedergegeben. Diese Ausführung ergibt gegenüber der ersten bei höheren Belastungen eine geringere Neigung der Linien, also einen kleineren Ungleichförmigkeitsgrad, was oftmals nicht erwünscht ist. Dagegen ist das starke Abbiegen der Linien bei vollem Hube und

damit die Zunahme des Ungleichförmigkeitsgrades im Parallelbetrieb
von Vorteil, weil dadurch die Turbine die Lastspitzen schwerer aufnimmt
und den Generator vor Überlastung schützt.

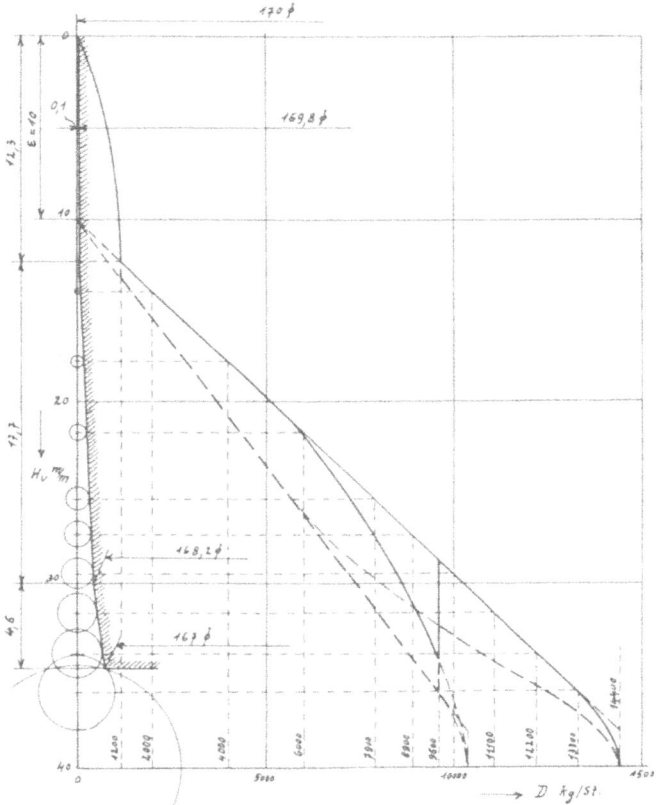

Abb. 63. Ventilkonus.

Tafel 4.

D	10400	10000	9600	8900	7900	5680	4000
p_{a2}	26	25	24	22,3	19,8	14,2	10
p_{a2}/p_{a0}	$c = 54,2$	0,962	0,923	0,857	0,762	0,5457	—
z		0,088	0,1255	0,166	0,2005	0,227	—
f	6000	2235	1520	1065	783	496	350

Bisher wurde angenommen, daß die Dampfmengen, die durch den
oberen bzw. unteren Konus strömen, gleich sind. Diese Voraussetzung
trifft zu, solange die kritische Geschwindigkeit überschritten ist und auch
dann, wenn der Konus aus dem Sitzring herausgehoben ist. Im anderen

Fall, wenn die Konen sich innerhalb des Sitzes befinden, entsteht durch den einen ein verengter und den anderen ein erweiterter Kanal. Im letzteren kommt die Unterexpansion in der Düse zur Geltung, bei der schon von einem Druckverhältnis von ungefähr 0,85 an die Höchstdampfmenge entsprechend dem kritischen Druckverhältnis hindurchströmt, wie die Versuche von Gutermuth, die Stodola[1]) in seinem Buche wiedergegeben hat, ergeben. In diesem Bereiche wird die Dampfmengenhublinie nicht mehr gerade bleiben, sondern mehr oder weniger konvex abweichen. Dies ließe sich vermeiden, wenn der Konus einerseits in den Kegel, andererseits in den Ventilsitz gelegt wird. Größere Abweichungen können jedoch nur bei den Ventilen für reine Drosselregelung oder den Vorschaltventilen mit großen Dampfmengen entstehen. Bei den Segmentventilen mit ihren verhältnismäßig kleinen Dampfmengen ist der Unterschied, bezogen auf die Gesamtdampfmenge, vernachlässigbar klein. Liegen die Drosselkonen in den Grenzen $p_a/p_{a0} = 0,5457$ bis $p_a/p_{a0} = 0,85$ innerhalb der Sitzringe, so erhält man die vergrößerte Dampfmenge D_x für den einen Konus aus den Gl. (97) und (98) aus der Beziehung

$$0,3015 \sqrt{\frac{v_{a0}}{p_{a0}}} \frac{D}{2\,z} = 1,33 \sqrt{\frac{v_{a0}}{p_{a0}}} D_x$$

zu

$$D_x = 0,1135 \frac{D}{z}$$

und die Gesamtdampfmenge beider Konen zu $D/2 + D_x$.

22. Segmentregelung mit vorgeschaltetem Drosselventil.

Als zweites Beispiel sollen in diesem und in dem folgenden Abschnitt die Regelkonen einer Entnahmekondensationsturbine gerechnet werden. Hier wird nur der Hochdruckteil behandelt, dessen Regelung nach Abschn. 6 B a) nach dem Verfahren mit einem den Segmentventilen vorgeschalteten Hauptdrosselventil ausgeführt wird. Die Turbine soll noch mit einem selbsttätigen Überlastventil für Dampfumführung in eine niedrigere Stufe ausgerüstet sein. Aus der Turbinenrechnung seien für den Hochdruckteil folgende Größen bekannt:

Dampfdruck vor der Turbine . . . . $p_{a0} = 13$ at abs
Dampftemperatur vor der Turbine . . . . . $t_{a0} = 350\ ^\circ$C
Zugehöriges Dampfvolumen . . . . $v_{a0} = 0,22\ \mathrm{m^3/kg}$
Geschwindigkeitsverlust im Leitrad . . . . $\varphi\ = 0,96$
Höchstdampfmenge bei 13 at abs vor dem
ersten Leitrad . . . . $D_h = 11\,000\ \mathrm{kg/h}$

---

[1]) Stodola, A. Dampf- und Gasturbine. 5. Aufl. Berlin 1922. S. 78.

Überlastdampfmenge . . . . $D_h' = 13\,000$ kg/h
Höchstlast ohne Umführung und ohne Berück-
sichtigung der mechanischen Verluste . . . $N_h = 913{,}4$ PS$_i$
Leerlaufbeizahl . . . . $a_h = 0{,}182$
Gegendruck (Entnahmedruck) . . . . $p_{g0} = 4$ at abs
Stopfbüchsendruck bei 11 000 kg . . . . . . $p_{s0} = 10{,}2$ at abs
Druck in der Überlaststufe bei 11 000 kg . . $p_{s4} = 8{,}22$ at abs
Hauptdrosselventil (Doppelsitzventil) . . . . $d_R = 175$ mm
Sitzdurchmesser . . . . 210 mm
Hub . . . . $H_h + \varepsilon = 50$ mm
Zahl der Segment-Tellerventile einschließlich
des Überlastventiles 3
Sitzdurchmesser für alle drei Ventile . . . . 80 mm
Hub . . . . 20 mm

Aufteilung der Kanäle und Flächen im ersten Leitrad:

Kanalzahl $=$ 20 $+$ 7 $+$ 8
$F_1 = 1328$ — — $= 1328$ mm²
$F_2 = 1328 + 465$ — $= 1793$ »
$F_3 = 1328 + 465 + 530 = 2323$ »

Die Dampfmengen, die durch die Turbine strömen, wenn die Ventile der Reihe nach geschlossen werden, sind meist ebenfalls aus der Turbinenrechnung gegeben. Sie können und sollen aber zur Nachprüfung wie folgt gerechnet werden:

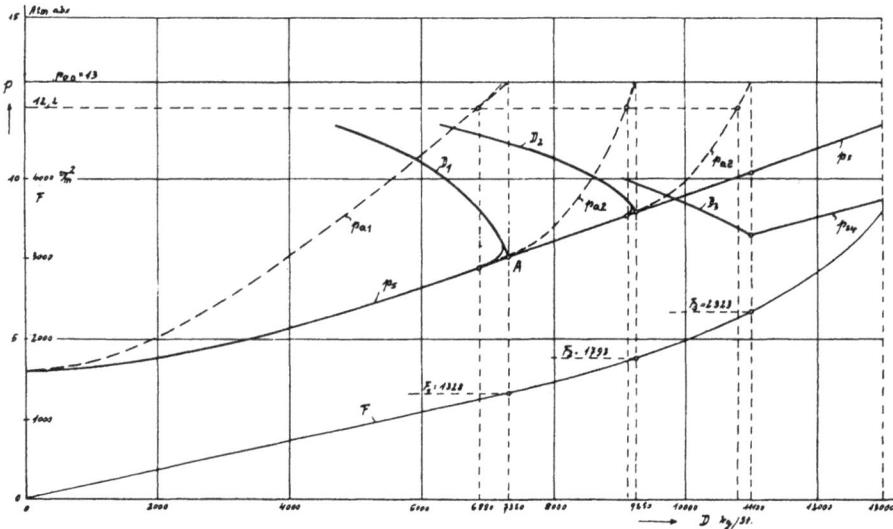

Abb. 64. Dampfmengen-, Druck- und Flächendiagramm der Hochdruckventile.

Vorerst bestimmt man punktweise den Stopfbüchsendruck, abhängig von der Gesamtdampfmenge, nach Gl. (76) Abschn. 4 C a)

$$D = D_0 \left(\frac{p_s}{p_{s0}}\right)^{0,05} \sqrt{\frac{p_s{}^2 - p_{g0}{}^2}{p_{s0}{}^2 - p_{g0}{}^2}} = 1100 \left(\frac{p_s}{10,2}\right)^{0,05} \sqrt{\frac{p_s{}^2 - 4^2}{10,2^2 - 4^2}}$$

$$D = 1173 \left(\frac{p_s}{10,2}\right)^{0,05} \sqrt{p_s{}^2 - 16}.$$

Tafel 5. Berechnung des Stufendruckes.

p_s	4,5	5	6	7	8	9	10,2	11	13
p_s/p_{s0}	0,441	0,49	0,588	0,686	0,784	0,882	1	1,078	1,274
$(p_s/p_{s0})^{0,05}$	0,96	0,965	0,975	0,98	0,985	0,99	1	1,005	1,02
$p_s{}^2$	20,25	25	36	49	64	81	104	121	169
$p_s{}^2 - p_{g0}{}^2$	4,25	9	20	33	48	65	88	105	153
$\sqrt{p_s{}^2 - p_{g0}{}^2}$	2,06	3	4,47	5,74	6,92	8,06	9,37	10,25	12,37
D	2320	3395	5110	6600	8000	9360	11000	12090	14800

Damit erhält man nach Tafel 5 die Linie p_s in Abb. 64. Ist der Druck hinter der ersten Stufe gerechnet, so lassen sich die Leitradquerschnitte bei idealer Mengenregelung aus Abschn. 6 A nach Gl. (101)

$$F = \frac{0,3015 \, D}{\varphi \, y_0} \frac{\sqrt{v_{a0}/p_{a0}}}{p_s/p_{a0}} = \frac{0,3015 \sqrt{0,22/13}}{0,96} \frac{D}{y_0 \, p_s/13} = 0,0409 \frac{D}{y_0 \, p_s/13}$$

festlegen. Die Berechnung ist in Tafel 6 zusammengestellt und die Flächenlinie F in Abb. 64 eingetragen, aus der die Abschaltdampfmengen bei den gegebenen Leitradquerschnitten gefunden werden. Nunmehr wird der Drosseldruck des Hauptventiles nach Gl. (88), Abschn. 5 B gerechnet. Es ergibt sich damit:

$$y = 0,3015 \frac{D}{\varphi \, F_1} \frac{\sqrt{v_{a0}/p_{a0}}}{p_s/p_{a0}} = \frac{0,3015 \sqrt{0,22/13}}{0,96 \cdot 1328} \frac{D}{p_s/13} = 0,0000308 \frac{D}{p_s/13}.$$

Tafel 6. Berechnung der Leitradquerschnitte.

p_s	6	7,08	8	9	10,2	11	12
p_s/p_{s0}	—	0,5457	0,615	0,692	0,784	0,846	0,922
y_0	—	0,4165	0,3645	0,311	0,2465	0,201	0,139
D	5110	6720	8000	9360	11000	12090	13450
F	919	1210	1460	1777	2325	2905	4290

Tafel 7. Berechnung des Drosseldruckes.

p_s	4,5	5	5,5	6	7,08	7,5
D	2320	3395	4300	5110	6720	7320
p_s/p_{a0}	0,346	0,3845	0,423	0,461	0,5457	0,577
y	0,206	0,272	0,313	0,341	0,379	0,3915
p_s/p_{a1}	0,841	0,747	0,688	0,648	0,595	0,577
p_{a1}	5,35	6,7	7,99	9,25	11,9	13

Entsprechend Tafel 7 wird der Stopfbüchsendruck angenommen, aus der p_s-Linie die Dampfmenge bestimmt und y gerechnet. Aus Abb. 25 oder Gl. (85) bekommt man das Druckverhältnis p_s/p_{a1} und damit p_{a1}. Wie schon erwähnt, sollen die Segmentventile zu öffnen beginnen, wenn im vorhergehenden Ventil noch eine bestimmte Droßlung vorhanden ist. Nehmen wir diese mit 0,8 at an, so setzt das erste Segmentventil bei einer Dampfmenge von 6880 kg/h ein. Um die Dampfmengen rechnen zu können, die durch dieses Ventil hindurchgehen, muß erst die Dampf- abnahme des vorhergehenden Segmentes festgelegt werden. Sie sollte aus der Gl. (74), Abschn. 4 C a), bei steigendem Gegendruck gerechnet werden. Für die erste Stufe ist jedoch diese Gleichung zu ungenau, so daß ein anderer Weg eingeschlagen wird. Ist das Segmentventil voll offen, so sind die Dampfmengen, die durch das erste und zweite Leitrad- segment strömen, den Querschnitten verhältnisgleich. Bezeichnen wir mit D_1 die Dampfmenge in kg/h, die durch das erste Segment mit 20 Kanälen fließt, dann gilt die Gleichung

$$\frac{F_1}{F_2} = \frac{D_1}{D} \qquad \ldots \ldots \ldots \ldots (184)$$

Die Differenz $D - D_1$ gibt die Dampfmenge D_s an, die durch das Segmentventil geht. Aus den angenommenen Dampfmengen und den zugehörigen ideellen Leitradquerschnitten F, bezogen auf die des ersten Segmentes, sind in Tafel 8 die Dampfmengen für die Ventile I und II gerechnet, ebenso die Drosseldrücke p_{a1} und p_{a2}.

Tafel 8. Berechnung der Dampfmengen und Drosseldrücke der Segmentventile.

	Segmentventil I					Segmentventil II			
D	7500	8000	8500	9000	9250	9520	10040	10725	11000
p_s	7,62	8	8,38	8,72	8,93	9,1	9,5	10	10,2
F	1365	1475	1590	1715	1793	1850	2000	2220	2323
D_1, D_2	7300	7200	7100	6970	6850	9220	9010	8660	8480
$D - D_{1,2}$	200	800	1400	2030	2400	300	1030	2065	2520
p_s/p_{a0}	0,586	0,615	0,645	0,671	0,687	0,7	0,731	0,77	0,785
y	0,03	0,1145	0,191	0,266	0,3075	0,033	0,109	0,207	0,247
$p_s/p_{a1,2}$	0,995	0,945	0,86	0,756	0,687	0,995	0,95	0,838	0,785
$p_{a1,2}$	7,65	8,46	9,75	11,52	13	9,15	10	11,9	13

Für das Überlastventil werden die Drucksteigerung bei gleichem Gegendruck und zunehmender Dampfmenge nach Gl. (76) und die Dampfabnahme bei gleichem Anfangsdruck nach Gl. (74) ermittelt. Der Unterschied der Dampfmengen bei gleichem Druck ergibt die Dampf- mengen, die durch das Überlastventil fließen.

Die Steuerung soll nach dem Schema der Abb. 33 bzw. nach Abb. 65 ausgeführt werden. Der Steuerschieber beeinflußt den Hilfsmotor des Hauptdrosselventiles HSM, dessen Spindelverlängerung mit einem Hebel verbunden ist, der auf den Steuerschieber des Drehservomotors

der Segmentventile einwirkt und am anderen Ende auf der Rückführnocke gleitet. Mit dem Drehservomotor *DSM·1* ist die Welle mit der
Rückführscheibe und den Nocken verbunden, von welchen die letzteren
die Ventile verstellen. Nehmen wir den Hub des Hauptventiles mit
50 mm und ε mit 7,5 mm an, so ist die Hubdampfmengengerade gegeben.
Wird wegen der Aufrechterhaltung der Gleichwertregelung die gebrochene
Linie nach Abschn. 13 B c) berücksichtigt, so erhält man den Verlauf
nach Abb. 66. Es ist zweckmäßig, in dieses Diagramm die Dampfmengen-
abnahme aus Abb. 64 zu übertragen und die Hubdampfmengenlinien der

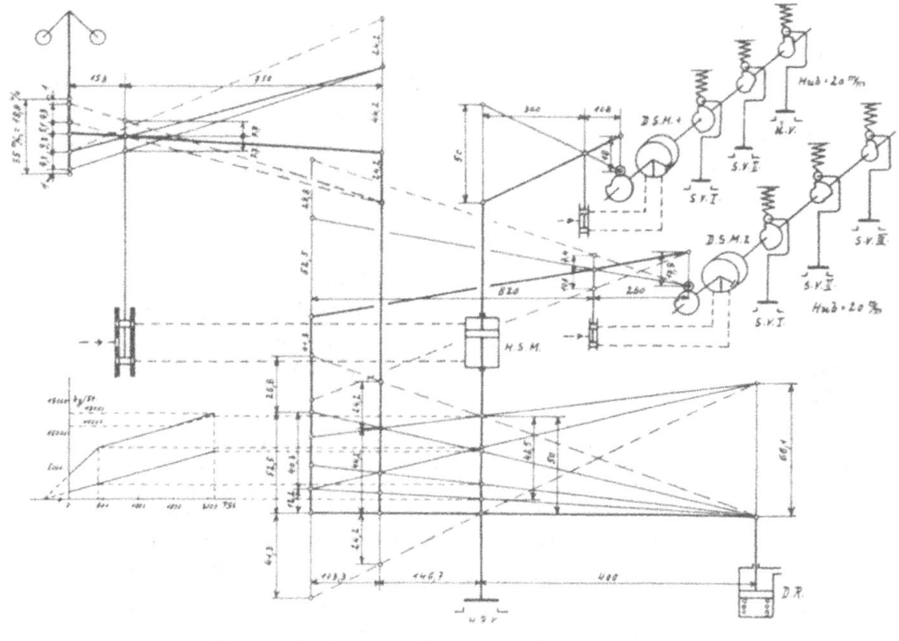

Abb. 65. Gestängeausmittlung und Steuerungsgerippe.

Segment- und Überlastventile zu zeichnen, die im vorliegenden Falle der
Einfachheit halber in der Abb. 66 mit aufgenommen sind. In den letzteren
wird der Übergang von der annähernd geraden Linie zum Nullpunkt
angenommen und in Abb. 64 eingetragen. Der Deutlichkeit wegen ist
die Umgebung des Punktes *A* der Abb. 64 in Abb. 67 in größerem Maß-
stabe wiedergegeben. Der Stopfbüchsendruck ist durch den freien Querschnitt der zweiten Stufe und der Dampfmenge gegeben und unveränderlich. Die zusätzliche Dampfmenge infolge der Voröffnung des Segmentventiles stört den Druckdampfmengenverlauf des vorhergehenden Ventiles innerhalb der Strecke *A B* und damit den Drosseldruck an dieser
Stelle. Der Drosseldruck kann wieder nach Gl. (88) gerechnet werden,

wenn an Stelle des Stopfbüchsendruckes p_s der erhöhte Druck p_s' zu-grunde gelegt wird. Würde das Segmentventil erst im Punkte A zu öffnen beginnen, so wäre der Drosseldruck p_{a1} nach der strichlierten Linie richtig. Dadurch, daß das Ventil bereits im Punkte B öffnet, ergibt sich der Drosseldruck nach der voll ausgezogenen Linie. Die größte durch das erste Leitradsegment strömende Dampfmenge beträgt somit nicht mehr 7320 kg, sondern nur 7230 kg. Wird der zylindrische Spalt des Segmentventilkonus zu groß ausgeführt, so geht diese Höchstdampfmenge noch mehr zurück und die Drosseldrucklinie würde noch stärker nach oben abbiegen. Deshalb soll die Überschneidung der Ventileingriffe nicht zu klein gewählt werden.

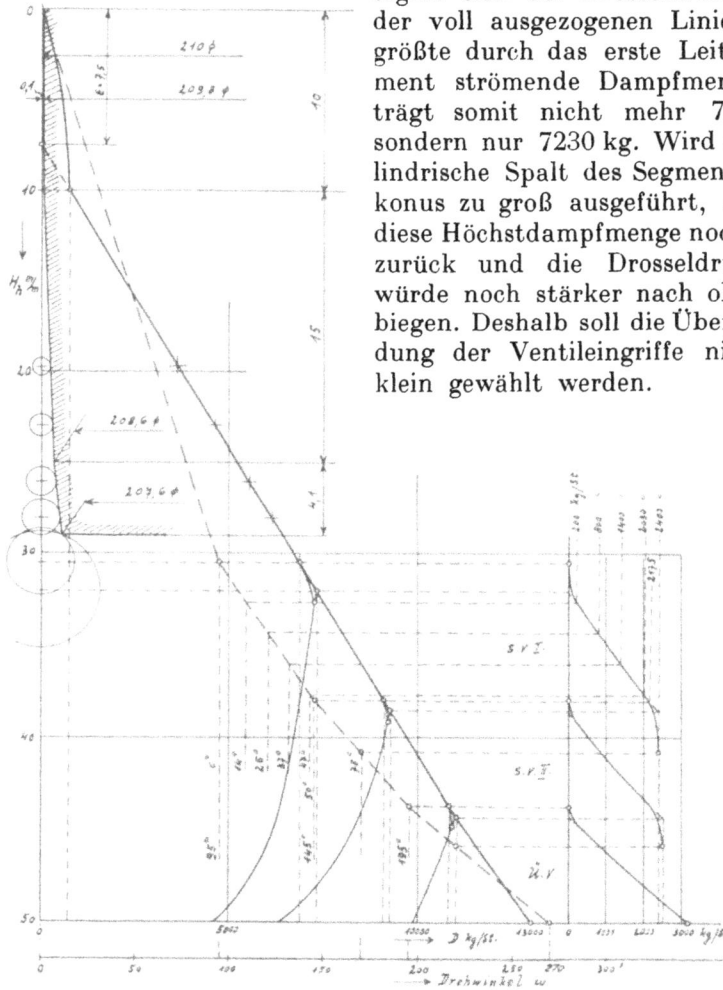

Abb. 66. Hub-Dampfmengendiagramm und Hauptventilkonus.

Die Erörterung sollte nur den Zweck haben, Klarheit in den Vorgang der Voröffnung der Ventile zu bringen und zu zeigen, daß sich nur der Drosseldruck ändert, die Dampfmengenhublinie aber gerade bleiben kann. Gewöhnlich unterbleibt diese Untersuchung, weil es sich um Unterschiede der Drosselquerschnitte handelt, die in unmittelbarer Nähe des zylindrischen Ansatzes der Konen liegen und wegen ihrer Kleinheit praktisch nicht ausführbar sind.

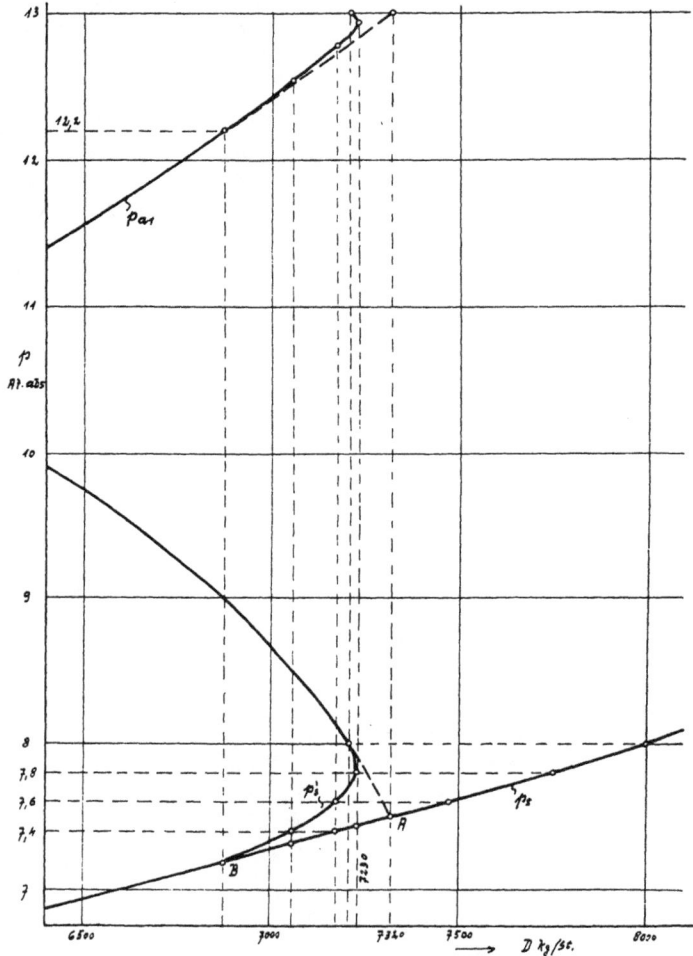

Abb. 67. Vergrößerte Darstellung der Übergangslinien des Segmentventils I
nach Abb. 64.

Die Hübe für die beiden Segmentventile und das Überlastventil können noch frei gewählt werden. Wir nehmen für alle Ventile 20 mm Hub an und führen die zugehörigen Hubnocken so aus, daß bei 75° Verdrehung von der Schlußlage aus gemessen jedes Ventil voll offen ist. Außerdem legen wir fest, daß bei 50° Drehwinkel das nächstfolgende Ventil zu öffnen beginnt. Wählen wir die gesamte, ausnutzbare Verdrehung

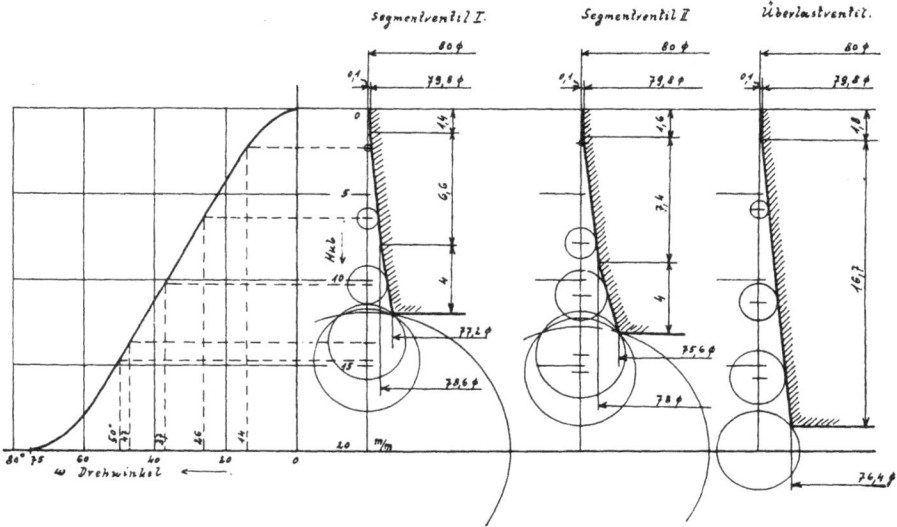

Abb. 68. Konen der Hochdruck-Segment- und Überlastventile.

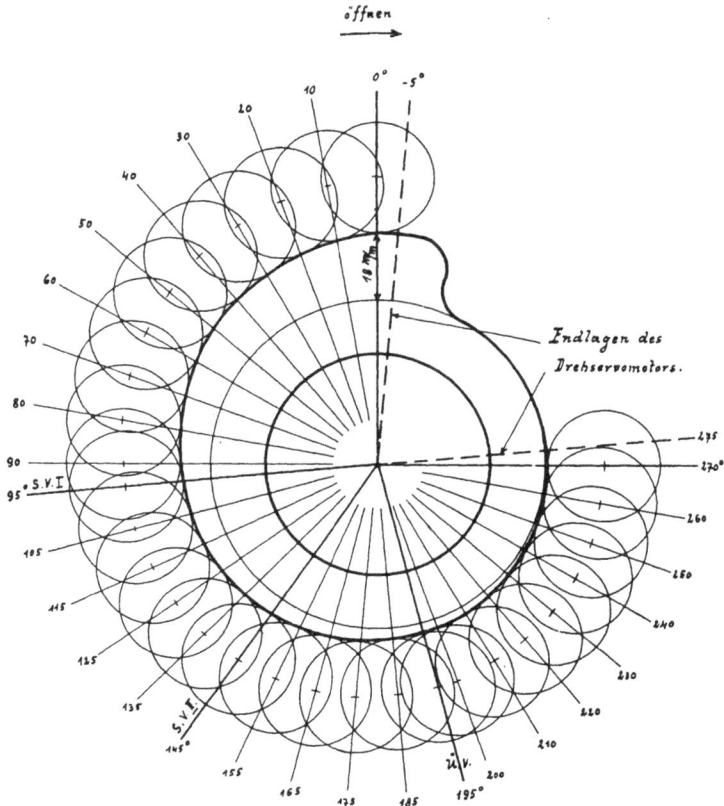

Abb. 69. Hochdruck-Rückführnocke.

8*

des Servomotors mit 270°, so kann der strichlierte, gebrochene Linienzug in Abb. 66 eingetragen werden, der die Abhängigkeit des Drehwinkels ω vom Hub des Hauptventiles darstellt. Von 0 bis 95° arbeitet nur das Hauptregelventil, während die übrigen geschlossen bleiben. Bei 95° beginnt das erste, bei 145° das zweite Segmentventil und bei 195° das Überlastventil zu öffnen. Hätte man von dem Nullpunkte bis zu 270° Verdrehung und 50 mm Hub eine Gerade gezogen, so wäre der unwirksame Drehwinkel unnötig vergrößert und der für die Segmentventile

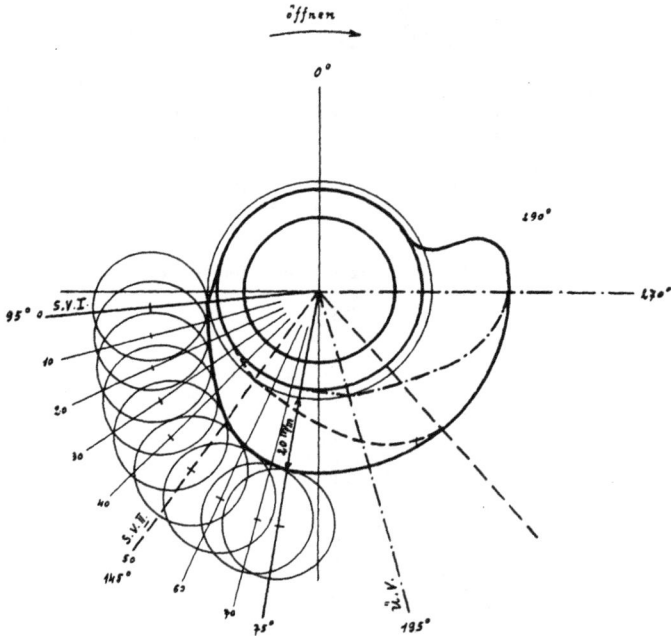

Abb. 70. Hochdruck-Hubnocken.

wirksame wesentlich verringert worden. Es ist aber schon in Abschn. 10 darauf hingewiesen worden, daß es vorteilhafter ist, die Nutzdrehwinkel der Ventile möglichst groß auszuführen. Da der Rückführnockenhub entsprechend den Hebellängen dem Hauptventilhube verhältnisgleich sein muß, stellt die strichlierte Linie auch die Abhängigkeit des ersteren vom Drehwinkel dar.

Um die Konen der Segmentventile zeichnen zu können, ist noch die Beziehung des Hubes zum Drehwinkel ω erforderlich. Wir wählen hierfür eine Gerade, die gegen die Endpunkte zu entgegengesetzt abgebogen ist, wie Abb. 68 zeigt. Damit ist die Anlauflinie der Hubnocke gegeben. Über die Gesichtspunkte, die bei der Wahl des Verlaufes dieser Linie zu berücksichtigen sind, wird noch in Abschn. 25 berichtet.

Zur Berechnung der Ventilkonen nehmen wir wieder die Gl. (97)

$$f = 0,3015 \sqrt{\frac{v_{a0}}{p_{a0}}} \cdot \frac{D}{z} = 0,03925 \frac{D}{z},$$

deren Ergebnisse für alle Ventile in Tafel 9 zusammengefaßt sind. Die Spaltweiten b sind nach Gl. (182) bzw. (183) aus der Zylinderfläche gerechnet. Der Hauptventilkonus ist in Abb. 66 und die der übrigen Ventile in Abb. 68 eingezeichnet. Aus Abb. 66 kann zu jeder Dampfmenge der Segmentventile der Drehwinkel bei gleichem Hube des Hauptventiles abgelesen werden, aus dem sich nach dem Diagramm der Abb. 68 der Ventilhub ergibt. Die der Dampfmenge entsprechende Spaltweite b wird der Tafel 9 entnommen.

Tafel 9. Ventilkonenrechnung.

	p_{a1}	D	p_{a1}/p_{a0}	z	f	l
Hauptventil	13	7320	$c = 95,5$		4400	3,2
	12,2	6880	0,939	0,112	2410	1,83
	11	6170	0,846	0,171	1418	1,08
	10	5570	0,77	0,198	1105	0,84
	8,5	4630	0,653	0,2205	825	0,63
	7,1	3680	0,5457	0,227	636	0,48
Segmentventil I	13	2400	$c = 71,5$		2030	8,1
	12,2	2175	0,939	0,112	762	3,02
	11,52	2030	0,886	0,151	528	2,09
	9,75	1400	0,75	0,203	271	1,08
	8,46	800	0,65	0,221	142	0,57
	7,65	200	0,59	0,2255	35	0,14
Segmentventil II	13	2520	$c = 84,5$		1810	7,2
	12,2	2200	0,939	0,112	771	3,06
	11,9	2065	0,918	0,129	628	2,49
	11,05	1600	0,85	0,169	372	1,48
	10	1030	0,77	0,198	204	0,82
	9,15	300	0,704	0,2135	55	0,22
Überlastventil	9,32	3100	0,717	0,211	577	2,28
	9,0	2150	0,693	0,2155	392	1,56
	8,78	1530	0,675	0,218	276	1,10
	8,5	800	0,654	0,224	140	0,56

Nehmen wir das Verhältnis des Verbindungshebels vom Hauptventil bis Steuerschieber und von da bis zu den Segmentventilen nach Abb. 65 mit $108/300 = 0,36$ an, so gibt der Hauptventilhub mit dieser Zahl multipliziert den Hub der Rückführnocke. Abhängig vom Drehwinkel ω nach Abb. 66 kann nun die Nocke entworfen werden. Die Anlauflinie erhält man nach Abb. 69 als Einhüllende der Kreise der Abwälzrolle. Aus dem Diagramm der Abb. 68 können unmittelbar die Hubnocken der Ventile ebenfalls als Kreiseinhüllende nach Abb. 70 gezeichnet werden.

23. Reine Segmentregelung.

Der Niederdruckteil der Entnahmeturbine des Beispieles im vorhergehenden Abschnitt soll mit reiner Segmentregelung ausgeführt werden. Wir wählen auch hier der Übersichtlichkeit halber und um unnötige Wiederholungen zu vermeiden, nur drei Segmentventile für die gesamte Niederdruckdampfmenge. Aus der thermischen Berechnung der Turbine sind folgende Größen gegeben:

Entnahmedampfdruck . . . . $p_{a0} = 4$ at abs
Dampftemperatur . . . . $t_{a0} = 240$ °C
Dampfvolumen . . . . $v_{a0} = 0{,}59$ m³/kg
Höchstdampfmenge . . . . $D_n = 7320$ kg/h
Zugehörige Leistung des Niederdruckteils . . $N_n = 1546$ PS$_i$
Leerlaufbeizahl . . . . $a_n = 0{,}10$
Druck hinter der ersten Niederdruckstufe bei
7320 kg Dampf . . . . $p_s = 2{,}48$ at abs.
Rohrdurchmesser der Segmentventile (Doppelsitzventile) . . . . 125 l. W.
Oberer Sitzdurchmesser . . . . 146 l. W.
Unterer Sitzdurchmesser . . . . 140 l. W.
Hub der Segmentventile . . . . 20 mm
Wirksame Fläche des Nabenspieles . . . . . . 170 mm²

Anzahl der offenen Kanäle 14 + 14 + 14

$$F_1 = F_1' + 170 = 1268 + 170 - \quad - = 1438 \text{ mm}^2$$
$$F_2 = F_2' + 170 = \quad 1438 + 1268 \quad - = 2706 \text{ »}$$
$$F_3 = F_3' + 170 = \quad 1438 + 1268 + 1268 = 3974 \text{ »}$$

Aus Abschn. 3 B a), Gl. (41), ist

$$v_e = \frac{D_h}{D_n} \frac{N_n}{N_h} \frac{1-a_h}{1-a_n} = \frac{11000}{7320} \frac{1546}{913{,}4} \frac{0{,}818}{0{,}9} = 2{,}31$$

und wegen der Anlenkung der Niederdruckventile am Hebelende ist auch $v_y = v_e = 2{,}31$.

Um die Gleichwertregelung auch für Überlast zu wahren, wurde in Abb. 66 die Hubdampfmengenlinie bei $D = 11\,000$ kg/h abgebogen, so daß, wie auch aus dem Dampfdiagramm der Abb. 65 hervorgeht, die Höchstdampfmenge bei einem kleineren Hub erreicht wird. Umgekehrt würde bei geradliniger Verlängerung der Entnahmelinie, wie sie im Dampfdiagramm der Abb. 65 strichliert eingetragen ist, die Höchstdampfmenge dem kleineren Hub entsprechend 12 750 kg/h betragen. Die Gestängeausmittlung kann damit zeichnerisch oder rechnerisch nach Abschn. 13 B a α) ausgeführt werden. Zu beachten ist nur, daß mit $H_h = 42{,}5$ mm, also ohne ε gerechnet wird. Die Vergrößerung des Leerlaufhubes ε wird zum Schluß der Untersuchung berücksichtigt. Aus der Ausmittlung nach Abb. 65 beträgt der wirksame Hub des Anlenkpunktes der Niederdruckventile 40,3 mm und $\varepsilon = 12,2$, sodaß der Gesamthub 52,5 mm wird. Hieraus und aus den Hebellängen der Verbindungsstange zur Rückführnocke errechnet sich der Hub der Rückführnocke zu 17,9 mm. Es ist dabei allerdings angenommen worden, daß bei den Überhüben von 41,3 bzw. 28,8 mm der Niederdruck-Steuerschieber um 10,5 bzw. 7,4 mm überläuft. Der Drehservomotor $DSM\ 2$ bleibt dann in der einen bzw. anderen Endlage unter vollem Öldruck stehen. Soll der

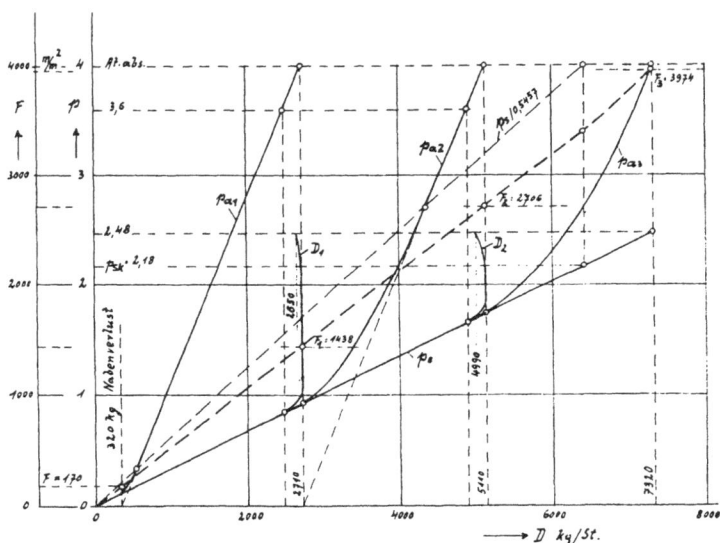

Abb. 71. Dampfmengen-, Druck- und Flächendiagramm der Niederdruckventile.

Steuerschieber nicht überlaufen, so müßten am Beginn und Ende der Drehung des Servomotors unwirksame Drehwinkel entsprechend den Überhüben vorgesehen werden, die jedoch wegen der Beschränkung des möglichen Höchstdrehwinkels die wirksame Verdrehung nur unnötig verringern.

Um die Ventilkonen rechnen zu können, müssen erst die durch die Ventile hindurchgehenden Dampfmengen bestimmt werden. Der Druck p_s hinter der ersten Niederdruckstufe ist der Dampfmenge verhältnisgleich. Die Gerade geht nach Abb. 71 durch den Nullpunkt und den Punkt $p_s = 2{,}48$ at abs bei 7320 kg/h. Die Leitradflächen F werden bei idealer Abschaltung nach Gl. (101), Abschn. 6 A, bestimmt.

$$F = \frac{0{,}3015\,D}{\varphi\,y_0}\,\frac{\backslash\,v_{a0}/p_{a0}}{p_s/p_{a0}} = \frac{0{,}3015\,\backslash\,0{,}59/4}{0{,}96}\,\frac{D}{y_0\,p_s/4} = 0{,}1205\,\frac{D}{y_0\,p_s/4}.$$

Tafel 10. Berechnung der Leitradflächen.

D	6420	6700	7000	7320
p_s	2,18	2,27	2,38	2,48
p_s/p_{a0}	0,5457	0,567	0,595	0,62
y_0	0,4165	0,40	0,379	0,359
F	3400	3560	3740	3974

Die Rechnung ist in Tafel 10 zusammengefaßt und die F-Linie in Abb. 71 eingezeichnet. Daraus findet man bei den gegebenen Leitrad-querschnitten F_2 und F_1 die Dampfmengen 5110 bzw. 2710 kg. Der Niederdruckteil kann von den Ventilen nicht vollkommen abgeschlossen werden. Durch die Stopfbüchse des Zwischenbodens strömt dauernd eine bestimmte Leckdampfmenge, die sich nach der F-Linie bei $F = 170$ mm² wirksamen Spaltspieles mit 320 kg/h ergibt. Zur Bestimmung des Drossel-drucks benutzen wir in dem unterkritischen Bereiche für die Ventile II und III die Gl. (88), Abschn. 5 B.

$$y = 0,3015 \frac{D}{\varphi F} \frac{\sqrt{v_{a0}/p_{a0}}}{p_s/p_{a0}} = \frac{0,3015 \sqrt{0,59/4}}{0,96 \cdot 1268} \frac{D}{p_s/4} = 0,0000952 \frac{D}{p_s/4}.$$

Tafel 11. Berechnung des Drosseldruckes.

	D	D_s	p_s	p_s/p_{a0}	y	p_s/p_a	p_a
Segment-ventil II	2950	240	1,0	0,25	0,0914	0,964	1,04
	3240	530	1,1	0,275	0,1835	0,872	1,26
	3530	820	1,2	0,3	0,2605	0,763	1,57
	3830	1120	1,3	0,325	0,328	0,667	1,95
	4300	1500	1,46	0,365	0,4165	0,5457	2,67
Segment-ventil III	5510	400	1,87	0,467	0,0815	0,97	1,93
	5910	800	2,01	0,5025	0,152	0,9075	2,22
	6420	1310	2,18	0,545	0,229	0,8075	2,7
	6710	1620	2,28	0,57	0,2705	0,75	3,04
	7100	2070	2,41	0,6025	0,327	0,668	3,61
	7320	2330	2,48	0,62	0,359	0,62	4,0

Die Berechnung ist in Tafel 11 wiedergegeben. Für das erste Ventil kann die Gerade p_{a1} gezeichnet werden, die erst vom Schnittpunkte mit der Linie $p_s/0,5457$, also dem kritischen Druckverhältnis, abbiegt. Nehmen wir an, daß das nächstfolgende Ventil zu öffnen beginnt, wenn der Drosseldruck auf 3,6 at abs gestiegen ist, so liegen damit die Ab-schaltdampfmengen fest. Nunmehr muß noch die Abnahme der Dampf-mengen in den einzelnen Leitradsegmenten bei zunehmendem Druck p_s hinter der ersten Niederdruckstufe bestimmt werden. Zeichnet man den kritischen Druck $p_{sk} = 0,5457 \cdot 4 = 2,18$ at abs in Abb. 71 ein, so sieht man, daß von 0 bis 6420 kg/h der Stufendurck darunter liegt. Solange aber der Stufendruck unter dem kritischen liegt, bleibt die Dampf-menge gleich. Die D_1- und D_2-Linien sind deshalb bis $p_s = 2,18$ senkrecht und biegen erst darüber hinaus nach Gl. (184) ab. Aus dem Unterschiede der Dampfmengen bei gleichem Druck erhält man die Dampfmengen D_s, die durch die Segmentventile strömen. Es ist also für das

Segmentventil *I* . . . . $D_{s1} = D - 320$

Segmentventil *II* . . . . $D_{s2} = D - D_1$

und für das Segmentventil *III* . . . . . . $D_{s3} = D - D_2$.

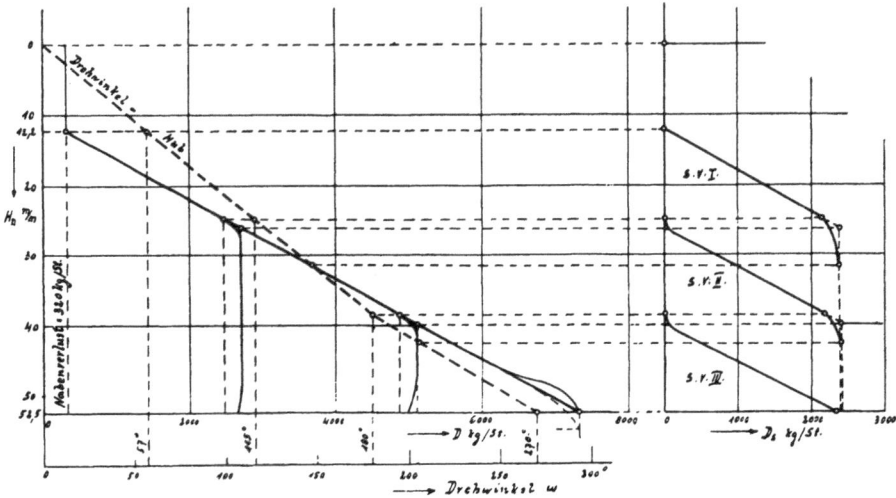

Abb. 72. Hub-Dampfmengendiagramm der Niederdruckventile.

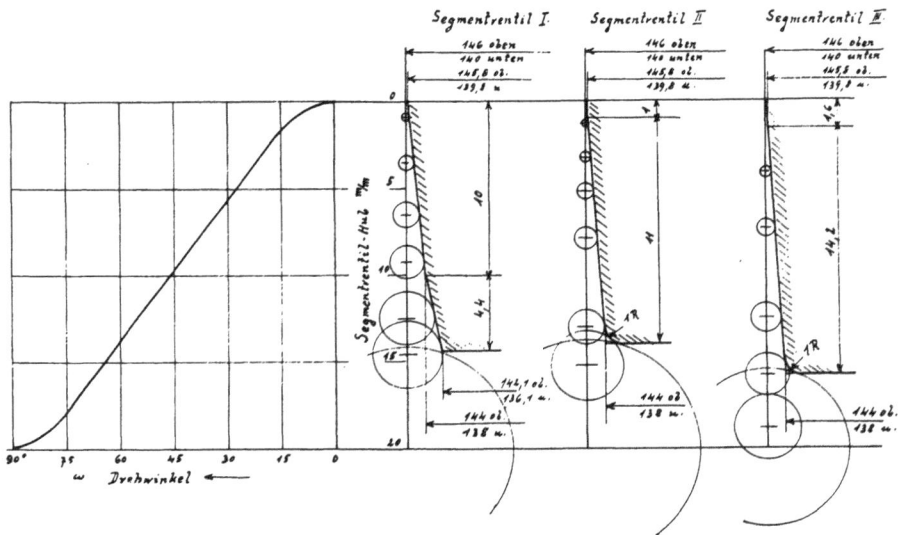

Abb. 73. Konen der Niederdrucksegmentventile.

Nunmehr kann das Diagramm der Abb. 72 gezeichnet werden. Nachdem bei geschlossenen Ventilen immer noch 320 kg/h Leckdampf nach dem Niederdruckteil strömen, ist die Hubdampfmengengerade von dem Punkte $= 12,2$ und $D = 320$ aus zu ziehen bis zu dem Punkte $H = 52,5$ und $D_n = 7320$. Wie in Abb. 66 wird auch hier in einem Nebendiagramm der Verlauf der Dampfmengen der Segmentventile abhängig vom Hub des Anlenkpunktes eingezeichnet. Um die strichliert einge-

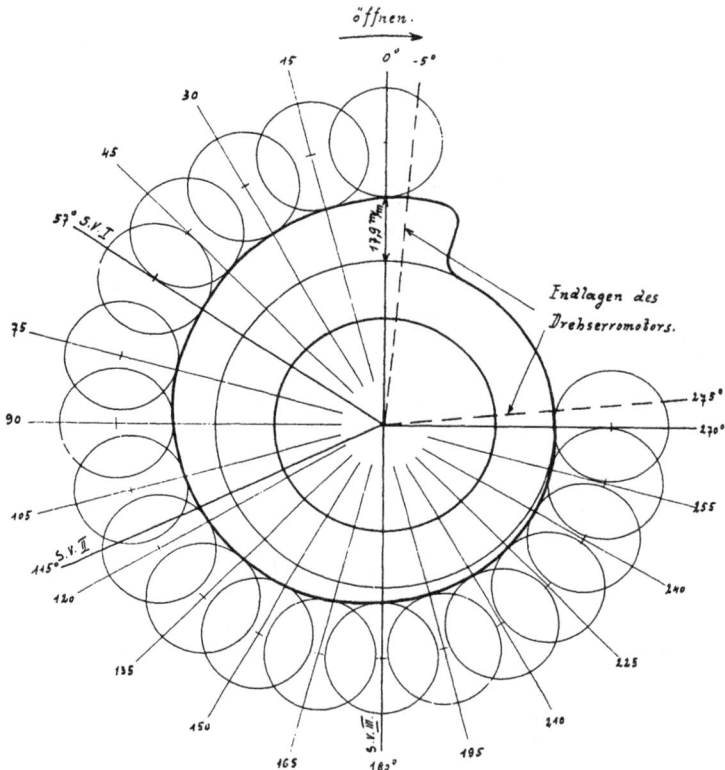

Abb. 74. Niederdruck-Rückführnocke.

tragene Rückführnockenlinie zu bestimmen, nehmen wir an, daß bei einer Verdrehung der Nockenwelle um 90° jedes Ventil voll geöffnet wird und daß der Höchstdrehwinkel wieder 270° beträgt. Das erste Ventil öffnet dann bei 57°, das zweite bei 115° und das dritte bei 180° Verdrehung. Ist die Abhängigkeit des Segmentventilhubes vom Drehwinkel ω festgelegt, so können die Konen nach Tafel 12, wie in Abb. 73 dargestellt, aufgezeichnet werden. Die Spaltweite b wird bei den nichtentlasteten Doppelsitzventilen, wie sie im vorliegenden Falle angenommen wurden, aus dem mittleren Sitzdurchmesser gerechnet.

Tafel 12. Ventilkonenrechnung.

	p_a	D_s	p_a/p_{a0}	Z	f	l
Segmentventil I	0,67	400	—	—	204	0,228
	1,34	800	—	—	408	0,455
	2,01	1200	—	—	612	0,682
	2,68	1600	0,67	0,2185	848	0,945
	3,36	2000	0,84	0,173	1340	1,49
	3,60	2150	0,90	0,143	1740	1,94
	4,0	2390	$c = 74$		5300	5,9
Segmentventil II	1,037	240	—	—	122	0,136
	1,26	530	—	—	270	0,301
	1,57	820	—	—	418	0,467
	1,95	1120	—	—	570	0,635
	2,67	1590	0,667	0,219	840	0,936
	3,6	2165	0,90	0,143	1750	1,95
	4,0	2400	$c = 69,5$		5650	6,3
Segmentventil III	1,93	400	—	—	204	0,228
	2,22	800	0,555	0,227	407	0,455
	2,7	1310	0,675	0,218	695	0,775
	3,04	1620	0,76	0,201	932	1,04
	3,61	2070	0,902	0,142	1690	1,88
	4,0	2330	$c = 81$		4700	5,23

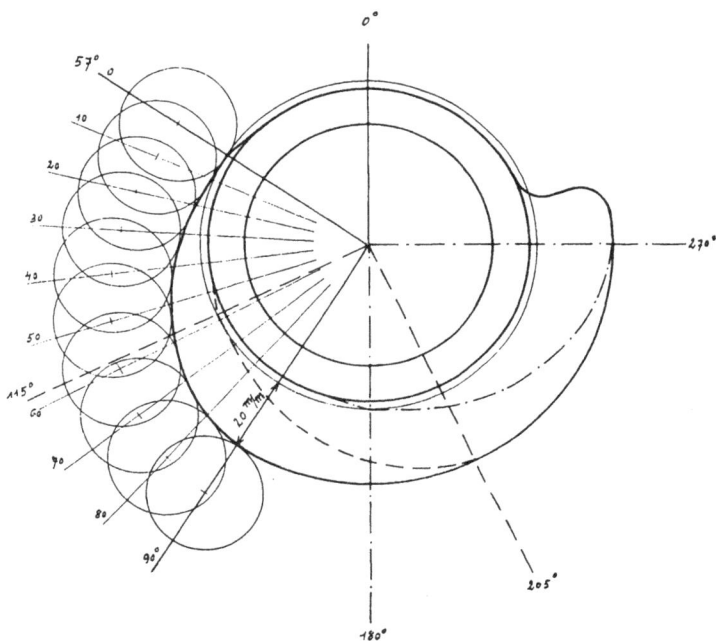

Abb. 75. Niederdruck-Hubnocken.

Der Konus des Ventiles *III* zeigt, daß der letzte Kreis den vorhergehenden stark überschneidet. Diese Ausführung wird im letzten Teile des Hubes eine größere Dampfmenge einstellen und damit die Hubdampfmengenlinie der Abb. 72 nach der dünn ausgezogenen Linie verlaufen lassen. Man könnte auch, wie im Abschn. 21 besprochen wurde, das Überschneiden der Kreise dadurch vermeiden, daß man den Hub um ca. 2 mm vergrößert. Der Hub des Anlenkpunktes der Niederdruckventile wäre somit 54,5 mm und der Überhub nach Abb. 65 26,8 mm. Die Hubdampfmengenlinie der Abb. 72 würde dann nach der dünn strichlierten Linie nach unten abbiegen. Der geradlinie Auslauf ist also in keinem Falle erreichbar, wenn nicht sehr große Dampfgeschwindigkeiten bei vollgeöffnetem Ventil zugelassen werden.

Die Rückführ- und Hubnocken, die in Abb. 74 und 75 wiedergegeben sind, werden, wie in Abschn. 22 angegeben, ausgemittelt.

V. Steuerungs-Einzelteile.

In diesem Hauptabschnitte sollen die wichtigsten Teile, aus denen sich die Steuerungen zusammensetzen, eingehender besprochen werden. In der Hauptsache werden die Grundlagen festgelegt, die sich aus ihrer Zweckbestimmung ergeben, und daraus die Richtlinien für ihre Bemessung entwickelt. Von der Besprechung und Beurteilung der verschiedenen Konstruktionen soll Abstand genommen werden. Vielfach können die Forderungen nicht restlos erfüllt werden, so daß es der Beurteilung des Konstrukteurs und seiner Erfahrung überlassen bleibt, die eine oder andere Ausführung vorzuziehen und geringe Nachteile in Kauf zu nehmen. Es soll in erster Linie angestrebt werden, daß jeder Teil den ihm obliegenden Zweck einwandfrei erreicht und so eingegliedert wird, daß eine gegenseitige Behinderung ausgeschlossen bleibt.

24. Ventile.

A. Regelventile.

Die Regelventile sind ausschließlich Dampfdrosselventile, die durch den Drossel- oder Regelkonus nach Abschn. IV gekennzeichnet sind. Ihre Hauptaufgabe ist demnach die Regelung der Dampfmenge, während der dampfdichte Abschluß wohl angestrebt wird, aber nebensächlich ist. Die Ventilkegel sollen mit Sitzflächen ausgeführt werden, um die Leckdampfmenge bei geschlossenem Ventil möglichst klein zu halten. Die sitzlosen Ventile, die sog. Kolbenschieberventile, ermöglichen wohl den

Überlauf, neigen aber je nach dem Spiel zum Klemmen bzw. zu uner-
wünschter Undichtheit. Die Spindel mit dem Kegel muß sich leicht
bewegen lassen. Zur Abdichtung der Spindeldurchführung sind deshalb
die Labyrinthbüchsen den Stopfbüchsen mit Metallringpackungen vorzuziehen. Weichpackungen oder sonstige geschmierte Packungen sind
ganz zu meiden.

Infolge der Ablenkung des Dampfes entsteht eine kreisende Strömung, die auf das Nabenkreuz
des Ventilkegels einwirkt und
ihn zu drehen sucht. Um das
zu verhindern, muß eine entsprechende Sicherung vorgesehen werden.

Es wurde schon in Ab-
schn. 19 darauf hingewiesen,
daß das Spaltspiel zwischen
dem Ventilsitz und dem zylindrischen Teil der Konen
möglichst klein ausgeführt
wird. Um dieses Spiel auch
im Dauerbetrieb zu erhalten,
dürfen sich der Ventilkegel und
das Gehäuse nicht verziehen.
Sie werden deshalb zumeist
aus Stahlguß angefertigt, der
nach der Vorbearbeitung bis
zur Spannungsfreiheit geglüht
wird. Auch die Ventilspindeln
müssen aus hochwertigem Material und genügend kräftig
ausgeführt werden und dürfen
sich nicht werfen. Bei Doppelsitzventilen erhalten sie auch
im Dampfraum eine Führung.

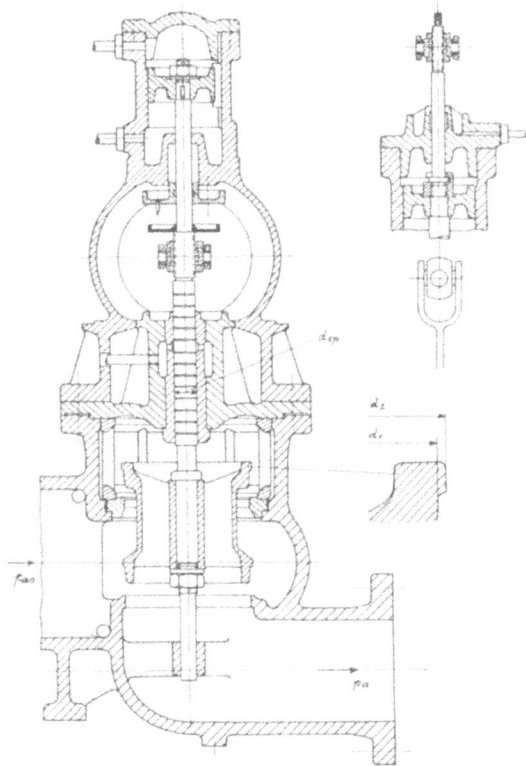

Abb. 76. Entlastetes Doppelsitzventil.

a) Entlastete Doppelsitzventile.

Bei den entlasteten Doppelsitzventilen sind die oberen und unteren
Sitzdurchmesser gleich. Der innere und äußere Durchmesser nach
Abb. 76 seien mit d_1 und d_2 in cm bezeichnet. Der Dampfdruck übt nur
auf die Spindel, deren Durchmesser in der Durchführung d_{sp} in cm sei,
eine freie Kraft P_s in kg aus, die sich für die Dampfströmung nach
Abb. 76 aus der Gleichung

$$P_s = -\frac{\pi}{4} d_{sp}^2 (p_a - 1) \quad \ldots \ldots \ldots \ldots (185)$$

ergibt, wenn die Kraftrichtung, die das Ventil zu öffnen sucht, mit minus und die entgegengesetzte mit plus bezeichnet wird. p_a ist der Drosseldruck in at abs hinter dem Ventil, der nach Abschn. 5 B zu ermitteln ist. Bei gut eingeschliffenen Kegelsitzen ist die Kraft P_v in kg, die vom Dampfdruck auf den Ventilkegel ausgeübt wird, Null. Dieser Zustand bleibt nicht dauernd erhalten, sondern ändert sich je nach der Abnutzung der Sitze durch den strömenden Dampf bzw. Verschmutzung, so daß $P_v \gtrless 0$ werden kann. Die Höchstwerte erhält man, wenn man annimmt, daß der obere Sitz im äußeren und der untere im inneren Sitzdurchmesser oder umgekehrt abdichtet. Es ist dann

$$P_v = \pm \frac{\pi}{4}(d_2{}^2 - d_1{}^2)(p_{a0} - p_a), \quad \ldots \ldots \quad (186)$$

wenn p_{a0} in at abs den Dampfdruck vor dem Ventil bezeichnet. Die Gesamtkraft P_0 in kg, die auf die Spindel und den Kegel ausgeübt wird, ist im ersten Falle für $P_v = 0$, $P = P_s$ nach Gl. (185) und im zweiten Falle

$$P_0 = P_v + P_s = \pm \frac{\pi}{4}(d_2{}^2 - d_1{}^2)(p_{a0} - p_a) - \frac{\pi}{4} d_{sp}^2 (p_a - 1) \quad (187)$$

Diese Kraft kann aber nur im geschlossenen Zustande auftreten, wenn die Turbine im Stillstand unter Vakuum oder Gegendruck gesetzt wird, oder wenn der Kegel im Leerlauf beim Einregeln schließt. Auch bei den Entnahmeturbinen ist sie zu berücksichtigen, wenn die Niederdruckventile vom Schnellschluß geschlossen werden. Auf die Spindel der geschlossenen Hochdruckventile wirkt dann der Entnahmedampfdruck p_e. Sobald der Kegel nur etwas angelüftet wird, ist $P_v = 0$.

Für eine Kondensationsturbine wird also $p_a = 0$ und

$$P_0 = \pm \frac{\pi}{4}(d_2{}^2 - d_1{}^2) p_{a0} - \frac{\pi}{4} d_{sp}^2 \quad \ldots \ldots \quad (188)$$

für eine Gegendruckturbine wird $p_a = p_{g0}$ und

$$P_0 = \pm \frac{\pi}{4}(d_2{}^2 - d_1{}^2)(p_{a0} - p_{g0}) - \frac{\pi}{4}(p_{g0} - 1) d_{sp}^2 \quad \ldots \quad (189)$$

und für die Hochdruckventile einer Entnahmeturbine wird $p_a = p_e$ und

$$P_0 = \pm \frac{\pi}{4}(d_2{}^2 - d_1{}^2)(p_{a0} - p_e) - \frac{\pi}{4} d_{sp}^2 (p_e - 1), \quad \ldots \quad (190)$$

wenn p_{g0} der Gegendruck und p_e der Entnahmedruck in at abs ist.

Als Beispiel wurde das Hauptvorschaltventil nach Abschn. 22 für zwei verschiedene Spindeldurchmesser gerechnet, um ihren Einfluß zu zeigen. Es sei angenommen, daß $d_1 = 210$, $d_2 = 218$ und $d_{sp1} = 38$ bzw. $d_{sp2} = 50$ mm sind, dann ergeben sich für P_{s1} bzw. P_{s2} nach Gl. (185) die in Tafel 13 wiedergegebenen Werte, wenn p_a aus Tafel 7 und der

Hub H_h der Abb. 66 entnommen werden. Wirkt bei Stillstand und hochgestellten Niederdruckventilen das höchste Vakuum bzw. bei geschlossenen Niederdruckventilen der volle Entnahmedruck auf das Ventil ein, so errechnet man aus den Gl. (188) bzw. (190) folgende Höchstwerte:

$$
\begin{array}{lcc}
 & d_{sp} = & 38 \qquad 50 \quad \text{mm} \\
p_a = 0 & P_0 = & -165 \qquad -156{,}7 \text{ kg} \\
p_a = 0 & P_0 = & +187{,}6 \qquad +195{,}9 \text{ »} \\
p_a = p_e & P_0 = & -156 \qquad -181 \text{ »} \\
p_a = p_e & P_0 = & +88 \qquad +63 \text{ »}
\end{array}
$$

Tafel 13. Berechnung der Spindelkräfte des Hauptventiles.

D	p_a	H_h	$p_a - 1$	P_{s1}	P_{s2}
0	4	0	3	— 34	— 59
1250	4,43	11,7	3,43	— 39	— 67
2320	5,35	15,2	4,35	— 49	— 85
3395	6,7	18,75	5,7	— 65	— 112
4300	7,99	21,9	6,99	— 79	— 137
5110	9,25	24,6	8,25	— 94	— 162
6720	11,9	30	10,9	— 124	— 213
7320	13	32	12	— 136	— 235

Diese, ebenso die Werte der Tafel 13, sind in Abbild. 77 dargestellt. Der Deutlichkeit halber sind die obigen Zahlen für $d_{sp} =$ 50 mm nicht in den Nullpunkt gelegt, wie es sein sollte. Aus Abb. 77 lassen sich die positiven und negativen Höchstwerte, die für die Berechnung des Hubmotors maßgebend sind, entnehmen. Um kleine Servomotoren zu bekommen, sollen der Spindeldurchmesser, ebenso die Sitzbreite möglichst klein gewählt werden. Dementgegen ist aber zu bedenken, daß sich dünne, lange Spindeln leichter verziehen, so daß es zweckmäßiger ist, den Mittelweg zu gehen.

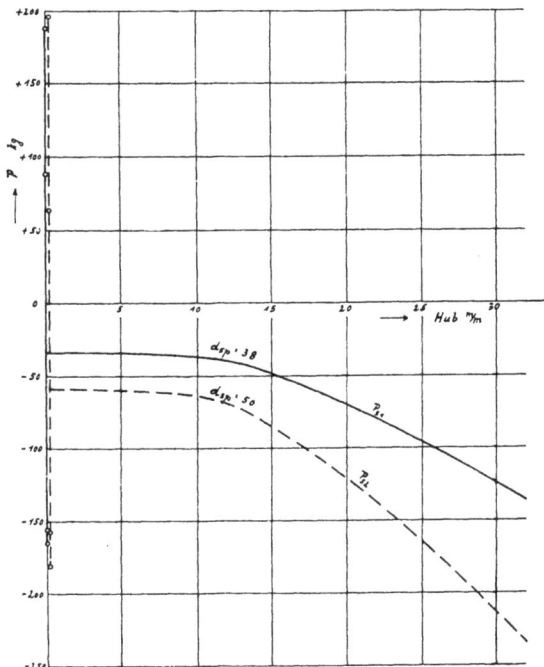

Abb. 77. Spindelkräfte des Hauptdrosselventiles.

Nachdem diese Ventile nicht die Aufgabe haben, vollkommen dampf-
dicht zu schließen, kann die Sitzbreite so groß gewählt werden, daß
die Höchstwerte der Kräfte im geschlossenen Zustande ungefähr dem
negativen Höchstwerte bei vollem Hube entsprechen.

Läßt man den Dampf in umgekehrter Richtung strömen, dann geht
die Gl. (185) über in

$$P_s = -\frac{\pi}{4} d_{sp}^2 \, (p_{a\,0} - 1) \quad . \quad . \quad . \quad . \quad . \quad . \quad . \quad (191)$$

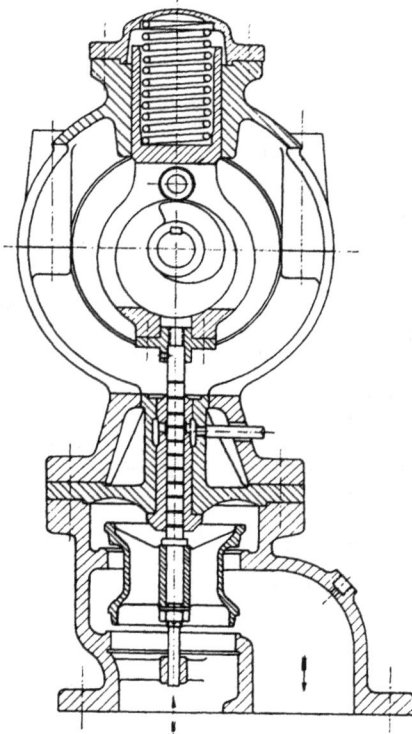

Abb. 78. Unentlastetes Segmentventil.

während die Gl. (186) auch hier gilt.
Die Spindelkraft ist für alle Hübe
der Höchstkraft gleich. Im geschlossenen Zustand sind die positiven Kräfte kleiner als früher,
dagegen die negativen wesentlich
größer. Deshalb würde man diese
Ausführung nicht wählen.

Aus Abb. 77 sieht man, daß
auch bei sehr kleinen Spindel-
durchmessern der Dampfdruck im
gesamten Regelbereiche den Ventilkegel zu öffnen sucht. Wenn nun
aus irgendeinem Grunde der Öldruck für die Betätigung des Hubmotors wegbleibt, ein Fall, der
allerdings sehr selten vorkommt,
so öffnet der Dampfdruck das
Ventil und die Turbine geht durch,
wenn nicht das Gewicht der Spindel und des Kegels größer ist als
die Spindelkraft. Abb. 76 zeigt die
Ausführung eines Regelventils für
Drosselregelung, das auch als Vor-
schaltventil benutzt werden kann.
Im letzteren Falle wird die Spindel
nach der Nebenskizze durchgeführt,
um den Verbindungshebel mit den Hochdrucksegmentventilen anzulen-
ken. Es empfiehlt sich nicht, den oberen Sitzring zweiteilig auszuführen.
Besser ist es, ihn aus einem Stück anzufertigen und lose mit dem Kegel
einzuformen. Befestigungs- und Sicherungsschrauben soll man möglichst
vermeiden. Um die Wärmeübertragung auf die Haube zu verringern,
wird zweckmäßig ein Zwischendeckel vorgesehen.

b) Unentlastete Doppelsitzventile.

Der Nachteil der entlasteten Ventile, daß der Spindeldruck den
Kegel zu öffnen sucht, kann bei den unentlasteten Doppelsitzventilen

vermieden werden. Bezeichnen wir mit d_1, d_2 in mm die oberen und mit d_1', d_2' die unteren Sitzdurchmesser, wobei sich die Zeiger 1 und 2 auf die inneren und äußeren Durchmesser beziehen, und setzen wir $d_1 > d_2'$, so ergibt sich der Spindeldruck P_s, wenn die Dampfströmung nach Abb. 78 gewählt wird, aus der Gl. (191)

$$P_s = -\frac{\pi}{4} d_{sp}^2 (p_{a0} - 1)$$

und die Kraft P_v, die auf den Kegel wirkt, aus

$$P_v = +\frac{\pi}{4} (d_1^2 - d_1'^2)(p_{a0} - p_a) \quad \ldots \ldots \quad (192)$$

Wird angenommen, daß die Kantendurchmesser d_2 und d_1' abdichten, so ist der eine Höchstwert bei geschlossenem Ventil

$$P_{v1} = +\frac{\pi}{4} (d_2^2 - d_1'^2)(p_{a0} - p_a) \quad \ldots \ldots \quad (193)$$

und der andere, wenn d_1 und d_2' als abdichtend angenommen werden,

$$P_{v2} = +\frac{\pi}{4} (d_1^2 - d_2'^2)(p_{a0} - p_a) \quad \ldots \ldots \quad (194)$$

Als Beispiel wurden die Niederdrucksegmentventile nach Abschn. 23 durchgerechnet und das Ergebnis in Tafel 14 bzw. Abb. 79 zusammengestellt. Die Durchmesser in mm wurden wie folgt gewählt:

$$d_1 = 146, \quad d_2 = 151, \quad d_1' = 140, \quad d_2' = 145, \quad d_{sp} = 20.$$

Tafel 14. Kräfte- und Drehmomentrechnung der Niederdruckventile.

	D	p_a	ω	Hub	$p_{a0} \cdot p_a$	P_v	$P_v + P_s$	$P + P_f$	l	M_d
Segmentventil I	0	0,12	0	0	3,88	+ 52	+ 42,5	+ 42,5	0,17	7,2
	400	0,67	10,5	0,9	3,33	+ 45	+ 35,5	+ 37	0,95	35,2
	800	1,34	21,5	3,4	2,66	+ 36	+ 26,5	+ 31,8	1,48	47,2
	1200	2,01	33	6,5	1,99	+ 27	+ 17,5	+ 27,6	1,49	41,2
	1600	2,68	43,5	9,4	1,32	+ 18	+ 8,5	+ 23,6	1,49	35,0
	2000	3,36	54,5	12,4	0,64	+ 9	— 0,5	+ 19,3	1,5	29,0
	2150	3,60	58	13,35	0,40	+ 5,5	— 4,0	+ 18	1,5	27,0
	2390	4,0	90	20	0	0	— 9,5	+ 22,5	0	0
Segmentventil II	0	0,85	0	0	3,15	+ 42,5	+ 33	+ 33	0,17	5,6
	240	1,037	13,5	1,35	2,96	+ 40	+ 30,5	+ 32,9	1,31	43
	530	1,26	21	3,25	2,74	+ 37	+ 27,5	+ 32,6	1,48	48,2
	820	1,57	28	5,2	2,43	+ 33	+ 23,5	+ 32,2	1,48	47,6
	1120	1,95	38	7,9	2,05	+ 28	+ 18,5	+ 30,5	1,49	45,4
	1590	2,67	49	10,9	1,33	+ 18	+ 8,5	+ 25,5	1,5	38,2
	2165	3,6	65	15,2	0,4	+ 5,5	— 4	+ 20,2	1,5	30,2
	2400	4,0	90	20	0	0	— 9,5	+ 22,5	0	0
Segmentventil III	0	1,65	0	0	2,35	+ 32	+ 22,5	+ 22,5	0,17	3,8
	400	1,93	23	3,8	2,07	+ 28	+ 18,5	+ 24,8	1,48	36,7
	800	2,22	37	7,6	1,78	+ 24	+ 14,5	+ 26,7	1,49	39,8
	1310	2,7	55	12,55	1,3	+ 18	+ 8,5	+ 28,3	1,5	42,5
	1620	3,04	66	15,5	0,96	+ 13	+ 3,5	+ 28,2	1,5	42,8
	2070	3,61	81	19,1	0,39	+ 5,3	— 4,2	+ 25,2	1,0	25,2
	2330	4,0	90	20	0	0	— 9,5	+ 22,5	0	0

In Tafel 14 wurden außer den Drosseldrücken nach Tafel 8 und den Hüben nach Abb. 68 auch die Drehwinkel ω aufgenommen. Für $p_a = 0$ sind die Höchstwerte P_{v1} und P_{v2} nach Gl. (194) und (195) bei geschlossenen Ventilen in Abb. 79 eingezeichnet. Würde es sich um Hochdrucksegmentventile einer Gegendruck- oder Entnahmeturbine handeln, so müßten P_{v1} und P_{v2} auch für $p_a = p_{g0}$ bzw. $p_a = p_e$ gerechnet werden.

Die Segmentventile werden zumeist nach Abb. 78 durch Hubnocken geöffnet und durch Federkraft geschlossen, die nicht nur die Reibung, sondern auch die verbleibende, negative Kraft überwinden muß. Da der Niederdruckteil nur mit Vakuum angefahren wird, steht nicht zu befürchten, daß im Stillstand der Turbine die Ventile angehoben werden, nachdem $P_{v2} = -0,2\,\text{kg}$ sehr klein ist. Die Gegenfeder kann also ohne Vorspannung ausgeführt werden. Die Höchstspannung bei vollem Hube soll so gewählt werden, daß in jeder Lage eine freie Schließkraft vorhanden ist, die zusammen mit dem Gewicht der beweglichen Teile sicher die Reibung überwindet. Mit Rücksicht darauf nehmen wir die Federkraft P_f bei offenen Ventilen mit 32 kg an. Durch Addition erhält man die Gesamtkraft $P_v + P_s + P_f$, die von den Hubnocken überwunden werden muß. Aus dem angenommenen Federgesetz läßt sich die Feder errechnen.

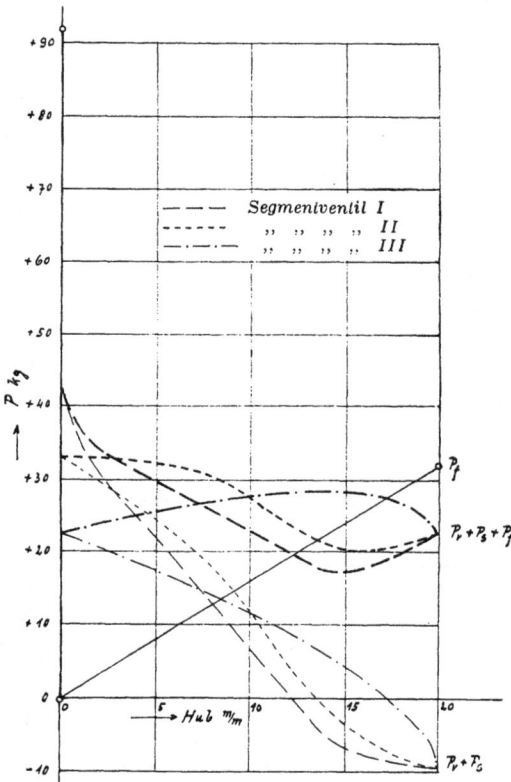

Abb. 79. Dampfkraft- und Federkraftlinien der Niederdrucksegmentventile.

Die Beanspruchung dieser Feder soll wegen der unvermeidlichen Erwärmung niedrig gehalten werden.

Wie aus Abb. 78 zu sehen ist, fallen bei den unentlasteten Doppelsitzventilen die besonders eingesetzten Sitzringe weg. Die Ventile werden dadurch nicht nur billiger, sondern vermeiden auch die Gefahren der Lockerung von Sicherungsschrauben, Sitzringen oder sonstigen Teilen.

Der innere Sitzdurchmesser d_1 wird um 1 bis 2 mm größer gewählt als d_2', um den Kegel von oben einbringen zu können. Diese Vergrößerung genügt, um im geschlossenen Zustande durch den Dampfdruck eine hinreichend große Anpreßkraft zu erhalten, die eine gute Abdichtung gewährleistet. Dieser Umstand ist für den Dampfverbrauch bei Teil-belastungen von besonderer Be-deutung, nachdem sich hierbei Leckverluste, vorwiegend bei Hoch-druckbetrieb, sehr störend bemerk-bar machen. Die Spindeldurch-messer können klein ausgeführt werden, nachdem die Spindeln bei den Segmentventilen verhältnis-mäßig kurz sind. Der Federteller soll eine genügend lange Führung erhalten, um Klemmungen zu ver-meiden. In diesem Kolben kann auch der Keil, der eine Verdrehung des Kegels und der Spindel ver-hindert, vorgesehen werden.

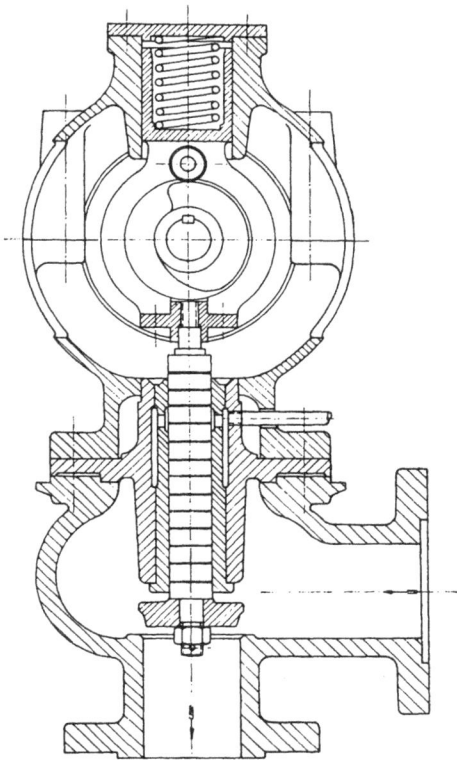

Würde man den Dampf in der entgegengesetzten Richtung durch das Ventil führen, so müßten die Durchmesser des unteren Sitzes größer ausgeführt werden als die des oberen, d. h. der obere Sitzring müßte wie in Abb. 76 wieder ge-trennt eingesetzt werden, um den Kegel einbauen zu können. Der Spindeldruck wäre wie bei dem entlasteten Ventil des vorhergehen-den Abschnittes veränderlich, bie-tet aber keine wesentlichen Vorteile.

Abb. 80. Teller-Segmentventil.

Nachdem der innere Teil des Kegels wegen der Rippen nicht bear-beitet werden kann, ist der freie Durchgangsquerschnitt je nach der Größe des Ventiles um 8 bis 15 vH größer zu bemessen, als dem halben Rohr-querschnitt entspricht. Die Länge des Kegels ergibt sich aus der For-derung, daß bei vollem Hube der freie Querschnitt zwischen dem oberen Sitzring und dem unteren Konus des Kegels mindestens dem halben Rohrquerschnitt gleich ist.

c) Tellerventile.

Die einfachste und billigste Art der unentlasteten Ventile sind die Tellerventile. Man kann den Grad der Entlastung nicht in dem Maße beeinflussen, wie bei den unentlasteten Doppelsitzventilen, sondern nur teilweise durch die Wahl der Spindelstärke. Ihr Anwendungsgebiet ist somit beschränkt durch die höchsten zulässigen Nockendrücke bzw. durch die Größe der Servomotoren. Der Einbau und die Richtung der Dampfströmung erfolgen nach Abb. 80. Mit den Beziehungen der vorhergehenden Abschnitte ist

$$P_v = + \frac{\pi}{4} d_1^2 (p_{a0} - p_a), \quad \ldots \ldots \ldots \quad (195)$$

während P_s nach Gl. (191) bestehen bleibt. Es ist somit

$$P_0 = P_v + P_s = + \frac{\pi}{4} d_1^2 (p_{a0} - p_a) - \frac{\pi}{4} d_{xp}^2 (p_{a0} - 1) \quad \ldots \quad (196)$$

und der Höchstwert im geschlossenen Zustande

$$P_{v1} + P_s = + \frac{\pi}{4} d_2^2 (p_{a0} - p_a) - \frac{\pi}{4} d_{xp}^2 (p_{a0} - 1) \quad \ldots \quad (197)$$

Der Druck hinter dem Ventil ist wieder je nach der Verwendung 0, p_{g0} oder p_e.

Als Beispiel wurden die Segment- und Überlastventile nach Abschnitt 22 durchgerechnet und die Ergebnisse in Tafel 15 und Abb. 81 zusammengestellt. Um den Einfluß der Spindelstärke zu zeigen, wurde diese einmal mit 35 und das zweite Mal mit 25 mm angenommen. Die Sitzdurchmesser seien $d_1 = 80$ und $d_2 = 85$ mm.

Tafel 15. Kraft- und Drehmomentrechnung der Hochdrucksegmentventile.

	D_s	p_a	ω	Hub	$p_{a0} - p_a$	P_v	$d_{xp} = 35$				$d_{xp} = 25$			
							$P_v + P_s$	$P_0 + P_f$	l	M_d	$P_v + P_s$	$P_0 + P_f$	l	M_d
Segmentventil I	0	7,18	0	0	5,82	+293	+178	+213	0,3	64	+234	+254	0,3	76
	200	7,65	14	2,3	5,35	+269	+154	+202	1,66	335	+210	+239	1,66	397
	800	8,46	26	6,4	4,54	+228	+113	+183	1,74	318	+169	+212	1,74	369
	1400	9,75	37	10,3	3,25	+164	+49	+142	1,77	251	+105	+162	1,77	287
	2030	11,52	47	13,6	1,48	+74,5	−40,5	+70	1,81	127	+15,5	+78	1,81	141
	2175	12,2	50	14,7	0,8	+40,3	−74,7	+45	1,82	82	−18,7	+55	1,82	100
	2400	13	75	20	0	0	−115	+30	0	0	−59	+31	0	0
Segmentventil II	0	8,83	0	0	4,17	+210	+95	+130	0,3	39	+151	+171	0,3	51
	300	9,15	13	2	3,85	+194	+79	+125	1,57	196	+135	+163	1,57	256
	1030	10	28	7,1	3,0	+151	+36	+105	1,75	184	+92	+133	1,75	232
	1600	11,05	39	10,9	1,95	+98	−17	+78	1,78	139	+39	+97	1,78	173
	2065	11,9	47,5	13,8	1,1	+55	−60	+50	1,81	91	−4	+63	1,81	114
	2200	12,2	50	14,7	0,8	+40,3	−74,7	+43	1,82	78	−18,7	+56	1,82	102
	2520	13	75	20	0	0	−115	+30	0	0	−59	+31	0	0
Überlastventil II	0	8,15	0	0	4,85	+245	+130	+165	0,3	49,5	+186	+206	0,3	62
	800	8,5	23	5,3	4,5	+226	+111	+155	1,72	266	+167	+191	1,72	328
	1530	8,78	40	11,3	4,22	+212	+107	+160	1,79	286	+153	+192	1,79	344
	2150	9,0	53	15,7	4,0	+202	+87	+153	1,83	280	+143	+185	1,83	338
	3100	9,32	75	20	3,68	+185	+70	+140	0	0	+126	+166	0	0

Die Höchstwerte in der Schlußlage nach Gl. (199) sind für

Ventil	*I*	*II*	*III*	
bei $p_a =$	7,18	8,83	8,15	at abs
$d_{sp} = 35$; $P_{v1} - P_s =$	215	121	160	kg
$d_{sp} = 25$; $P_{v1} - P_s =$	271	177	216	kg

die in Abb. 81 eingetragen wurden. Für $p_a = p_e$ und $p_a = 0$ braucht diese Untersuchung nicht ausgeführt zu werden, weil die Ventile bei diesem Betrieb nicht anzuheben sind. Steht die Entnahmeleitung unter Druck und soll die Turbine im Gegendruckbetrieb angefahren werden, so wird der Hochdruckteil beim Öffnen des Heizdampfschiebers gleichfalls unter Heizspannung gesetzt. Solange die Turbine stillsteht, übt demnach der Dampf die Kraft

$$P_v' = -\frac{\pi}{4} d_{sp}^2 (p_e - 1)$$

. . . . (198)

auf die Spindeln aus, die durch die Vorspannung der Feder aufzuheben ist. Bei Gegendruckturbinen ist p_{g0} an Stelle von p_e zu setzen. Im vorliegenden Beispiel ist $p_v' = 28$ kg für $d_{sp} = 35$ und $P_v' = 14$ kg für $d_{sp} = 25$ mm. Wir wählen die Federvorspannung im ersten Falle mit 35 und im zweiten mit 20 kg und die Höchstkraft nach Abb. 81 so groß, daß die Summenkräfte $P_v + P_s + P_f$ nicht unter $+ 30$ kg werden. Aus P_f können die Federabmessungen bestimmt werden.

Bisher wurde das Gewicht der beweglichen Teile nicht berücksichtigt. Vielfach ist es im Vergleich zu den auftretenden Kräften sehr klein

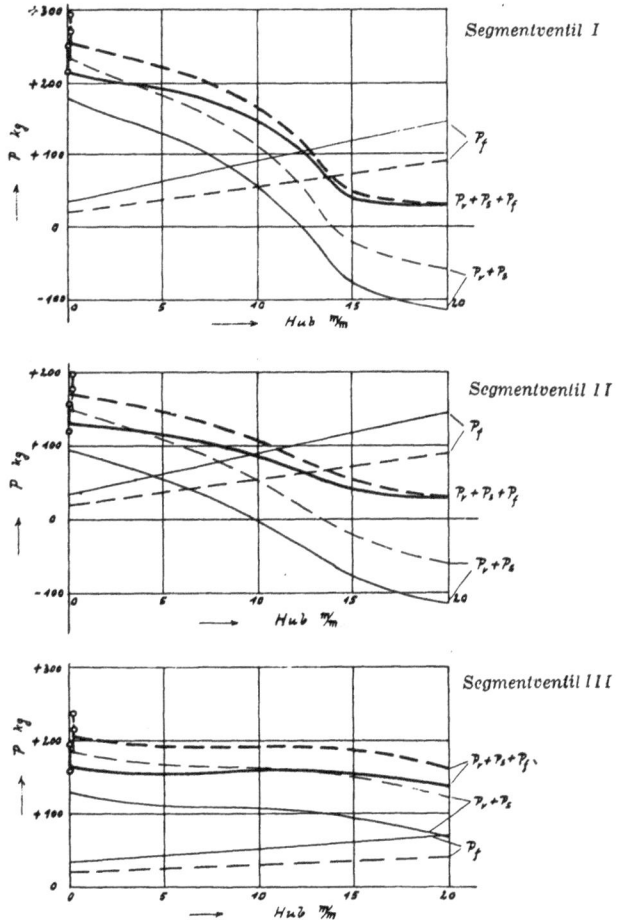

Abb. 81. Dampfkraft und Federkraftlinien der Hochdrucksegmentventile.

und kann vernachlässigt werden. In Abb. 81 gelten die strichliert gezeichneten Linien für den Spindeldurchmesser von 25 mm und die voll ausgezogenen für 35 mm. Man sieht daraus, in welchem Maße die Gesamtkräfte sinken, wenn die Spindeln stärker ausgeführt werden. Bei den Überlastventilen treten gewöhnlich keine negativen Kräfte auf, so daß mit Rücksicht hierauf die Federn weggelassen werden könnten. Würde aber die stillstehende Turbine von der Gegendruckseite unter Druck gesetzt, wie es häufig bei der Inbetriebsetzung von Gegendruckturbinen der Fall ist, so würde das Ventil voll geöffnet und erst von einer bestimmten Dampfgeschwindigkeit an geschlossen. Um das zu vermeiden, baut man auch hier Federn ein.

B. Schnellschlußventile.

Die Schnellverschlußventile haben die Aufgabe, die Turbine abzustellen, wenn die Drehzahl eine bestimmte Grenze überschreitet. Meistens werden sie mit dem Absperrventil vereinigt, wie die Abb. 82 zeigt. Als Sicherheitsorgan dürfen sie keine aufgeschraubten Sitzringe oder sonstige lösbaren Teile aufweisen, die unter Umständen einen sicheren Abschluß durch ein Einklemmen an der Sitzfläche verhindern könnten. Sie werden deshalb vielfach als unentlastete Doppelsitzventile ausgeführt, weil damit auch der Vorteil verbunden ist, daß in der Schlußlage ein bestimmter Anpreßdruck erzielt werden kann. Die Gl. (191) bis (194) gelten auch hierfür. Die Durchmesser sollen so gewählt werden, daß P_{v2} nach Gl. (194) positiv wird. Die Feder muß so berechnet sein, daß bei voll geöffnetem Ventil die positive Gesamtkraft ausreichend groß ist, um die Reibung sicher zu überwinden. Die größte Kraft, die für die Berechnung der Kegelräder usw. in Frage kommt, ergibt sich unter Anwendung der Gl. (191) und (193) zu $P_{v1} + P_g + P_f$, wenn $p_a = 0$ gesetzt wird.

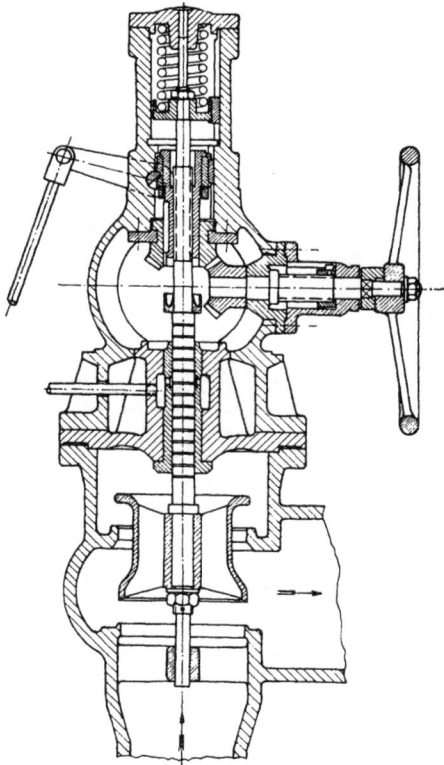

Abb. 82. Schnellschluß- und Absperrventil.

In Abb. 82 ist eine Ausführung dargestellt, bei der ein drehbarer
Riegel die Gewindebüchse mit Spindel und Kegel festhält. Löst der
Schnellregler aus, so dreht sich die Klinke und die Spindel mit der Büchse
wird von der Feder in die Schlußlage getrieben. Um das Ventil wieder
öffnen zu können, wird das Handrad im Sinne des Schließens gedreht
und dadurch die Gewindebüchse hochgeschraubt bis der Riegel wieder
eingelegt werden kann. Nunmehr kann das Ventil durch Linksdrehung
des Handrades geöffnet werden.

25. Hub- und Rückführnocken.

Es wurde schon am Ende der Abschn. 22 und 23 darauf hingewiesen,
daß die Anlauflinien der Nocken als Kreiseinhüllende ermittelt werden
sollen. Bezeichnet man nach Abb. 83 den Mittenabstand der Nocke
von der Rolle bei tangentialem Anlauf mit $r_0 + r'$ bei $\omega = 0$, so ist bei
einer beliebigen Verdrehung der Abstand $r_0 + r' + h_s$, wenn h_s der zugehörige Hub des Segmentventiles ist. Die tatsächliche Nockenform
ergibt sich aus der einhüllenden Linie der Rollenkreise. Nach den
Abb. 68 und 73 ist der größte Teil der Ventilerhebungslinie gerade, somit

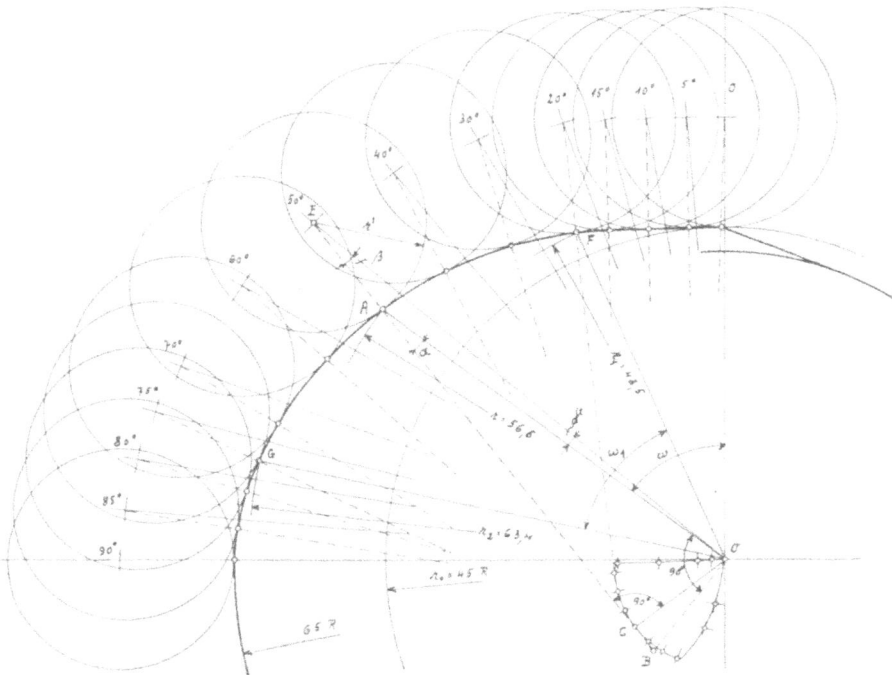

Abb. 83. Anlauflinie der Niederdruck-Hubnocken.

beschreiben der Mittelpunkt der Rolle und angenähert auch die Anlauflinie Archimedische Spiralen. Mit den Bezeichnungen der Abb. 83 lautet
die Polargleichung der Spirale

$$r = r_1 + a \frac{2\pi}{360} \omega, \quad \dots \dots \dots \quad (199)$$

wenn ω in Winkelgraden eingesetzt wird. Nach der Theorie dieser
Linien ist aber $a = O\,C$ die Polarsubnormale, die sich aus der Beziehung

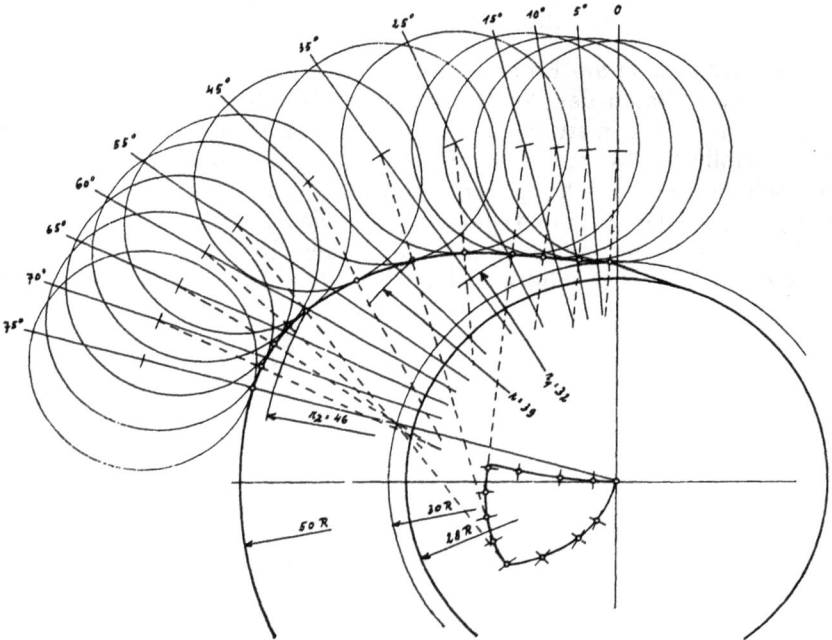

Abb. 84. Anlauflinie der Hochdruck-Hubnocken.

$$2\pi a = 360 \frac{h_s'}{\omega_1} \quad \dots \dots \dots \quad (200)$$

zu

$$a = \frac{360}{2\pi} \frac{h_s'}{\omega_1} = 57,3 \frac{h_s'}{\omega_1} \quad \dots \dots \dots \quad (201)$$

ergibt, wenn h_s' die Gesamtsteigung der Geraden und ω_1 der zugehörige Winkel ist. h_s'/ω_1 ist aber die Tangente des Neigungswinkels
der Geraden nach Abb. 68 und 83. Die Subnormale ist also der Tangente
des Anlaufwinkels verhältnisgleich und unabhängig von der Nocken-
größe. Zur Berechnung der Drehmomente ist der Momentenarm $l = O\,C$

zu bestimmen, den man aus der Gleichung

$$l = \frac{a\,r}{\sqrt{a^2 + r^2}} \quad \ldots \ldots \ldots \ldots \quad (202)$$

errechnen kann. Daraus erkennt man, daß l mit r abnimmt, die Nocken-durchmesser also klein gewählt werden sollen. Der Rollendurchmesser beeinflußt das Drehmoment nicht, weil die Gl. (202) unabhängig von r' ist.

Der Berührungspunkt der Rolle und Nocke ist gegenüber der Ver-bindungsgeraden um den Winkel γ verschoben, der aus folgenden Be-ziehungen bestimmt werden kann:

$$\gamma = \alpha - \beta; \quad \operatorname{tg} \alpha = \frac{a}{r}; \quad \operatorname{tg} \beta = \frac{l}{EC} = \frac{a\,r}{\sqrt{a^2 + r^2}\,(r \mid r^2 - 2\,a^2 + r')} \quad (203)$$

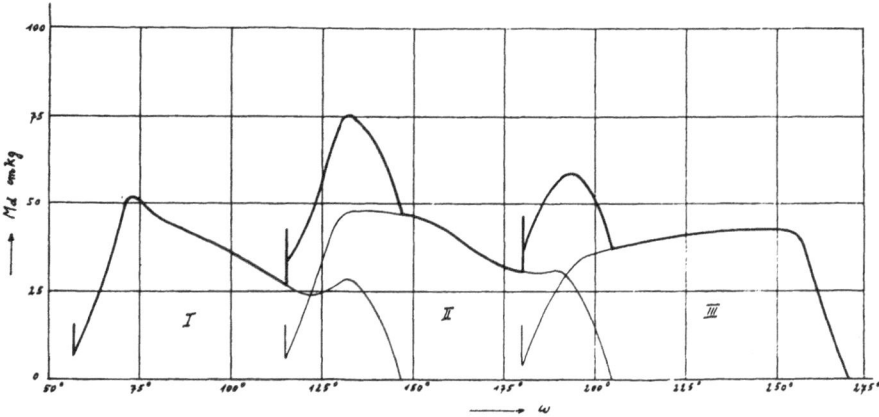

Abb. 85. Drehmomente der Niederdruckventile.

Mit zunehmendem Rollendurchmesser wird der Verschiebungs-winkel größer. Nachdem γ von r abhängig ist, ist die Nockenlinie keine reine archimedische Spirale. Die Gleichungen gelten deshalb für sie nur als Näherungswerte.

Als Beispiel ist in Abb. 83 die Ausmittlung der Momentenarme der Niederdrucknocken der Abb. 75 wiedergegeben.

Nach Abb. 73 ist die Ventilerhebungslinie von $\omega = 20^0$ bis $\omega = 75^0$ entsprechend $h_s = 3$ bis $h_x = 17,9$ mm gerade. Es ist daher $\omega_1 = 75 - 20 = 55^0$, $h_s' = 17,9 - 3 = 14,9$ mm und nach Gl. (201) $a = 15,5$. Für $r_1 = 48,5$ und $r_2 = 63,4$ ergeben sich aus Gl. (202) $l_1 = 14,8$ und $l_2 = 15,1$ mm. Das Anlauf- und Ablaufende wurde zeichnerisch aus-gemittelt. In der Tafel 14 sind die Momentenarme l und daraus gerechnet die Drehmomente M_d eingetragen. Der Verlauf der Drehmomente ab-hängig vom Drehwinkel ω ist in Abb. 85 für die drei Niederdruckventile wiedergegeben und die Summenmomente an den Überschneidungs-stellen eingezeichnet. Außerdem sind die Anzugsmomente entsprechend den Höchstwerten in der Schlußlage nach Abschn. 24 A b) eingetragen.

Für die Hochdrucknocken der Abb. 70 ist die Momentenarmausmitt-lung in Abb. 84 wiedergegeben und daraus l und M_d in Tafel 15 einge-tragen. Die Drehmomente mit den Höchstwerten im geschlossenen Zustande zeigt die Abb. 86. Die stark strichlierte Linie gibt die Summen-momente bei $d_{sp} = 25$ und die stark vollausgezogene Linie die bei $d_{sp} = 35$ mm an. Die Spindelverstärkung ergibt demnach ein um 15 vH kleineres Drehmoment.

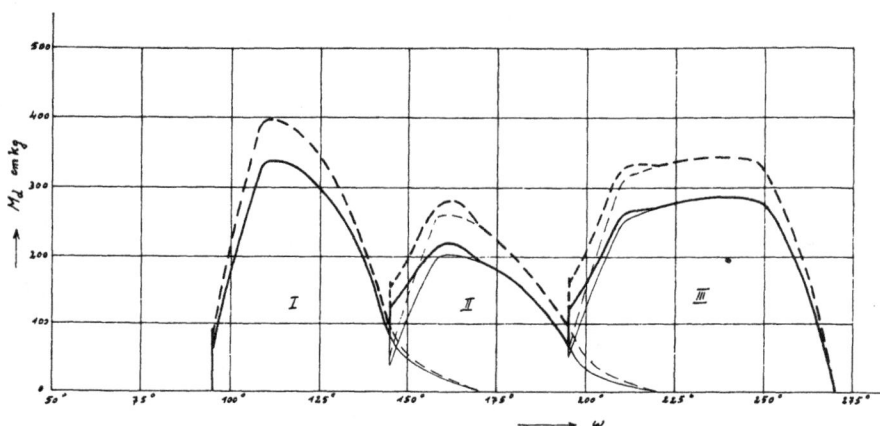

Abb. 86. Drehmomente der Hochdruckventile.

Der fast tangentiale Anlauf der Ventilerhebungslinien der Abb. 68 und 73 verkleinert sehr das Anhubmoment, so daß selbst die großen Anfangskräfte der Abb. 79 in Abb. 85 keine wesentlichen Spitzen geben. Der tangentiale Auslauf zusammen mit der Kraftabnahme nach Abb. 81 läßt das Drehmoment so rasch absinken, daß selbst die Summenmomente der Abb. 86 wesentlich unter den Höchstwerten liegen.

Dagegen ist in dem gleichen Bereiche der Abb. 85 eine überragende Spitze, obwohl die Linien der Abb. 68 und 73 gleiche Eigenschaften besitzen. Der Grund hierfür liegt in der Annahme einer übergroßen Federkraft nach Abb. 79. Das nochmalige Ansteigen der Summen-kräfte bei vollem Ventilhub ist also nachteilig. Daraus lassen sich fol-gende Schlüsse ziehen:

Die Federkräfte sollen so gewählt werden, daß die Summenkräfte wie in Abb. 81 ständig abnehmen. Die An- und Auslauflinien müssen nach den Abb. 68 und 73 möglichst tangential verlaufen. Mit Rücksicht auf die Summenmomente soll das Überschneiden der Ventile nicht zu groß sein. Nachdem die Neigung der Ventilerhebungslinie mit ein Maß für die Drehmomente ist, soll ihr Neigungswinkel klein sein. Der Hub der Ventile soll also klein bzw. ihr Drehwinkel groß sein. Es ist zweckmäßig, die Nockendurchmesser klein zu wählen.

Für die Rückführnocken brauchen diese Untersuchungen nicht durchgeführt zu werden, weil die Kraft, mit der die Rolle gegen die Nocke gepreßt wird, und der Neigungswinkel um vieles kleiner sind. Auch wirkt das Drehmoment dem der Hubnocken entgegen, unterstützt also den Drehmotor. Diese Nocken müssen sehr sorgfältig ausgeführt werden, um an jeder Stelle die gerechnete Zunahme zu erhalten. Konzentrische Kreisbogen oder gar Mulden führen unweigerlich zu Pendelungen. Um Muldenbildung durch Abnutzung zu verhindern, müssen die Nocken und Rollen gehärtet werden. Die Breite der Rollen und Nocken wird nach der Linienpressung und die Rollenzapfen werden nach der Flächenpressung bestimmt.

Die Flächendrücke der Keile zur Befestigung der Nocken auf der Steuerwelle und die zur Kupplung der Welle und des Drehmotors sind nach den Höchstmomenten zu rechnen und dürfen nicht zu hoch sein. Die Anzahl der Lager und ihre Entfernung von den Nocken richtet sich nach der Durchbiegung der Welle, die 0,1 mm nicht überschreiten soll. Nachdem der Einfluß der Nockendurchmesser auf das Drehmoment nicht sehr groß ist, können die Steuerwellen kräftig ausgeführt werden.

An Stelle der Drehwellen mit Nocken verwendet man zur Betätigung der Ventile auch noch Schubstangen mit nacheinander eingereifenden Keilen. Die Schubstange wird zur Verminderung der Reibung auf Rollen gelagert und erfordert große Wege, um die Antriebskraft klein zu erhalten.

26. Hilfsmotoren.

A. Hubmotoren.

Aus Abb. 76 ist der Zusammenbau des Hubmotors mit dem Ventil ersichtlich. Bezeichnet man mit $\pm P_m$ in kg die höchsten auftretenden positiven und negativen Kräfte nach Abb. 77, mit d_m in cm den Zylinderdurchmesser, H_v in cm den Ventilhub und p_{0e} den Eintritts- und p_{0a} den Austrittsöldruck in at abs, so ist für das Anheben des Ventiles

$$p_{0e} = \frac{\pm P_m + G - R + \frac{\pi}{4}(d_m^2 p_{0a} - d_{sp}'^2)}{\frac{\pi}{4}(d_m^2 - d_{sp}'^2)}, \quad \ldots \ (204)$$

wenn G in kg das Gewicht der bewegten Teile, R in kg die Reibung und d_{sp}' in cm die Spindelstärke in der Stopfbüchse bezeichnen.

Soll das Ventil geschlossen werden, dann ist

$$p'_{0c} = \frac{4}{\pi} \frac{1}{d_m^2} \left[\mp P_m - G - R + \frac{\pi}{4} p_{0a} (d_m^2 - d'^2_{sv}) + \frac{\pi}{4} d'^2_{sv} \right] \quad (205)$$

Hierbei gilt das obere Zeichen von P_m, wenn die Kraft das Ventil zu schließen und das untere, wenn sie es zu öffnen sucht.

Der Pumpendruck muß bei voller Förderung um den Spannungsabfall und einen Sicherheitszuschlag größer sein.

Abb. 76 zeigt eine Ausführung, bei der das Drehen der Spindel durch den Keil im Kolben verhindert wird. Der Kolben selbst soll eine genügend lange Führung erhalten, ohne·aber die Ölzulauföffnungen zu überlaufen. Eine Entlüftung ist nicht nötig. Das Drucköl nimmt die Luft sehr rasch auf und führt sie mit ab, so daß nach kurzer Betriebszeit die Hilfsmotoren vollständig entlüftet sind.

B. Drehmotoren.

Mit den Bezeichnungen der vorhergehenden Abschnitte und der Abb. 87 ist das Gesamtdrehmoment M_d' in cmkg

$$M_d' = L \frac{p_0}{8} (d_m^2 - d_w^2) = M_{dm} + M_r, \quad \ldots \ldots \quad (206)$$

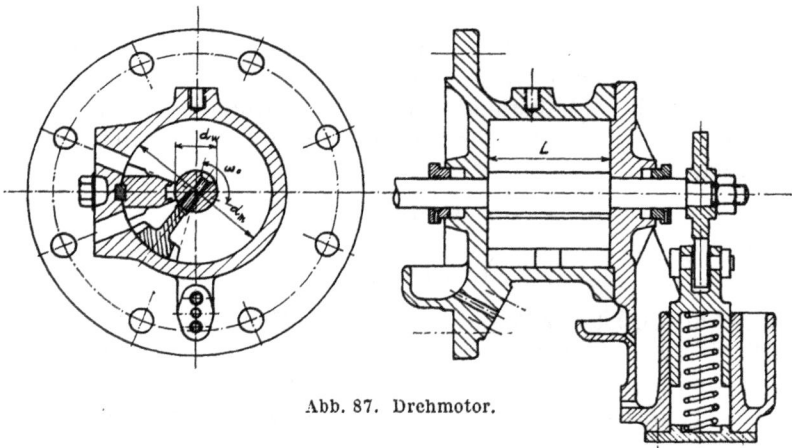

Abb. 87. Drehmotor.

wenn L in cm die Länge des Drehflügels, d_w in cm die Wellenstärke, M_r das Reibungsmoment und M_{dm} das Höchstmoment nach den Abb. 85 und 86 ist. Bezeichnen wir mit ω_0 den Winkel, den der feste Teil mit dem Drehflügel einschließt, so ist der wirksame Drehwinkel des Motors $360 - \omega_0$ und das zugehörige Volumen V_m in l

$$V_m = 0{,}00000218 \, L \, (d_m^2 - d_w^2) (360 - \omega_0) \quad \ldots \ldots \quad (207)$$

und in Verbindung mit Gl. (206)

$$V_m = \frac{0{,}0000175}{p_0}\,(360 - \omega_0)\,M_d' \quad \ldots \ldots \quad (208)$$

Wird $\omega_0 = 90^0$ gewählt, so ist für $p_0 = 4{,}72$ at Über.

$$1000\,V_m = M_d' \quad \ldots \ldots \ldots \ldots \quad (209)$$

d. h. das Drehmoment in cmkg ist bei 4,72 at Öldruck dem Volumen in cm³ gleich.

ω_0 soll möglichst nicht kleiner als 90⁰ ausgeführt werden, um einerseits dem Drehflügel genügend Führung zu geben und andererseits den feststehenden Teil noch gut abdichten zu können. Die Stopfbüchsen dürfen nicht stark angezogen werden, um nicht das Reibungsmoment zu sehr zu erhöhen. Der Öldruck der Pumpe muß wieder so hoch gewählt werden, daß der Spannungsabfall und ein Sicherheitszuschlag gedeckt sind.

Die Reibungskräfte ebenso die Reibungsmomente sind sehr von der Ausführung und der Wärmebeweglichkeit abhängig. Bei guter Ausführung kann man je nach der Größe des Drehmotors einschließlich Drehwelle $M_r = 30$ bis 200 cmkg rechnen.

27. Steuerschieber.

In Abb. 88 ist die gewöhnliche Bauart eines Steuerschiebers dargestellt. Im Beharrungszustande überdecken die beiden Kolben die Steuerschlitze, die mit dem Hilfsmotor in Verbindung stehen. Die Druckölleitung wird zwischen den Kolben angeschlossen. Bewegt man den Steuerkolben aus der Mittellage, so wird der einen Leitung Drucköl zugeführt, während durch die andere das Öl frei ablaufen kann. Der Kolben des Hilfsmotors bewegt sich so lange, bis die Rückführung den Steuerkolben wieder in die Mittellage gebracht hat. Es ist für die Regelung besser, wenn die Kolben gegenüber den Schlitzen um 0,1 mm breiter ausgeführt werden, also mit geringer, positiver Überdeckung an den Innenkanten. Darüber hinaus kann sich die dadurch entstehende Unempfindlichkeit störend bemerkbar machen.

Wird der Kolben aus seiner Mittellage gezogen, so sinkt infolge der aufgewendeten Strömungsenergie der Druck an der freigegebenen Öffnung, während er am anderen Ende voll wirkt. Dadurch entsteht ein Rückdruck, der

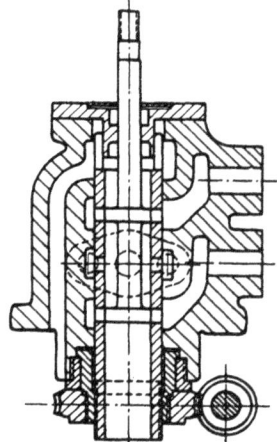

Abb. 88. Steuerschieber mit Drehzahlverstellung.

den Steuerkolben immer in die Mittellage zurückzuziehen sucht, und der vom Gestänge bzw. von dem Drehzahlregler aufgenommen werden muß.

Die Schlitzquerschnitte sollen so groß bemessen werden, daß bei voller Öffnung die Ölgeschwindigkeit nicht über 2 m/s steigt. Der hierbei nötige Hub des Kolbens ist so groß zu wählen, wie dem zugehörigen Reglerhub bei 1 vH Ungleichförmigkeitsgrad entspricht. Aus dieser Forderung ergeben sich die Breite und der Durchmesser des Kolbens.

Der Steuerschieber nach Abb. 88 ist entsprechend Abschn. 11 mit einer Hülse ausgeführt, die von einem Motor über das Schneckengetriebe zwecks Drehzahländerung in der Längsrichtung um den Betrag H_t nach Abb. 28 verschoben werden kann. Der vorgeschriebene Hub wird einerseits durch das Gewindeende der Hülse, andererseits durch die obere Führung begrenzt, die gleichzeitig das Drehen verhindert. Außerdem soll der Kolben um die Strecke $H_{\ddot u}$ überlaufen können, ohne die Ölzuführung abzuschließen. Damit sind die Bedingungen gegeben, die für die Bestimmung der Kanalbreiten im Gehäuse und des Abstandes der Kolben maßgebend sind.

28. Schnellschluß.

A. Schnellregler.

Der Schnellregler hat den Zweck, die Dampfzuführung abzustellen, wenn die Drehzahl einen bestimmten Wert überschreitet. Er hat demnach nicht wie der Drehzahlregler die Aufgabe, die Drehzahl zu regeln, sondern sie nach oben hin abzugrenzen. Um die Streuung in der Auslösedrehzahl gering zu halten, muß der Regler stark labil ausgeführt werden. Man wählt deshalb exzentrisch gelagerte Schwunggewichte mit Gegenfedern, die so bemessen sind, daß der Winkel, den die Federgerade mit der Fliehkraftlinie einschließt, möglichst groß wird.

Schlagbolzen, die wegen der Funkenbildung die Gefahr von Ölbränden erhöhen, müssen vermieden werden. Am häufigsten verwendet man exzentrisch gebohrte Ringe, die sanfter auslösen. Das Wellenstück, in dem der Regler eingebaut wird, soll erschütterungsfrei laufen, muß also gut gelagert werden, um eine geringe Streuung zu erreichen. Aus dem gleichen Grunde ist die Reibung so klein wie möglich zu halten.

In Abb. 89 sind zwei voneinander unabhängige Regler dargestellt, die zum teilweisen Ausgleich der freien Fliehkraft um 180° versetzt sind. Der eine beeinflußt den mechanischen, der andere den ölgesteuerten Schnellschluß. Um beim Auslösen Biegebeanspruchungen und die damit verbundene erhöhte Reibung zu vermeiden, sind die Schwungringe seitlich in den festgekeilten Ringen geführt, während die Bolzen mit Spiel eingesetzt sind.

Die Fliehkraft C in kg des nichtdurchbrochenen Ringes ist mit den Bezeichnungen der Abb. 89

$$C = 6,9\, b\, d^2\, e\, n^2, \quad \ldots \ldots \ldots \ldots \quad (210)$$

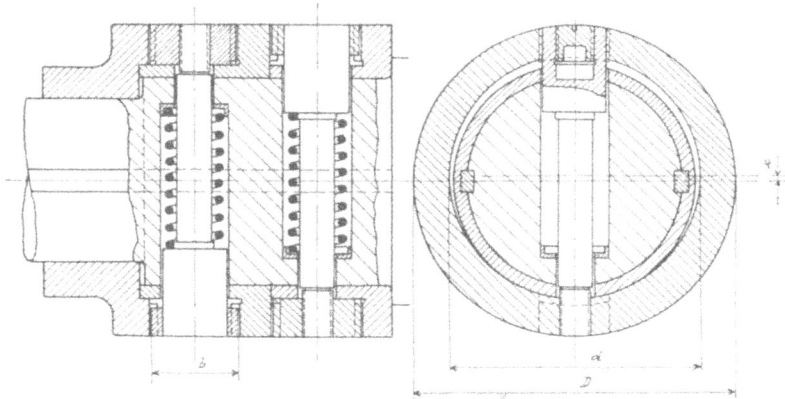

Abb. 89. Schnellregler für Doppelschnellschluß.

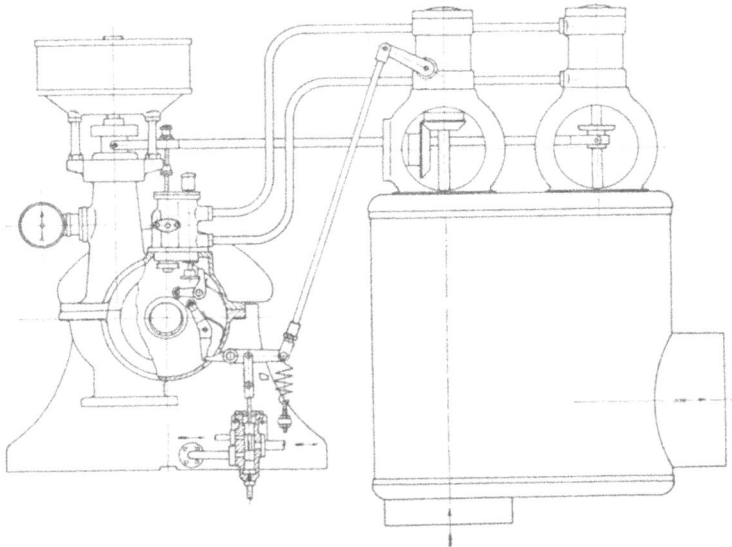

Abb. 90. Schnellschluß-Vorrichtungen.

wenn die Längen in m eingesetzt werden und n die Auslösedrehzahl in der Minute ist. Die Fliehkraft ist also vom Außendurchmesser des Ringes unabhängig und wird hauptsächlich von der Größe der Bohrung beeinflußt. Die freie Verstellkraft ergibt sich als Unterschied der Fliehkraft

und der Federkraft beim größten Ausschlage. Sie soll reichlich groß
sein, um den Gestängewiderstand mit Sicherheit zu überwinden.

B. Mechanischer Schnellschluß.

Die Schnellschlußvorrichtung in Verbindung mit dem Absperrventil ist teilweise im Abschn. 24 B beschrieben worden. Kennzeichnend
für den mechanischen Schnellschluß ist die
Betätigung durch eine Federkraft und die
Impulsübertragung durch das federbelastete
Gestänge. Sobald der Regler ausschlägt und
die Rolle des Klinkenhebels der Abb. 90 verschiebt, wird der Sperrhebel und mit ihm die
Drehklinke der Abb. 82 von der Gestängefeder in die Endlage gedreht, die von einem
festen Anschlag genau begrenzt wird. Nach
Freigabe der Federhülse wird das Ventil von
der Feder geschlossen.

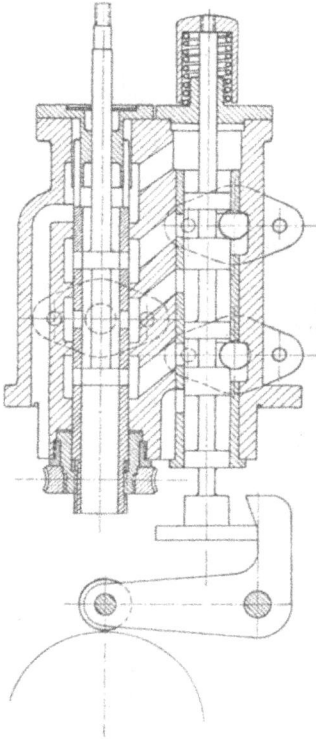

Die Klinken der Hebel sind so vorzusehen, daß das Drehmoment, auf die Drehbolzen bezogen, die Sperrung unterstützt.
Die Gestängefeder muß kräftig genug sein,
um die Reibungsarbeit der Drehklinke in der
Haube zu überwinden. Klemmungen dürfen
keinesfalls auftreten. Es ist darauf Rücksicht zu nehmen, daß sich der Abstand des
Absperrventils von der Wellenmitte infolge
der Wärmedehnungen ändert. Die Verbindungsstange ist deshalb beiderseits kugelig
zu lagern und die Klinkenbreiten sind so
groß zu bemessen, daß eine unerwünschte
Auslösung selbst bei den höchstmöglichen
Verschiebungen des Ventiles vermieden
wird.

Abb. 91. Steuer- und Umschaltschieber für das Hauptventil.

C. Druckölschnellschluß.

Bei mittleren und großen Turbinen wird häufig außer dem mechanischen auch noch ein hydraulischer Schnellschluß ausgeführt, der unabhängig von der jeweiligen Stellung des Steuerschiebers die Regelventile
durch Drucköl schließt. Werden noch, wie in Abb. 89 gezeigt, zwei
Schnellregler verwendet, so erreicht man mit den beiden vollkommen
getrennten Vorrichtungen die höchste Sicherheit gegen ein Durchgehen
der Turbine. In dem Ausführungsbeispiel der Abb. 90 ist außer dem
mechanischen auch der Druckölschnellschluß eingezeichnet. Der zweite

Schnellregler wirkt in diesem Falle auf die Rolle eines Winkelhebels, dessen Klinke den Teller eines Umschaltkolbens festhält. Letzterer ist, wie die Abb. 91 zeigt, mit dem Steuerkolben zusammengebaut. Sowie der Regler auslöst und die Klinke den Teller freigibt, wird der Kolben von der Druckfeder in die Höchstlage verschoben. Dadurch werden die Verbindungskanäle des Steuerschiebers mit dem Hubmotor abgesperrt und das Drucköl über den Kolben des Servomotors geleitet, während das Öl unter dem Kolben frei abfließt.

Bei den Entnahmeturbinen müssen außer den Hochdruck- auch die Niederdruckventile zwangsweise geschlossen werden, wenn die Schnellregler auslösen, um zu verhindern, daß die Turbine durch rückströmenden

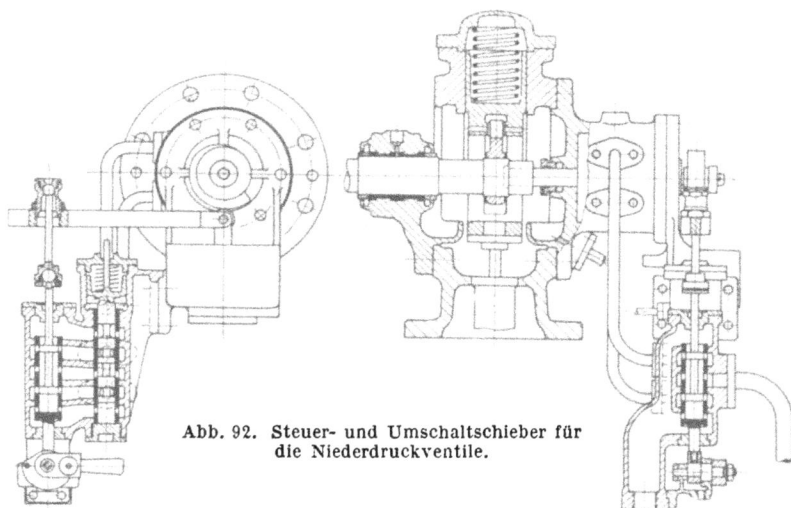

Abb. 92. Steuer- und Umschaltschieber für die Niederdruckventile.

Dampf aus der Heizleitung durchgeht. In Abb. 92 ist ein Ausführungsbeispiel dargestellt. Auch hier ist zwischen dem Steuerschieber und dem Drehmotor ein Umschaltschieber eingebaut, der mit einem Kolben verbunden ist, der einerseits durch Drucköl, andererseits durch eine Gegenfeder belastet wird. Solange der Druck wirkt, steht der Kolben in seiner Höchstlage und gibt die Steuerkanäle frei. Sinkt der Öldruck unter einen bestimmten Wert, so schiebt die Feder den Kolben in die Tiefstlage, in der die Steuerkanäle von dem Schieber geschlossen werden und das Drucköl den Drehmotor im Sinne des Schließens der Ventile bewegt. In der Drucköleitung zum Schaltzylinder ist noch ein zweiter Umschaltschieber eingebaut, der, wie Abb. 90 zeigt, vom Schnellschlußgestänge betätigt wird. Im eingeschalteten Zustande wird der Zylinder dauernd unter Drucköl gehalten. Löst der Schnellschluß aus, so wird der Kolben des Umschaltschiebers in die Tiefstlage verschoben, der Druckölzufluß abgesperrt und das Öl vom Schaltzylinder läuft frei ab. Dieselbe Ausführung kann auch für die Niederdruckventile von Zweidruckturbinen und die Schnellschlußventile, die in die Anzapfleitung für ungesteuerte Dampfentnahme einzubauen sind, verwendet werden.

Die Drehwellen der Klinkhebel nach Abb. 90 werden zweckmäßig nach außen verlängert und mit Handgriffen versehen, die das Auslösen und das Einlegen der Schnellschlüsse von Hand aus ermöglichen.

29. Schneckengetriebe.

In den meisten Fällen erfolgt der Antrieb des Drehzahlreglers und der Ölpumpe gemeinsam von der Turbinenwelle aus über ein Schneckengetriebe. Bezeichnen wir mit:

D den Teilkreisdurchmesser des Schneckenrades in mm,
m den Radmodul,
z die Zähnezahl des Rades,
$2\,\delta$ den Zentriwinkel,
d den Teilkreisdurchmesser der Schnecke in mm,
i die Gangzahl der Schnecke,
α den Steigungswinkel der Schnecke,
n die Turbinendrehzahl in der Minute,
n_r die Schneckenraddrehzahl in der Minute,
k die Flächenpressung in kg/cm²,
η den Getriebewirkungsgrad,

N_r und N_s die Leistung an der Rad- bzw. Schneckenwelle in PS, so ist für $z > 30$

$$D = z\,m \quad \ldots \ldots \ldots \ldots \quad (211)$$

und für $z < 30$

$$D = m\,(0,937\,z + 2), \quad \ldots \ldots \ldots \quad (212)$$

um das Unterschneiden der Zähne zu vermeiden. Bei kleiner Zähnezahl und großer Steigung der Schnecke werden die Radspitzen entsprechend abgedreht, weil sie sonst zu sehr zugeschärft werden. Den Steigungswinkel rechnet man aus

$$\operatorname{tg} \alpha \cdot \frac{i\,m}{d} \quad \ldots \ldots \ldots \ldots \quad (213)$$

und den Zentriwinkel aus

$$\operatorname{tg} \delta = \frac{a}{0,159\,\dfrac{d}{m} + 0,6}, \quad \ldots \ldots \ldots \quad (214)$$

wenn a nach folgender Zahlenreihe gewählt wird:

$z =$	28	36	45	56	62	68
$a =$	1,9	2,1	2,3	2,6	2,7	2,8

Die abgegebene Leistung ist

$$N_r = 0{,}219 \cdot 10^{-7}\, k\, m^2\, n\, i\, (d + 2{,}33\, m)\, \sin\delta, \quad \ldots \quad (215)$$

wenn k abhängig von der Umfangsgeschwindigkeit der Schnecke der Abb. 93 entnommen wird. Der Getriebewirkungsgrad η ergibt sich aus

$$\eta = \frac{\operatorname{tg}\alpha}{\operatorname{tg}(\alpha + \varrho)}, \quad \ldots \ldots \ldots \quad (216)$$

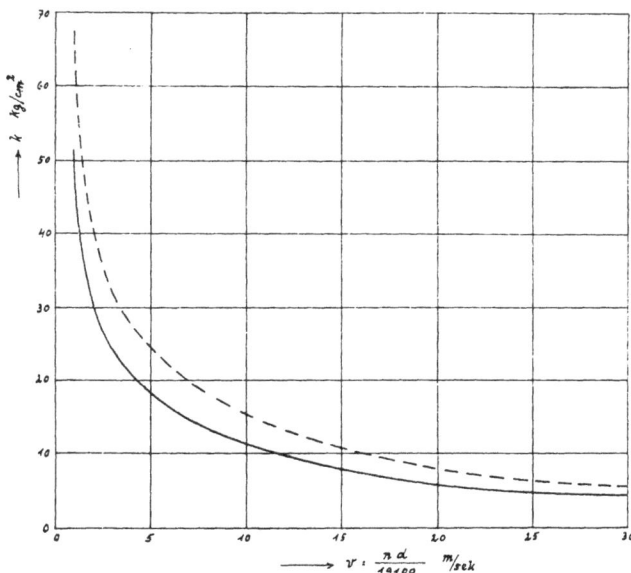

Abb. 93. Zulässige Flächenpressung k der Schneckengetriebe.

wobei $\operatorname{tg}\varrho = 0{,}05 - 0{,}1$ für Stahlschnecken mit Bronzerädern gesetzt werden kann. Die aufgenommene Leistung ist damit

$$N_s = \frac{N_r}{\eta} \quad \ldots \ldots \ldots \ldots \quad (217)$$

Um Fräserkosten zu sparen, wählt man die Schnecke nach einem vorhandenen Fräser von Spezialfabriken und rechnet das Schneckenrad nach den Angaben der Abb. 94. Die Drehzahl der Ölpumpe bzw. des Reglers ist dann

$$n_r = \frac{i}{z}\, n \quad \ldots \ldots \ldots \ldots \quad (218)$$

Die Schnecke soll aus hochwertigem, gehärtetem Stahl (*Fl IV*) mit geschliffenen Flanken und das Rad aus Bronze (GB 17) hergestellt werden. Für diese Ausführung gilt die vollausgezogene Linie der Abb. 93, während die strichlierte für eine Spezialbronze der Firma Stolzenberg

10*

& Co., Berlin-Reinickendorf-West gilt. Ist z größer als 40, so können die k-Werte im Verhältnis der Zähnezahlen größer gewählt werden. Es ist zweckmäßig, die Getriebe gut einlaufen zu lassen unter öfterem Ölwechsel, wenn sich Metallstaub absetzt. Das Getriebe wird durch Drucköl geschmiert.

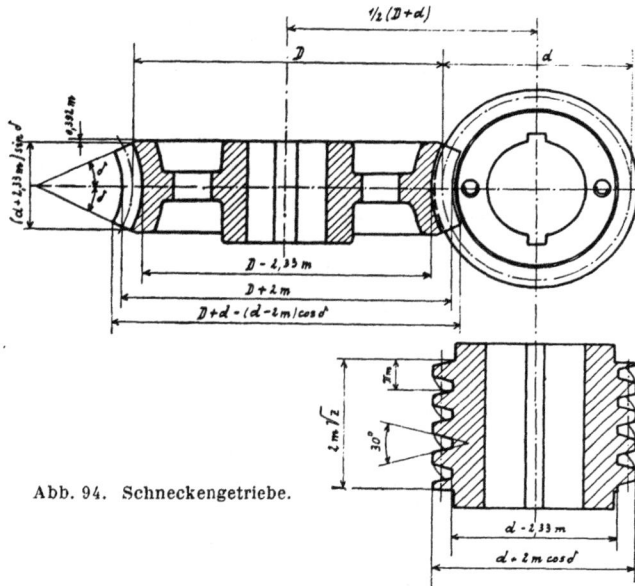

Abb. 94. Schneckengetriebe.

30. Ölpumpen.

Für die Erzeugung von Lager- und Hilfsmotorendrucköl verwendet man fast nur Zahnradölpumpen. Nachdem diese Pumpen nicht die hohen Turbinendrehzahlen vertragen, werden sie meist mit der Reglerspindel gekuppelt, die wieder über ein Schneckengetriebe von der Turbinenwelle angetrieben wird. Die Pumpen saugen das Öl aus einem besonderen Behälter und drücken es durch den Kühler in die Lager, von denen es wieder in den Behälter zurückfließt. Das Hilfsmotorendrucköl wird nicht gekühlt. Für die Lagerschmierung genügt ein Öldruck von 0,2 bis 0,3 at Überdr., vor den Drosselscheiben der Lager gemessen, während für die Hilfsmotoren 2 bis 7 at Überdr. gebraucht wird. Wenn nur eine Pumpe ausgeführt wird, so sind die Drosselscheiben vor den Lagern so groß zu wählen, daß der Pumpendruck auf 2 bis 2,5 at Überdr. steigt. Die Hilfsmotorenleitung wird dann vor dem Ölkühler von der Lagerölleitung abgezweigt, um den Durchflußwiderstand des Kühlers, der 0,5 bis 1,5 at Überdr. beträgt, auszunutzen. Der Pumpendruck muß in diesem Falle niedrig gehalten werden, um einerseits das Schnecken-

getriebe und die Ölpumpe nicht übermäßig zu vergrößern und andererseits, um Kraft zu sparen. Dadurch werden aber nach Abschn. 26 die
Hilfsmotoren und damit wieder der Ölbedarf für die Regelung groß,
wenn die Regelgeschwindigkeit in zulässigen Grenzen gehalten werden
soll. Um den Lagern während des Regelvorganges noch genügend Öl
zuzuführen, ist die Pumpe besonders für Spitzenturbinen reichlich zu
bemessen.

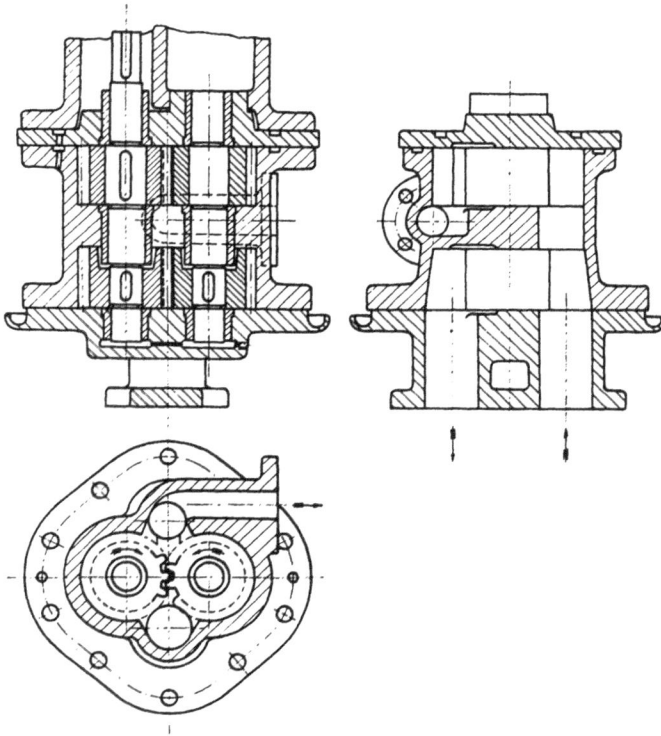

Abb. 95. Zahnradölpumpe.

Wird für die Regelung eine besondere Pumpe ausgeführt, so wählt
man den Steueröldruck mit 6 bis 7 at Überdr., während für die Lagerölpumpe der geringste Öldruck angenommen wird. Wegen des hohen Öldruckes werden die Hilfsmotoren und damit die Steuerölmenge kleiner
als im vorhergehenden Falle. Nachdem die Steuerschieber die Öldruckleitung fast ganz abschließen können, müssen Sicherheitsventile eingebaut werden, die verhindern, daß der Pumpendruck übermäßig ansteigt.
Gewöhnlich läßt man das Überschußöl in die Saugleitung der Pumpe
zurückfließen. Die Trennung der Pumpen sichert die gleichmäßige
Förderung von Lageröl, erhöht aber den Kraftbedarf der Pumpen.

Ein Mittelweg ergibt sich, wenn man das Überschußöl des Sicherheitsventiles der Steuerpumpe in die Druckleitung der Lagerölpumpe führt. In diesem Falle kann die Lagerölpumpe um die Fördermenge der Hilfsmotorenpumpe kleiner ausgeführt werden. Es ergeben sich damit folgende Vorteile:

1. Die kleinste mögliche Lagerölmenge ist begrenzt,
2. die Steuerölpumpe kann reichlich groß bemessen werden,
3. der Kraftbedarf der beiden Pumpen ist gering.

Ein Ausführungsbeispiel dieser Pumpen zeigt Abb. 95. Die untere Pumpe fördert das Lageröl und die obere das Steueröl, wobei die Ölmenge, die nicht für die Regelung verbraucht wird, über ein Sicherheitsventil der Lageröldruckleitung vor dem Ölkühler zugeführt wird. Beide Pumpen saugen aus einer gemeinsamen Saugleitung.

Die Zahnräder werden ausschließlich mit Evolventenverzahnung ausgeführt, deren Eingriffswinkel nicht unter 20^0 gewählt werden darf, wenn die Zähne, nach dem Abwälzverfahren hergestellt, nicht unterschnitten werden sollen.

Es bezeichne:

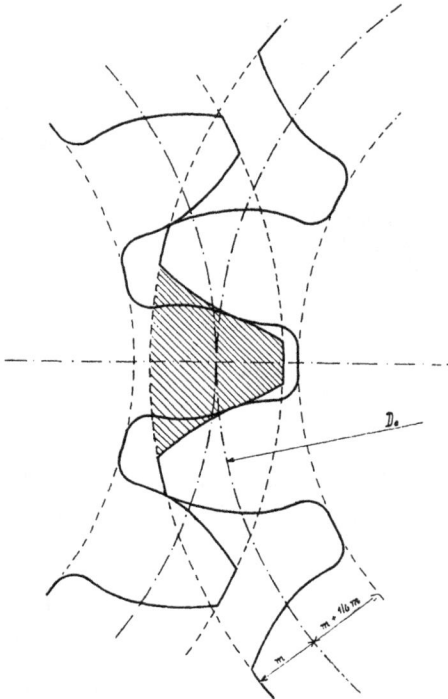

Abb. 96. Evolventenverzahnung.

D_0 den Teilkreisdurchmesser in mm,
m den Zahnradmodul in mm,
h die Zahnradhöhe in mm,
z die Zähnezahl,
F die Förderfläche in mm²,
n die Drehzahl der Pumpe in der Minute,
p den Öldruck in at Überdr.,
η_0 den Gütegrad der Fördermenge für $p = 0$.

Die Förderfläche F ist in Abb. 96 schraffiert. Läuft die Pumpe ohne Druck, so ist für $p = 0$ die Fördermenge V_0 in l/min

$$V_0 = 2 \cdot 10^{-6} \, \eta_0 \, z \, h \, n \, F \quad \ldots \ldots \ldots \quad (219)$$

η_0 kann mit 0,98—0,97 eingesetzt werden, wenn das radiale und axiale Spiel der Zahnräder, ebenso das Zahnflankenspiel nicht über 0,1 mm beträgt. Mit steigendem Öldruck nehmen die inneren Spaltverluste nach einer parabelähnlichen Linie zu, so daß die Abhängigkeit der Fördermenge V vom Öldruck durch die Gleichung

$$V = V_0 - k\,p^{1/\varepsilon} \quad \ldots \ldots \ldots \ldots \ldots \quad (220)$$

ausgedrückt werden kann. Für mittelgroße Steuerölpumpen kann $\varepsilon = 1{,}6$ bis $1{,}8$ und $k = 7$ bis 12 gesetzt werden. In Abb. 97 sind die Förderlinien einer Pumpe wiedergegeben. Die obere, annähernd gerade Abgrenzung ist durch das Sicherheitsventil gegeben. Ihr Neigungswinkel ist von der Ausführung des Überbordventiles und der Federkennlinie abhängig.

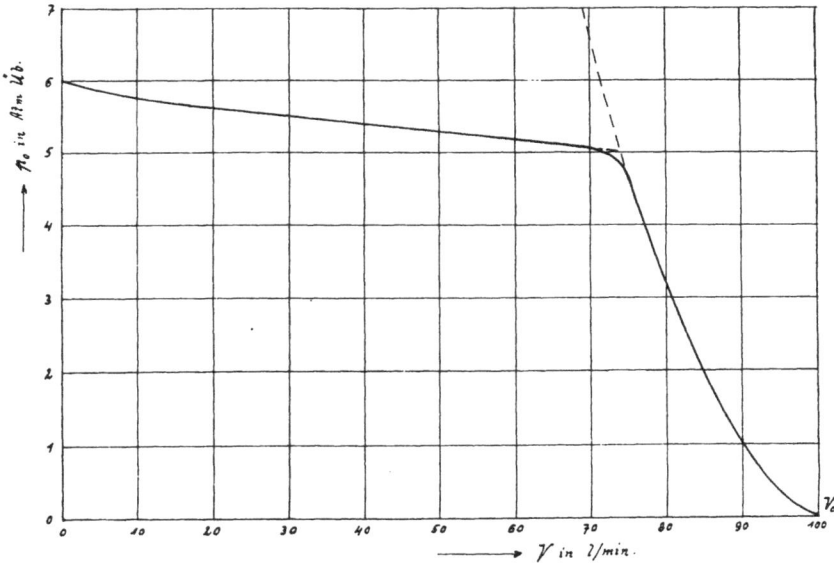

Abb. 97. Förderlinien einer Zahnradölpumpe.

Der Kraftbedarf N in PS der Ölpumpe kann aus der Beziehung

$$N = \frac{P\,v}{75\,\eta}$$

gerechnet werden, wenn P die Umfangskraft in kg und v die Umfangsgeschwindigkeit in m/s, am Teilkreis gemessen, ist. Mit den Bezeichnungen der Abb. 96 ist für $p = 1$ at

$$P = h\left(2\,\frac{13}{6}\,m - \frac{7}{6}\,m\right) = 2\,m\,h$$

und

$$N = \frac{1{,}4 \cdot 10^{-8}}{\eta}\,p\,n\,h\,m\,D_0 \quad \ldots \ldots \ldots \quad (221)$$

Der Gütegrad η kann mit 0,25 bis 0,35 angenommen werden. Je nach der Ausführung, dem Öldruck, der Viskosität und Temperatur des Öles kann sich η in weiten Grenzen ändern. Die Lagerbelastung Q in kg ergibt sich zu

$$Q = (D_0 + 2\,m)\,p\,h \quad . \quad . \quad . \quad . \quad . \quad . \quad . \quad . \quad (222)$$

und daraus die Grundfläche der Lager, wenn die spezifische Belastung mit 16 kg/cm² angenommen wird.

31. Drehzahlregler.

Für die Regelung der Drehzahl verwendet man nur Federregler, die entweder unmittelbar oder mittelbar über ein Schneckengetriebe nach Abschn. 29 von der Turbinenwelle angetrieben werden. Im ersten Falle bedingen die hohen Drehzahlen eine sorgfältige, erschütterungsfreie Lagerung der Regler- bzw. Turbinenwelle, die nur mit starren Turbinenwellen, deren kritische Drehzahl über der Betriebszahl liegt, erreicht werden kann. Liegt sie darunter, ist also die Welle flexibel, so wählt man den Antrieb des Reglers nach dem zweiten Fall, wobei die Reglerdrehzahl von 300 bis 700 U/min gewählt wird. Zum Ausgleich des Axialschubes des Getriebes und um das Springen des Reglers bei Laständerungen zu vermeiden, muß die Reglerspindel von einem doppeltwirkenden Axiallager gehalten werden.

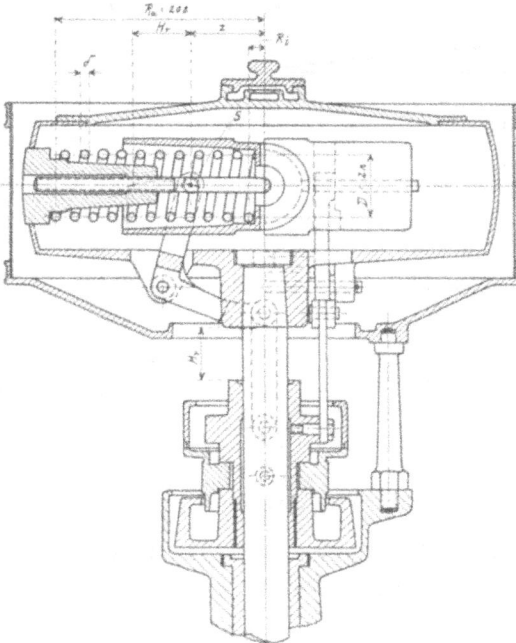

Abb. 98. Federregler.

In Abschn. 7 wurde schon darauf hingewiesen, daß die unmittelbare Übertragung der Bewegung der Reglermuffe auf das Regelventil nur bei Kleinturbinen in Frage kommt und demnach die mittelbare Beeinflussung nach Abb. 28 überwiegt. Um die Unempfindlichkeit der Regelung klein zu halten, muß der Regler groß genug, also mit genügender Verstellkraft gewählt werden. Als Anhaltspunkte dienen die folgenden Angaben über Werte, die sich praktisch gut bewährt haben:

Die mittlere Verstellkraft des Reglers bei einer Änderung der Drehzahl um 1 vH soll betragen:

Für Kleinturbinen mit unmittelbarer Regelung ... 4 kg
» » » mittelbarer » ... 2 »
» mittlere und große Turbinen mit mittelbarer Regelung .... 4— 5 »
» Großturbinen mit doppelten Einströmventilen .. 8—10 »

In den meisten Fällen werden die Regler von Spezialfirmen bezogen, so daß an dieser Stelle davon Abstand genommen werden kann, über die Berechnung und Konstruktion zu sprechen. Dagegen ist der Turbinenkonstrukteur häufig gezwungen, die Federn des Reglers auszumitteln, wenn der Ungleichförmigkeitsgrad geändert wird. Es soll deshalb diese Ausmittlung für einen Hartung-Regler nach Abb. 98 durchgeführt werden. Vorerst muß die Fliehkraft- oder C-Linie nach Tolle[1]) ermittelt werden. Bezeichnen wir mit

Q das Gewicht eines Schwungkörpers in kg,
q » » der Muffe mit Stellzeug in kg,
z den Schwerpunktsabstand von der Drehachse in m,
n die Reglerdrehzahl in der Minute,
ω die Winkelgeschwindigkeit,
g die Erdbeschleunigung in m/s²,

so ist die Fliehkraft C in kg

$$C = \frac{Q}{q}\,\omega^2 z = 0,001118\,Q\,n^2\,z \quad . . . . . . (223)$$

Wird hiervon die Hälfte des Muffen- und Stellzeuggewichtes abgezogen, so erhält man für die veränderliche Drehzahl die C-Linie. Die Kräfte müssen von der Feder einschließlich der Zusatzkräfte für die Fliehkraft der Feder im Gleichgewicht gehalten werden. Die Berechnung der Durchbiegung rotierender Federn kann nach Tolle[2]) wie folgt durchgeführt werden:

Bezeichnet man mit P die Belastung der Feder in kg, f die Federung in cm, δ die Drahtstärke in cm und $D = 2r$ den Windungsdurchmesser der Feder in cm, so ist die innere Zusatzkraft P_i in kg der rotierenden Feder

$$P_i = -\frac{P}{f}(\alpha R_i + \beta R_a), \quad . . . . . . (224)$$

wenn R_a und R_i der äußere und innere Abstand der Federenden von der Drehachse nach Abb. 98 bedeuten. In dieser Gleichung sind

[1]) Tolle, M. »Die Regelung der Kraftmaschinen«. 2. Aufl. Berlin 1909.
[2]) Tolle, M. »Die Durchbiegung rotierender Schraubenfedern«. Z. d. V. D. I. 52 (1908), S. 1994—1997.

$$\alpha = 1 - \frac{u}{\operatorname{tg} u_0}; \quad \beta = \frac{u}{\sin u_0} - 1 \quad \text{und} \quad u = \omega \sqrt{\frac{M}{P/f}},$$

wenn $u_0 = \frac{180}{\pi} \cdot u$ in Winkelgraden gemessen wird. Für ein spezifisches Gewicht $\gamma = 7,85$ kg/dm³ und ein Gleitmaß $G = 860\,000$ kg/cm² ergibt sich die Federkraft P/f in kg/cm für 1 cm Durchbiegung zu

$$\frac{P}{f} = \frac{0,196\,G}{4\,\pi} \frac{\delta^4}{i\,r^3} = 13\,400 \frac{\delta^4}{i\,r^3} \quad \dots \dots \quad (225)$$

und die Masse M der Feder, bezogen auf kg und cm,

$$M = \frac{r\,\pi^2\,\delta^2\,\gamma\,i}{2000\,g} = 0,0000395\,\delta^2\,r\,i \quad \dots \dots \quad (226)$$

Aus den Gl. (225) und (226) ist

$$u = 0,0000543 \frac{\omega\,r^2\,i}{\delta} \quad \dots \dots \dots \quad (227)$$

In Tafel 16 sind als Beispiel die Federn für den Regler nach Abb. 98 für einen Gesamtgleichförmigkeitsgrad $= 23$ vH entsprechend Abschn. 11 durchgerechnet. Hierbei ist angenommen: $Q = 11,5$ kg, $2\,q = 16$ kg, $R_a = 208$ mm und der Muffenhub $H_r = 55$ mm. Beträgt die mittlere Reglerdrehzahl 348 U/min, so ist für $\delta_0 = 23$ vH der größte Unterschied $0,23 \cdot 348 = 80$ U/min, so daß die höchste Drehzahl 388 und die niedrigste 308 U/min wird. Ferner soll der Schwerpunkt S der Schwunggewichte in der Verbindungslinie der Anlenkpunkte liegen und der Winkelhebel gleiche Schenkellängen haben, so daß die wirksame Federung dem Muffenhub gleich wird.

Unter der Voraussetzung, daß die Drehzahl n dem Muffenhub H_r verhältnisgleich ist, ergibt sich nach Tafel 16 die in Abb. 99 eingezeichnete C-Linie.

Um die Zusatzkräfte P_i rechnen zu können, müssen die Federabmessungen angenommen werden. Als Anhaltspunkt dient die Tangente des Neigungswinkels der Verbindunglinie der Endpunkte der C-Linie. Es ist dies die dünn ausgezogene Linie in Abb. 99, die mit großer Annäherung der Kennlinie der rotierenden Feder gleich ist. Die Tangente dieser Geraden beträgt nach Tafel 16 $P_f = 2,95$ kg/mm. Die der ruhenden Feder muß größer sein, weil durch die Zusatzkraft die rotierende Feder weicher wird. Wir wählen deshalb $P_f = 3,11$ kg/mm und erhalten damit die in der Tafel 16 angenommenen Federabmessungen, die der folgenden Rechnung zugrunde gelegt sind. Addieren wir die Werte von P_i zu denen von C, so erhalten wir die in Abb. 99 strichliert eingetragene C_0-Linie als gedachte Fliehkraftlinie, deren Verbindungsgerade der Endpunkte die tatsächliche Federgerade ergibt. Nachdem die Tangente des Neigungswinkels dieser Geraden $P/f = 3,115$ kg/mm sehr gut mit der Annahme übereinstimmt, bleiben auch die gewählten Federabmessungen für die Ausführung bestehen.

Tafel 16. Berechnung einer Reglerfeder für 23 vH. Gesamtungleichförmigkeit.

C-Linie

Radius . . . . z	0,0725	0,08625	0,1	0,11375	0,1275
Drehzahl . . . . n	308	328	348	368	388
n^2	95000	108000	121000	135500	150500
Winkelgeschwindigkeit ω	32,2	34,35	36,4	38,55	40,6
Fliehkraft des Schwunggewichtes . . . . . C_1	88,2	119	155	197,5	246
Schwerpunktsradius des Winkelhebels . . . . z_1	0,079	0,083	0,087	0,0925	0,096
Fliehkraft des Winkelhebels . . . . . . C_2'	12,4	14,8	17,4	20,8	24
Fliehkraft des Winkelhebels, bezogen auf Federachse . . . . C_2	$12,4\frac{2,6}{9,85}=3,3$	$14,8\frac{2,85}{9,95}=4,2$	$17,4\frac{3,1}{10,3}=5,2$	$20,8\frac{3}{10,1}=6,2$	$24\frac{3,3}{9,95}=8$
C_1+C_2	91,5	123,2	160,2	203,7	254
C-Werte ohne Feder $C_1+C_2-q=C$	83,5	115,2	152,2	195,7	246

$$P/f = \frac{246-83,5}{127,5-72,5} = \frac{162,5}{55} = 2,95 \text{ kg/mm}$$

Federannahme: $P/f = 3,11$; $i = 12$; $P_i/f = 37,3$; $D = 66$; $\delta = 10$; $\tau = 43,8 \text{ kg/mm}^2$;

C_0-Linie mit Zusatzkraft P_i der rotierenden Feder

R_i	1,5	2,875	4,25	5,625	7
$u = 0,0000543\,\dfrac{\omega\,r^2\,i}{\delta} = 0,0071\,\omega$	0,2285	0,244	0,2585	0,2735	0,288
$u_0 = \dfrac{180}{\pi}\,u$	13° 6′	14°	14° 49′	15° 40′	16° 30′
$u/\sin u_0$	1,0082	1,0086	1,0108	1,0128	1,014
$u/\operatorname{tg} u_0$	0,9819	0,9786	0,9773	0,9752	0,9723
$\alpha\,R_i$	0,0272	0,0615	0,0965	0,1395	0,194
$\beta\,R_a$	0,171	0,179	0,225	0,266	0,292
$\alpha\,R_i + \beta\,R_a$	0,1982	0,2405	0,3215	0,4055	0,486
$P_i = \dfrac{P}{f}\,(\alpha\,R_i + \beta\,R_a)$	6,15	7,5	10	12,6	15,1
$C_0 = C + P_i$	89,65	122,7	162,2	208,3	261,1

Federabmessungen: $P/f = \dfrac{261,1-89,65}{127,5-72,5} = \dfrac{171,45}{55} = 3,115$; $P_i/f = 37,35$; $i = 12$; $\delta = 10$; $D = 66$; $\tau = 43,8$.

Ziehen wir die P_i-Werte von den zugehörigen Werten der Federgeraden ab, so erhalten wir die dünn ausgezogene Linie der rotierenden Feder, die der C-Linie das Gleichgewicht halten muß. Aus der Tatsache, daß diese beiden Linien nicht übereinstimmen, folgt, daß die Annahme der Verhältnisgleichheit der Drehzahl mit dem Muffenhub nicht aufrechterhalten werden kann. Um die C-Linie mit der Kennlinie der rotierenden Feder zur Deckung zu bringen, muß die Muffenlage bei gleicher Drehzahl verschoben werden. So nimmt z. B. die Fliehkraft im Punkte A bei gleicher Drehzahl verhältnisgleich dem Abstand von der

Drehachse ab, bis im Punkte D die Federlinie erreicht ist. Bei der gleichen Drehzahl verschiebt sich aber der Punkt E nach F. Damit läßt sich punktweise die erreichbare Drehzahllinie n, die in Abb. 99 stark ausgezogen ist, aufzeichnen. Legt man an verschiedene Punkte dieser Linie

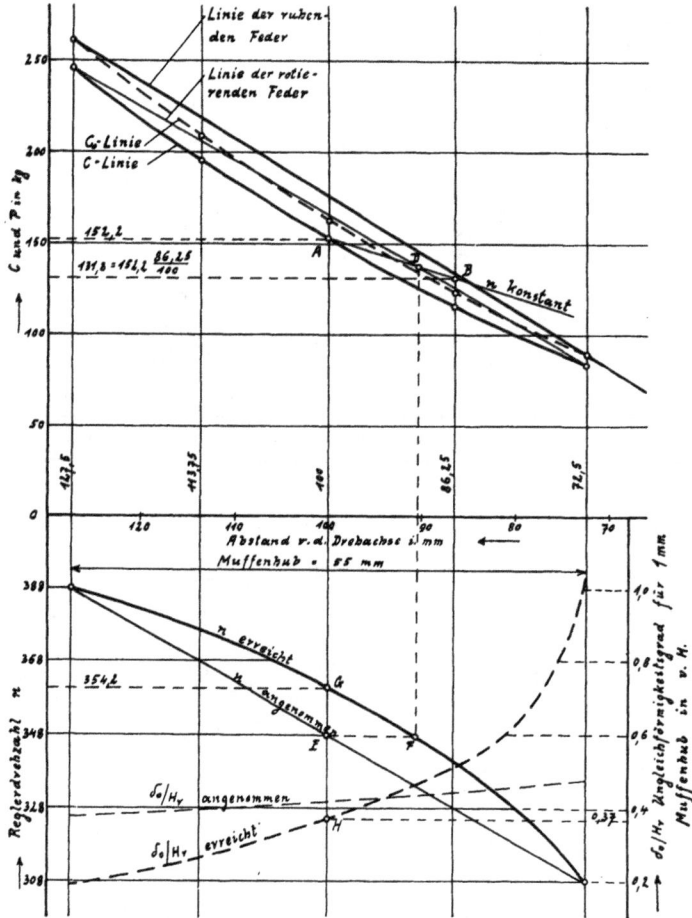

Abb. 99. C-Linien und Kennlinien eines Federreglers.

Tangenten, die zum Schnitt mit den Lotrechten der Endlagen der Muffe gebracht werden, und bezeichnet man die zugehörige Drehzahldifferenz mit $\varDelta n$ und die Drehzahl im Tangentenpunkt mit n, so ist der Ungleichförmigkeitsgrad, bezogen auf 1 mm Muffenhub δ_0/H_r in vH,

$$\frac{\delta_0}{H_r} = \frac{100\,\varDelta n}{H_r\,n} \qquad \ldots \ldots \ldots \ldots (228)$$

Aus dieser Linie, die in der Abb. 99 stark strichliert eingezeichnet ist, erkennt man, daß bei abnehmender Drehzahl der Ungleichförmigkeitsgrad anfangs langsamer und gegen das Ende zu rasch zunimmt. Entspricht z. B. dem vollen Ventilhub ein Reglerhub von 10 mm, so wäre der Ungleichförmigkeitsgrad bei der höchsten Drehzahl im Mittel $0,21 \cdot 10 = 2,1$ vH und bei der niedrigsten $0,7 \cdot 10 = 7$ vH. Tatsächlich werden aber diese Höchstwerte selten erreicht, weil die Turbinen im praktischen Betrieb mit fast gleicher Drehzahl gefahren werden. Es kommt demnach nur das engere Gebiet um den Punkt F in Frage. Immerhin ist bei den Gestängeausmittlungen darauf Rücksicht zu nehmen.

Die Veränderlichkeit des Ungleichförmigkeitsgrades mit dem Muffenhub bringt es mit sich, daß durch starkes Nachspannen der Federn der Regler labil, also unbrauchbar gemacht werden kann. Soll die Drehzahl erhöht werden, so ist es zweckmäßiger, die Federn auszuwechseln als sie nachzuspannen. Umgekehrt nimmt der Ungleichförmigkeitsgrad zu, wenn durch Entspannen der Feder die Drehzahl vermindert werden soll.

Der geradlinige Verlauf der Drehzahl abhängig vom Muffenhub läßt sich nur erreichen, wenn die C-Linie des Reglers eine Gerade wird. Bei dem Regler der Abb. 99 ist es der Fall, wenn der Winkelhebel mit stumpfem Schenkelwinkel ausgeführt wird. Auch hier wird eine geringe Zu- oder Abnahme des Ungleichförmigkeitsgrades stattfinden, wenn die Federn ent- oder gespannt werden, wie die dünnstrichlierte δ_0/H_r-Linie, gültig für den geradlinigen Verlauf der n-Linie, der Abb. 99 erkennen läßt.

32. Drehzahlverstellung.

Es wurde schon in Abschn. 11 darauf hingewiesen, daß die Drehzahlverstellung auf dreierlei Art ausführbar ist, je nachdem ob der Steuerschieber, Regler oder der Anlenkpunkt an der Ventilspindel beeinflußt wird. In allen drei Fällen wird das Regelventil und damit die Drehzahl der Turbine bei gleicher Belastung zwangsweise verstellt, wenn die Maschine allein auf das Werksnetz arbeitet, oder es wird die Belastung bei gleicher Drehzahl (Periodenzahl) verändert, wenn der angetriebene Drehstromgenerator mit anderen Generatoren oder einem Überlandnetz parallel läuft. Die Ausführung wird vielfach so vorgesehen, daß der Antrieb sowohl von Hand als auch von einem Motor erfolgen kann, wobei der Wechselschalter für den Motor an der Schalttafel angebracht wird.

Soll die Drehzahländerung durch den Steuerschieber erfolgen, so wird, wie die Abb. 88 und 91 zeigen, die Hülse über ein Schneckengetriebe hoch- und tiefgeschraubt, während das Steuerkölbchen wegen der geringeren Reibung immer an dem Reglergestänge angelenkt ist.

Die Schnecke des Getriebes, das 1:15 übersetzt ist, sitzt nach Abb. 100 auf der Antriebswelle, die unmittelbar von Hand aus gedreht wird, während sie der Motor über ein zweites Schneckengetriebe im Verhältnis 1:72 antreibt. Die Begrenzung der Endlagen wird nach Abschn. 27

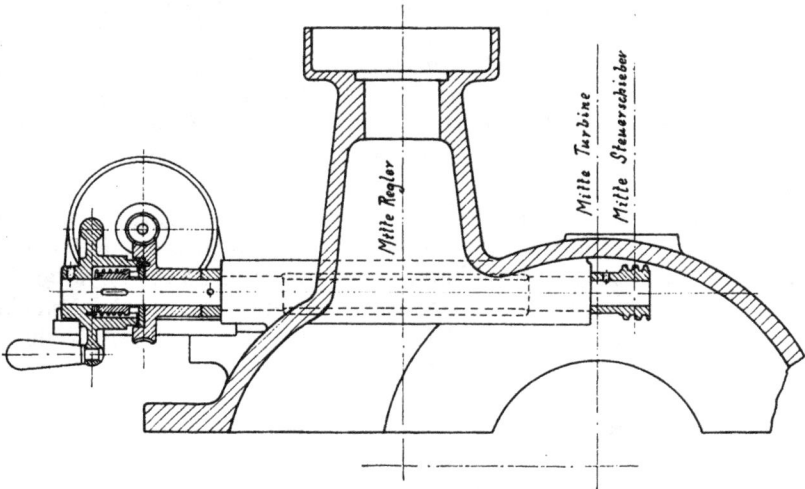

Abb. 100. Drehzahlverstellung.

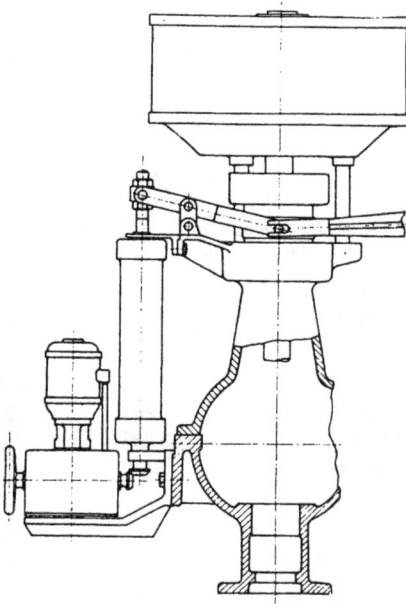

Abb. 101. Drehzahlverstellung.

in die Steuerhülse gelegt. Das Schneckenrad des Motorgetriebes sitzt lose auf der Welle und ist mit der federbelasteten, auf der Welle verschiebbar aufgekeilten Hülse über eine kleine Rutschkupplung verbunden. Die Kupplung verhindert ein Durchbrennen des Motors, wenn die Hülse des Steuerschiebers in der Endlage festgehalten wird. Der Kraftbedarf ist sehr klein, so daß Motoren mit 50 Watt Stromverbrauch oder $\frac{1}{16}$ PS bei 3000 U/min ausreichen. Der Regler muß bei dieser Ausführung gemäß Abschn. 11 mit großem Hube ausgeführt werden.

Werden Regler mit kleinem Muffenhub verwendet, so muß die Drehzahlverstellung auf den Regler einwirken. Ein Ausführungsbeispiel zeigt die Abb. 101. Der Motor treibt über ein Getriebe und Kegel-räderpaar die Gewindespindel einer Federwaage an, deren Feder die Reglermuffe mehr oder weniger belastet. Die Wirkung ist dieselbe wie sie bei der Veränderung der Spannung der Reglerfedern entsteht. Es treten demnach auch die im Abschn. 31 angeführten Änderungen des Ungleichförmigkeitsgrades ein, wenn die C-Linie nicht gerade ist. Die Begrenzung der Verstellung erfolgt in diesem Falle durch Endaus-schalter bzw. feste Anschläge für die Handverstellung. Wegen des Widerstandes durch die Zusatzfeder ist der Kraftbedarf höher als im vorher beschriebenen Antrieb. Im Mittel kann man mit $1/6$ PS Motor-leistung rechnen.

Es soll noch kurz die dritte Möglichkeit der Drehzahländerung be-sprochen werden, bei der der Anlenkpunkt des Reglerhebels an der Ven-tilspindel verschoben wird. Die nicht drehbare Ventilspindel wird mit Flachgewinde versehen, auf dem eine leicht drehbare Gewindebüchse aufgeschraubt ist, die der Stangenkopf lose umfaßt. Die Büchse ist mit einem Zahnrad fest verbunden, in das ein zweites kleineres Zahnrad mit sehr langen Zähnen eingreift. Die Welle des letzteren, die parallel zur Ventilspindel liegt, wird über ein Schneckengetriebe vom Motor angetrieben. Zur Drehzahlbegrenzung sind an der Ventilspindel An-schläge vorgesehen, wenn zum Schutz des Motors in die Ritzelwelle eine Rutschkupplung eingebaut wird. Diese Ausführung bedingt nicht nur große Reglerhübe, sondern auch hohe Ventilhauben.

In allen Fällen müssen die Endbegrenzungen genau ausgemittelt und auch geprüft werden. Der Regler muß bei der höchsten einstellbaren Drehzahl noch sicher die Regelventile ganz schließen können.

33. Druckregler.

Um den Druck in einer bestimmten Rohrleitung gleichzuhalten, verwendet man Druckregler, die die Impulsübertragung auf das Regel-gestänge der Turbine bewirken. Die einfachste Ausführung ist der Kolbendruckregler, dessen druckbelasteter Kolben, in einem Zylinder gut dichtend geführt, von einer Feder im Gleichgewicht gehalten wird. Der Ungleichförmigkeitsgrad, bezogen auf den mittleren Druck, ergibt sich unmittelbar aus der Federkennlinie. Seine untere Grenze, bei der der Regler noch gut arbeitet, beträgt im Mittel 10 vH. Dieser Regler darf nur für ganz reinen Dampf verwendet werden, weil jede Verunreinigung der Zylinderfläche den Unempfindlichkeitsgrad bis zur Unbrauchbarkeit des Reglers steigern kann. Unabhängig von der Dampfreinheit sind die federbelasteten Membran- und die Metallbalgdruckregler, von denen der erstere kleine, der letztere große Reglerhübe zuläßt. Ihr Ungleich-förmigkeitsgrad ist etwas kleiner als der der Kolbendruckregler. In den letzten Jahren werden immer mehr die Strahlrohrregler verwendet, die

mit Drucköl betrieben werden und außerordentlich kleine Ungleichför-
migkeitsgrade ermöglichen. Der Dampfdruck wirkt auch hier auf Bour-
donröhren, Membranen oder Metallbalge. Von den bisher ausgeführten
Reglern sollen hier nur zwei in ihrer Wirkungsweise kurz beschrieben
werden.

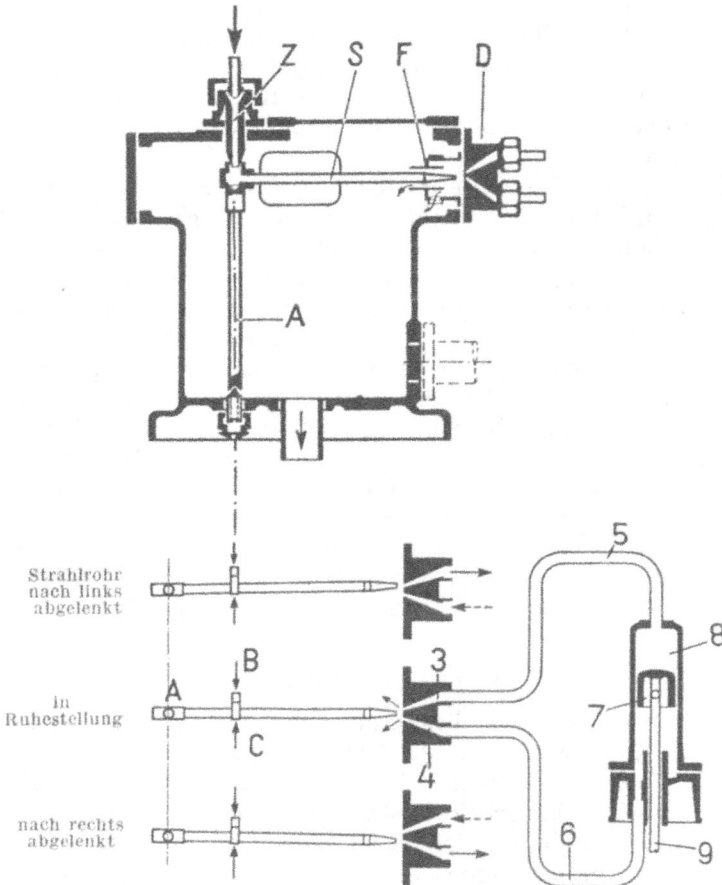

Abb. 102. Schnitt durch den Askania-Regler mit den drei Hauptstellungen des Strahlrohres.

Die Askania-Werke A.-G., Berlin-Friedenau, bauen den Askania-
regler, dem das Prinzip der Strahlablenkung zugrunde gelegt ist. Die
schematische Darstellung der Abb. 102 zeigt im Aufriß den Schnitt durch
den Regler und im Grundriß die drei Hauptstellungen des Strahlrohres.
während die Abb. 103 den aufgeschnittenen Regler wiedergibt. Das
Strahlrohr S ist mit der leicht drehbaren Achse A fest verbunden und
erhält das Drucköl durch die obere Zapfenführung Z zugeleitet. Seitlich

am Strahlrohr in den Punkten B und C greifen einerseits ein Stift an, der mit dem unter Dampfdruck stehenden Meßsystem verbunden ist, und andererseits eine Feder, die dem Membrandruck das Gleichgewicht hält und je nach ihrer Vorspannung den gewünschten Dampfdruck einstellen läßt. Der Mündung des Strahlrohres gegenüber befindet sich der Druckaufnehmer D mit den schräg nach oben und unten führenden, erweiterten Bohrungen 3 und 4, deren Einmündungen dicht nebeneinander liegen. Im Beharrungszustande liegt die Mündung des Rohres S

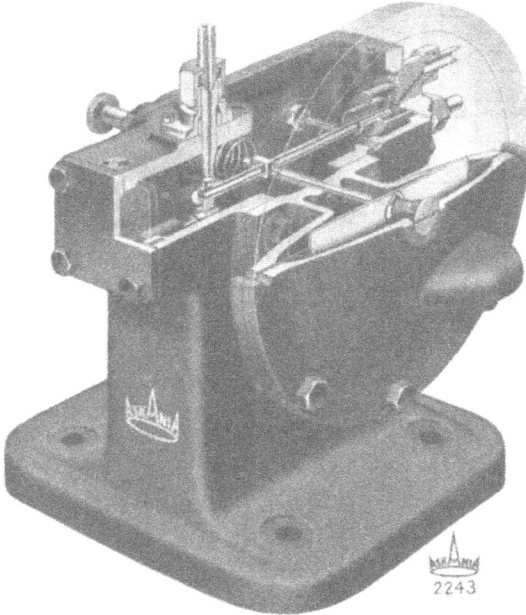

Abb. 103. Zum Teil aufgeschnittener Askania-Regler.

in der Mitte zwischen den Öffnungen des Druckaufnehmers D und der Kolben 7 des Steuerzylinders 8 bleibt in Ruhe. Jede Änderung des Dampfdruckes verschiebt in geringen Grenzen das Strahlrohr und damit den austretenden Ölstrahl, der in der einen Bohrung eine Drucksteigerung, in der anderen eine Druckminderung und dadurch eine Kolbenverschiebung bewirkt, bis der frühere Dampfdruck wieder erreicht ist, der das Strahlrohr in die Mittellage zurückführt. Der Dampfdruck vor und nach der Regelung ist also gleich, es ist demnach eine Gleichwertregelung. Für besondere Fälle liefern die Askania-Werke hydraulische Rückführungen, die unmittelbar an dem Regler angebracht werden.

Abb. 104 zeigt schematisch die Eingliederung des Reglers in die Turbinensteuerung. Der Druckregler ist durch das Strahlrohr angedeutet.

Die Bohrungen des Druckaufnehmers stehen mit dem Steuerzylinder in Verbindung, dessen Kolbenspindel durch die Rückführstange mit dem Regelventil der Turbine in Verbindung steht. Die zu überwindenden Kräfte sind sehr klein, so daß Zylinder mit kleinem Hubvolumen ausreichen. Die Größe des letzteren bestimmt man aus der aufzuwendenden Kraft, dem Öldruck, der Ölmenge und der Schließzeit. Der höchste Öldruck, der im Zylinder erreicht wird, beträgt 70 bis 80 vH des zugeführten Öldruckes. Der Ölverbrauch des Reglers in l/min und die erreichbare Schließzeit in s/l Hubvolumen, abhängig vom Öldruck in at Überdr. und der Lichtweite der Strahlrohrmündung in mm sind in Abb. 105 wiedergegeben.

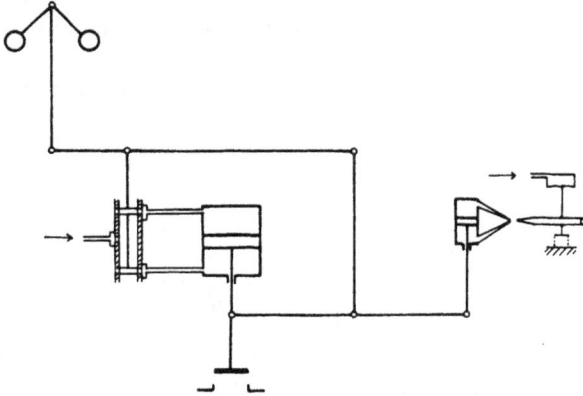

Abb. 104. Schematische Darstellung der Anlenkung des Askania-Reglers.

Auf einem grundsätzlich anderen Gedankengang ist der Panta-Regler, System Großbruchhaus, aufgebaut, der von der Firma Schäffer & Budenberg, G. m. b. H., Magdeburg-Buckau, hergestellt wird. Die Wirkungsweise dieses Reglers soll an Hand der Ausführungszeichnung

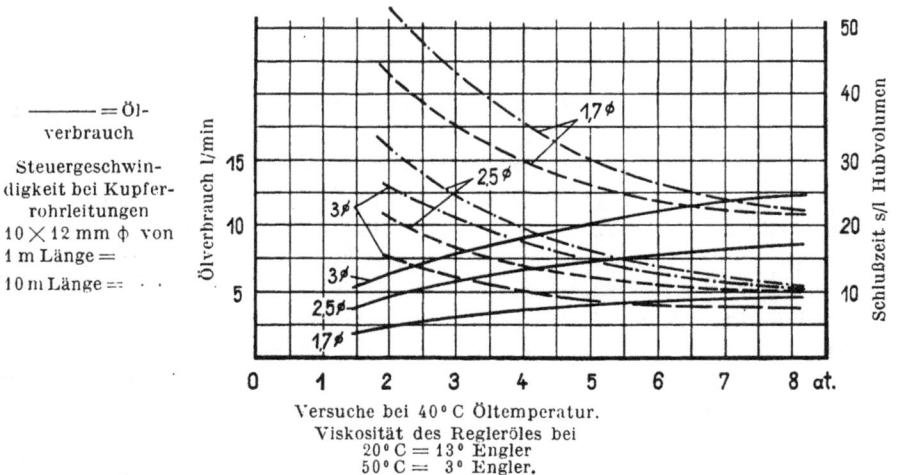

———— = Öl-
verbrauch

Steuergeschwindigkeit bei Kupferrohrleitungen
10 × 12 mm ⌀ von
1 m Länge =
10 m Länge = · ·

Versuche bei 40° C Öltemperatur.
Viskosität des Regleröles bei
20° C = 13° Engler
50° C = 3° Engler.

Abb. 105. Ölverbrauch und Schlußzeit der Askania-Regler in Abhängigkeit vom Öldruck und Rohrweite.

nach Wahl[1]) erläutert werden. Ein zwischen zwei Schneiden gelagerter Pendelschieber *2* wird von dem Stift der Membrane *1* belastet und durch eine Gegenfeder im Gleichgewicht gehalten. In dem unteren Teile des Schiebers befindet sich ein Schlitz *3*, der in der Mittellage die mittleren Bohrungen *8* mit den oberen und unteren Kanälen *14* und *15* des Kolbens verbindet. Die beiden Kanäle stehen mit den Zylinderräumen *16*

und *20* und diese durch Bohrungen mit den Ölabläufen in Verbindung. Wird nun Drucköl in die Kanäle *7* und *12* eingeführt, so fließt es, solange der Schieber genaü in der Mitte ist, durch die Bohrungen ab, wobei die Drücke in den Zylinderräumen *16* und *20* gleich sind. Jede Dampfdruckänderung in der Membrankammer verschiebt den Pendelschieber und schließt damit einen der Kanäle *14* und *15* von der Druckölzufuhr ab. Die dadurch entstehenden Druckunterschiede in den Zylinderräumen *16* und *20* verschieben den Kolben im Sinne der Pendelschieberbewegung, bis wieder in der Mittellage der Druckausgleich erreicht ist. Der Kolben ist also mit dem Pendelschieber hydraulisch

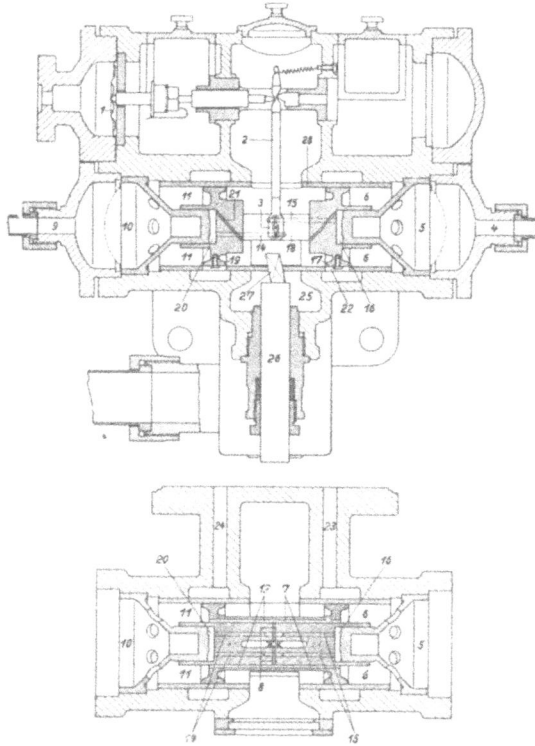

Abb. 106. Panta-Regler.

gekuppelt. Die Verschiebung des Kolbens wird auf den damit verbundenen Steuerschieber übertragen, dessen Hülse als Rückführung dient. Wird die Rückführhülse fest gemacht, so ist er ebenfalls ein Gleichwertregler.

Der Zusammenbau des Reglers mit der Turbinensteuerung erfolgt gleichfalls nach Abb. 104. Die beiden Bohrungen *23* und *24* der Abb. 106 schließen unmittelbar an den Steuerzylinder an. Die Ölmenge, die der Panta-Regler verbraucht, gibt die folgende Zahlentafel an:

---

[1]) W a h l, H. »Über Regelung«. Z. Heizung und Lüftung 12 (1931), S. 230 bis 232.

Öldruck in at Überdr. . . . 2   4   6   8
Ölmenge in l/min 4   6   7   8

Die Druckeinstellung erfolgt mit der Schraube zwischen Membrane und Schneidenstift.

34. Ölleitungen.

Bisher wurde in den Untersuchungen der Spannungsabfall in den Ölleitungen nicht berücksichtigt. Aus den Erörterungen in den Abschn. 26 und 30 und der Förderlinie der Zahnradölpumpen nach Abb. 97 erkennt man ohne weiteres, daß der Druckverlust in den Steuerölleitungen so klein wie möglich gehalten werden muß. Für die Bemessung der Rohrdurchmesser ist der kleinste Druckabfall bei der größten Ölmenge, die der höchsten Abschaltleistung entspricht, maßgebend.

Bezeichnen wir mit

l die Rohrlänge in m,
c die mittlere Ölgeschwindigkeit in m/s,
D die Rohrlichtweite in m,

so ist nach Stodola[1]) der Spannungsabfall Δp in at

$$\Delta p = \eta \, \frac{32 \, l \, c}{D^2}, \quad \dots \dots \dots \dots \quad (229)$$

wenn

$$\eta = \frac{0{,}018}{98{,}1} \, \gamma \left(4{,}072 \, E - \frac{3{,}518}{E} \right) \quad \dots \dots \dots \quad (230)$$

oder angenähert

$$\eta = \frac{6{,}7}{10^4} \, E \quad \dots \dots \dots \dots \quad (231)$$

ist und mit γ das spezifische Gewicht des Öles in kg/l und mit E die Viskosität des Öles in Englergraden bezeichnet wird. Der erhöhte Druckverlust in Krümmern wird durch einen entsprechenden Zuschlag zur Rohrlänge berücksichtigt.

Um die Gefahr der Ölbrände zu verringern, sollen Ölrohre nicht an heißen Maschinenteilen verlegt werden oder so, daß Öltropfen auf heißdampfführende Teile fallen können. Es dürfen nur abgepreßte, nahtlose Stahlrohre und sichere, gutdichtende Rohrverbindungen verwendet werden. Die Rohre müssen ohne Vorspannung eingebaut und so gut befestigt werden, daß Schwingungen ausgeschlossen sind. Sie sollen frei, also nicht unter Verkleidungen geführt werden.

---

[1]) Stodola, A. Dampf- und Gasturbine. 5. Aufl. Berlin 1922.

35. Gestänge.

Das Gestänge der Steuerung soll, wie in Abschn. 10 angeführt ist, nicht zur Kraftübertragung verwendet werden. Es soll möglichst leicht aber starr und schwingungsfrei sein. Man verwendet deshalb meist Flacheisen oder bei langen Stangen Kreuzeisen. Die Stangen- und Hebelanlenkpunkte müssen sehr gut ausgeführt werden. Sie müssen leicht beweglich sein, ohne aber toten Gang zu besitzen und dürfen die Wärmedehnung nicht behindern. Der guten Wärmebeweglichkeit ist überhaupt erhöhtes Augenmerk zuzuwenden, da nur zu oft eine Klemmung im Gestänge der Anlaß ist, daß die Regelung träge arbeitet, pendelt oder ganz versagt. Für die Gelenke, Drehbolzen, Kugelköpfe usw. darf nur hochwertiges, verschleißfestes Material verwendet werden. Auch muß Vorsorge getroffen sein, daß alle beweglichen Verbindungen gut geölt werden können.

Die Gestänge sollen genügend nachstellbar sein, um Ungenauigkeiten in der Ausführung ausgleichen zu können. Alle lösbaren Teile müssen gut gesichert und prisoniert werden, damit eine Veränderung der Regelung im Betrieb ausgeschlossen ist und eine Neueinstellung der Steuerung bei den Überholungsarbeiten wegfällt.

VI. Ausführung der Steuerungen.

In den Abschn. 10 bis 20 wurde an Hand schematischer Darstellungen die Wirkungsweise der wichtigsten Turbinenregelungen erläutert. In den folgenden Abschnitten soll an Ausführungsbeispielen gezeigt werden, wie diese Regelschemata von den Turbinenherstellern konstruktiv verwirklicht werden. Die Mannigfaltigkeit der oft grundsätzlich verschiedenen Bauarten gibt ein Bild von der geleisteten Arbeit und Fülle der Möglichkeiten der räumlichen Anordnung.

Unwillkürlich drängt sich die Frage auf, welche Beweggründe die vielgestaltige Ausführung veranlaßten. Die richtunggebenden Einflüsse sind zweifellos die Turbinenbauart und die Schutzansprüche, die erst nach ihrem Erlöschen Allgemeingut werden. Nebenher gehen die Erfahrungen, die man in der Entwicklungszeit gesammelt hat; doch ausschlaggebend sind die Betriebsverhältnisse und die Sonderaufgaben, die von der Regelung jeweils gefordert werden. Besonders die letzteren sind oft maßgebend für die Beurteilung der ausgeführten Steuerungen, so daß es nicht verwunderlich erscheint, wenn Abweichungen von den bisher aufgestellten Regeln festzustellen sind. Damit ist es auch zu begründen, wenn auf die Füllungs- oder Gleichwertregelung in dem einen oder anderen Falle verzichtet wurde. In den Betrieben, deren Heizdampf-mengen keine plötzlichen Änderungen erfahren, oder deren Rohrnetz so groß ist, daß eine merkliche Speicherwirkung auftritt, ist die reine Gleich-wertregelung nicht unbedingt erforderlich. Es ist dann nur nötig, die Regelgeschwindigkeit genügend ˙hoch zu halten, um das Nachregeln auf eine möglichst kleine Zeitspanne zu beschränken. Eine besondere Untersuchung erfordert oftmals der Parallelbetrieb.

In Abschn. 10 wurden bereits allgemeingültige Richtlinien ange-geben, die für den Entwurf und die Ausführung zu beachten sind. Die räumliche Anordnung der Regelventile ist zumeist von ihrem Platzbedarf abhängig. Erst in zweiter Linie ist die gute Wärmebeweglichkeit oder die Zugänglichkeit entscheidend. Das Bestreben, empfindliche Regel-teile teilweise oder ganz in Verschalungen einzubauen, entspricht wohl den Anforderungen staubhaltiger Betriebe, erschwert jedoch die Wartung und die rasche Beseitigung von Störungen. Beim Entwurf der Steuerung ist darauf zu achten, daß eine ungehinderte Bedienung der Absperr-ventile, Drehzahlverstellung, Druckreglerverstellung und besonders der Schnellschlußauslösung möglich ist. Steuerungsteile oder Handrad-säulen dürfen den Bedienungsraum nicht beschränken. Ebenso wäre es unzweckmäßig, Steuerungsteile, die öfter oder nacheinander bedient werden müssen, weit voneinander entfernt anzuordnen. Auch soll die Steuerung so ausgeführt werden, daß das Gestänge bei Überholungs-arbeiten am Turbinenläufer nicht abgebaut zu werden braucht. In diesem Falle sind die vom Turbinengehäuse getrennt aufgestellten Regel-ventile von Vorteil, solange die Zugänglichkeit zu den Gehäuseflanschen gewahrt bleibt. Zur Verbindung der Regelventile mit dem Turbinen-gehäuse sind jedoch gut wärmebewegliche Bogenrohre nötig, deren Ent-wässerung mitunter Schwierigkeiten bereitet, oder die Zahl der Kondens-töpfe unerwünscht vergrößert.

Aus den folgenden Bildern ist zu erkennen, daß die angegebenen Forderungen oftmals nicht restlos erfüllt werden können und der Kon-strukteur gezwungen war, einerseits die eine oder andere Unzweckmäßig-keit in Kauf zu nehmen, um andererseits seiner Erfahrung gemäß größere Vorteile zu erlangen. Die wiedergegebenen Abbildungen sind von den nachstehend in alphabetischer Reihenfolge angeführten Firmen, deren Abkürzungen in Klammern angegeben sind, in dankenswerter Bereit-willigkeit zur Verfügung gestellt worden:

Allgemeine Elektricitäts-Gesellschaft, Berlin (AEG),
A. Borsig, Maschinenbau A.-G., Berlin-Tegel (Borsig),
Brown, Boveri & Cie., A.-G., Mannheim (BBC),
Escher Wyss Maschinenfabriken A.-G., Zürich (Escher Wyss),
Maschinenfabrik Augsburg-Nürnberg A.-G., Werk Nürnberg (MAN),

Siemens-Schuckertwerke A.-G., Berlin-Siemensstadt (SSW),
Waggon- und Maschinenbau A.-G., Abt. Maschinenbau, Görlitz
(WUMAG).

Im folgenden soll mit der Bezeichnung »Parallelbetrieb« nur der
mit einem Drehstromnetz gemeint sein. Der Parallelbetrieb mit einem
Gleichstromnetz erfordert besondere elektrische Einrichtungen, deren
Beschreibung über den Rahmen dieses Buches hinausgeht.

36. Kondensationsturbinen.

Für die reine Drosselregelung kann, wie die Abb. 117 erkennen läßt,
das Schema nach Abb. 28 unmittelbar ausgeführt werden, wenn das
Drosselventil neben dem Vorderlager angeordnet ist. Die reine Segmentregelung und die mit vorgeschaltetem Hauptdrosselventil erfordern
bereits Zusatzgestänge (Abb. 108 und 118). Eine besondere Stellung
nimmt die gestängelose Regelung ein, deren Ausmittlung jedoch auf
Grund der Abschn. 11 und 20 leicht möglich ist.

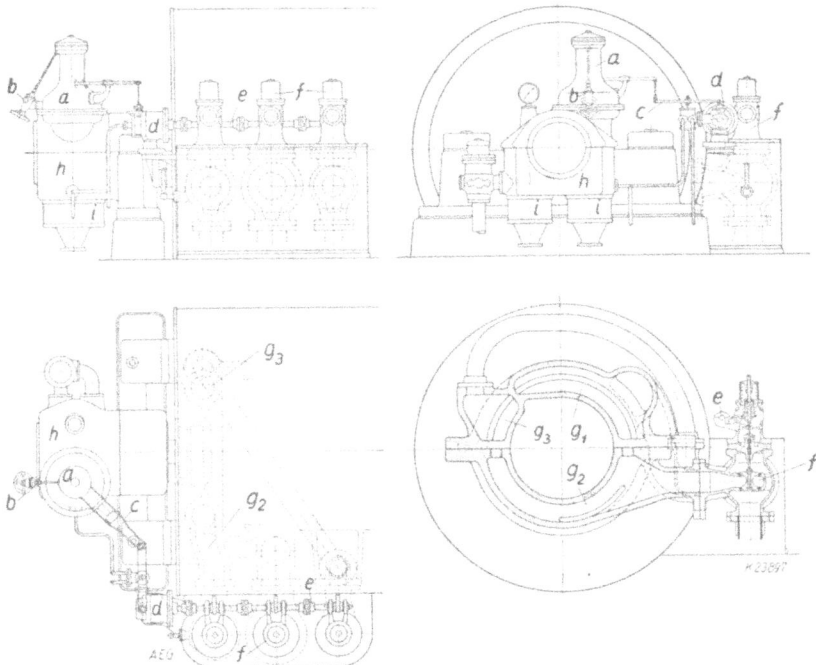

a Drehzahlregler	d Drehkraftgetriebe	$g_{1,2,3}$ Düsensegment 1, 2, 3
b Drehzahl-Verstellvorrichtung	e Nockenwelle	h Vorderer Turbinenlagerbock
c Regelgestänge	f Steuerventil	i Ölpumpe.

Abb. 107. Regelung einer AEG-Kondensationsturbine.

Es soll nun an Hand der Abbildungen das Wesentliche der verschiedenen Steuerungen hervorgehoben werden.

Die AEG verwendet für die Kondensationsturbinen nach Abb. 107 die reine Segmentregelung. Die Regelventile werden je nach ihrem Platzbedarf auf oder neben dem Turbinengehäuse angeordnet. Zum Anheben der Ventile dient ein Drehmotor, der die Nockenwelle abhängig vom Regler verstellt. Das Schließen erfolgt durch Federkraft oder auch zwangläufig. Die Welle ist unterteilt und die einzelnen Teile sind untereinander nachgiebig gekuppelt. Jedes Wellenstück ist gut gelagert, so

Abb. 108. Steuerung einer AEG-Kondensationsturbine.

daß verhältnismäßig schwache Wellen verwendet werden können. Die Nocken übertragen die Kraft auf Rollen, die an Hebeln befestigt sind, deren Mitte mit den Ventilspindeln verbunden ist. Die Spindeln sind mit Weichmetallringen abgedichtet. Das erste Segmentventil wird vielfach so groß bemessen, daß es bis Halblast ausreicht, das letzte Ventil dient meist zur Überlastung der Turbine.

Der Regler ist stehend angeordnet und wird durch ein Schneckengetriebe gemeinsam mit der Ölpumpe angetrieben. Die entlastete Muffe liegt über den Schwunggewichten und wird zwecks Drehzahlverstellung durch eine darüberliegende nachstellbare Feder belastet. Die Ölpumpen drücken das Öl auf den für die Regelung vorgeschriebenen Druck, und es wird zum Steuerschieber und bei Stillstand der Steuerung über ein Druckminderventil in die Laeröldruckleitung geführt. Als Drosselventil verwendet die AEG einen Differentialkolben, der selbsttätig und unabhängig von der Ölmenge den einstellbaren Druckunterschied gleichhält. Der Ölablauf vom Steuerschieber wird in die Laeröldruckleitung geführt, so daß der Drehmotor für diesen Gegendruck zu bemessen ist.

Das Anlaßventil in der Frischdampfleitung wird in besonderen Fällen durch Drucköl geöffnet und von einer Feder bei entsprechender Drucksenkung geschlossen. Um die Turbine in Betrieb nehmen zu können, muß erst die Hilfsölpumpe angefahren werden. Das Ventil selbst ist als Tellerventil mit eingebautem Entlastungskegel ausgeführt. Der Schnellregler löst ein federbelastetes Gestänge aus, das einen Ölumschaltkolben verstellt und dadurch den Öldruck unter dem Kolben des Anfahrventiles senkt, so daß es die Feder schließt. Gewöhnlich wird die unmittelbare Betätigung durch Handrad vorgesehen.

Eine ausgeführte Steuerung einer größeren zweigehäusigen AEG-Turbine mit zweifacher Einströmung ist in Abb. 108 wiedergegeben. Die Segment- und Überlastventile sind zu beiden Seiten des Gehäuses aufgestellt und werden gemeinsam vom Regler über eine quer zur Turbinenachse angetriebene Welle beeinflußt. Bei dieser Anordnung ist sehr auf die Wärmedehnungen zu achten. Die Welle ist deshalb auch hier geteilt und nachgiebig gekuppelt. An der linken Bildseite sind die Anfahr- und Schnellschlußventile zu sehen, die aber in diesem Falle eine rein mechanische Auslösung haben.

In Abb. 109 ist der Schnitt durch das Anlaß- und Hauptsteuerventil sowie durch den vorderen Lagerbock einer Kondensationsturbine der Firma Borsig wiedergegeben. Die Turbinen werden, falls sie nicht als reine Grundlastmaschinen laufen, mit mehreren nachgeschalteten Düsenventilen ausgeführt, die dann mechanisch von der Hauptsteuerventilspindel aus betätigt werden. In diesen Fällen ist die Drosselkurve des Hauptsteuerventiles so ausgebildet, daß sie nur die Regelung für die erste Düsengruppe übernimmt. Bei Eingriff der Düsenventile durchströmt der Dampf ungedrosselt das Hauptsteuerventil. Diese Anordnung hat den Vorteil, daß bei evtl. Festsitzen einer Düsenventilspindel das vorgeschaltete Hauptsteuerventil die Regelung übernimmt. Zum Anfahren dient ein Tellerventil mit eingebautem Entlastungsventil, das von Hand aus geschlossen, aber nur durch Drucköl geöffnet werden kann. Es wird auch durch eine Feder geschlossen, sobald der Öldruck unter einen bestimmten Wert absinkt. Zur Inbetriebnahme muß die Hilfsölpumpe das Drucköl liefern, so daß es ausgeschlossen ist, die Turbine anzufahren, ohne vorher die Hilfsölpumpe in Betrieb zu setzen. Das Hauptregelventil ist als Doppelsitzventil ausgeführt. Schlägt der Schnellregler aus, so wird es infolge der Verschiebung eines Ölumschaltkolbens durch Drucköl geschlossen. Gleichzeitig wird das Drucköl unter dem Kolben des Absperrventiles abgeleitet und das Ventil von der Feder zugemacht. Der Antrieb des Drehzahlreglers und der Ölpumpe erfolgt über ein Schneckengetriebe. Zur Drehzahlverstellung dient eine Federwaage, so daß der Regler mit kleinem Hub ausgeführt werden kann. Mit der Reglerspindel ist die Zahnradölpumpe gekuppelt, deren größeres Zahnradpaar das Lageröl mit niedrigerem und das kleinere das Regelöl mit höherem Druck liefert.

BBC verwenden für ihre Turbinen nur die gestängelose Regelung nach Abschn. 20, deren größter Vorteil darin besteht, daß die räumliche

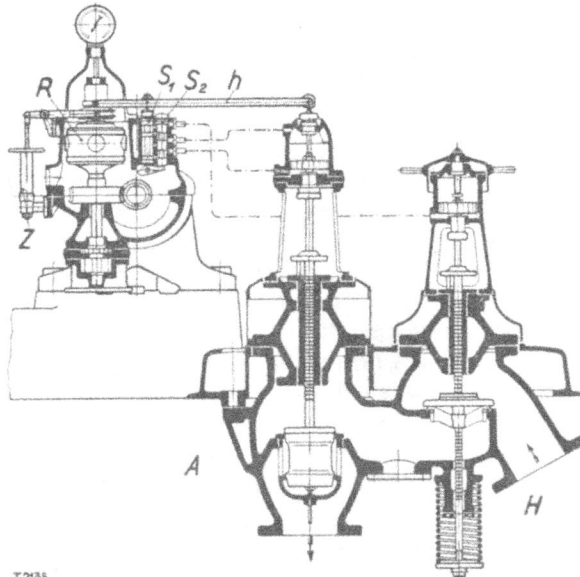

T 2135

A Hauptregelventil	S₁ Steuerschieber
H Anlaßventil	S₂ Schnellschluß-
h Rückführhebel	Umschaltschieber
R Regler	Z Federwaage.

Abb. 109. Schnitt durch die Steuerung einer Borsig-
Kondensationsturbine.

Anordnung unabhängig von dem Übertragungsgestänge ist. Außerdem entfallen alle Störungen, die tote Hübe oder Klemmungen im Gestänge infolge der Wärmedehnungen verursachen und die natürlichen Abnutzungen in den Gelenken. Diese Ausführung eignet sich besonders für staubhaltige Betriebe, für die die Anwendung von Gestänge verteuernd wirkt. Die Steuerung kann übersichtlich und zweckentsprechend angeordnet werden und erschwert unbefugte Eingriffe. Wegen des Fehlens von Rückführgestängen muß jeder Belastung bzw. Dampfmenge ein bestimmter Öldruck entsprechen, um die Stabilität der Regelung zu wahren. Die Federn über den Ölkolben können mit den üblichen Beanspruchungen ausgeführt werden, weil sie keiner höheren Temperatur ausgesetzt sind. BBC wählt die Ventilhübe in der Regel etwa 0,06—0,1

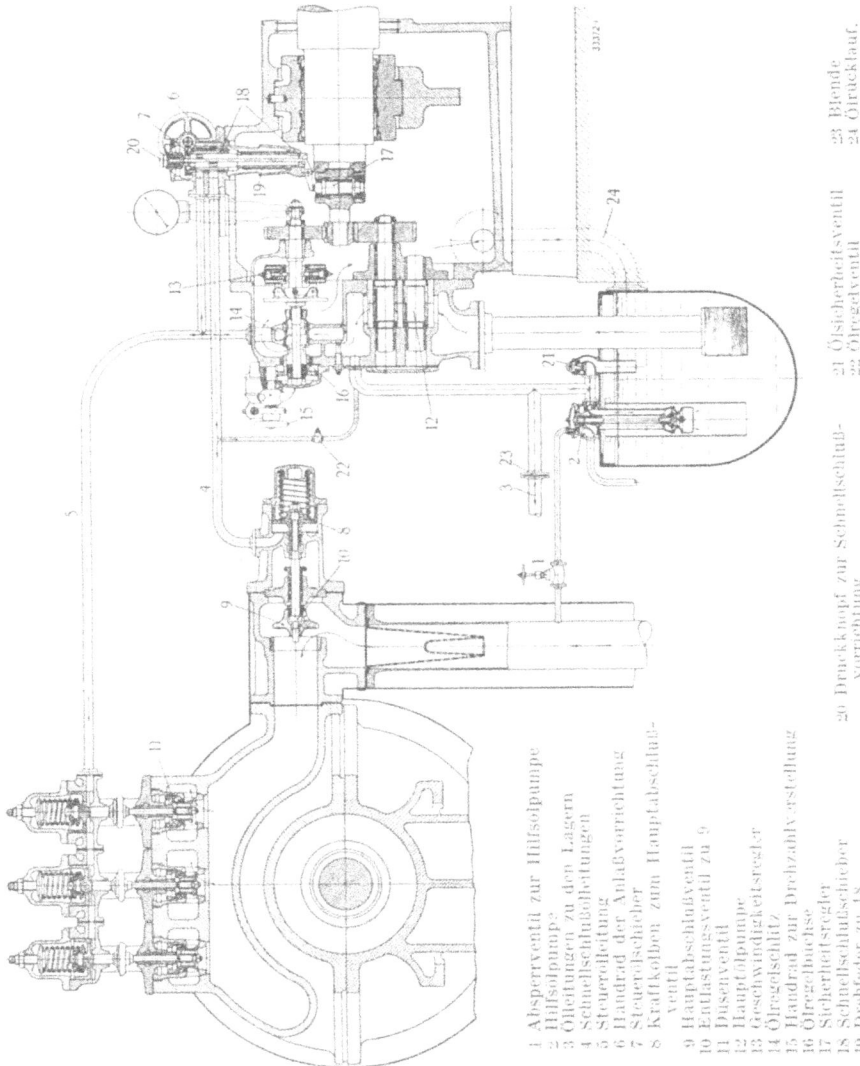

1 Absperrventil zur Hilfsölpumpe
2 Hilfsölpumpe
3 Ölleitungen zu den Lagern
4 Schnellschlußleitungen
5 Steuerleitung
6 Handrad der Anlaßvorrichtung
7 Steuerschieber
8 Kraftkolben zum Hauptabschluß-ventil
9 Hauptabschlußventil
10 Entlastungsventil zu 9
11 Düsenventil
12 Hauptölpumpe
13 Geschwindigkeitsregler
14 Ölregelschlitz
15 Handrad zur Drehzahlverstellung
16 Ölregelbuchse
17 Sicherheitsregler
18 Schnellschlußschieber
19 Drehteil zu 18
20 Druckknopf zur Schnellschluß-vorrichtung
21 Ölsicherheitsventil
22 Ölregelventil
23 Blende
24 Öldrucklauf

Abb. 110. Schnitt durch eine BBC-Steuerung mit ölgesteuerter Hauptabschließung.

des Sitzdurchmessers. Für die Steuerung kann ohne Nachteil gewöhn-liches Turbinenöl mit 3,5 bis 5° Engler bei 50° C verwendet werden.

In Abb. 110 ist eine Schnittzeichnung der BBC-Steuerung mit reiner Segmentregelung dargestellt, wie sie für Kondensationsturbinen nach Abb. 61a verwendet wird. Die Ölpumpe 12 fördert das Drucköl über eine Drosselstelle in einen Ringraum, der innen teilweise von der mit dreieckigen Schlitzen *14* versehenen Ölregelbüchsen *16* abgeschlossen ist. Die Büchse kann von Hand oder durch einen kleinen Motor zwecks Veränderung der Drehzahl axial verstellt werden. Innerhalb der Büchse gleitet die Reglermuffe, die am Ende nicht rechtwinklig sondern schräg abgeschnitten ist, so daß je nach der Reglerdrehzahl 200- bis 600mal in der Minute die Ölschlitze veränderlich überdeckt werden. Dadurch entstehen immerwährende, geringe Druckschwankungen, die die Ventile in ununterbrochener leichter Schwingung erhalten, womit ein Festbrennen der Spindeln vermieden werden soll. Mit dem Ringraum sind durch die Leitung *5* die Kolbenzylinder der Segmentventile verbunden, deren Federn so bemessen sind, daß bei abnehmendem Öldruck die Ventile nacheinander schließen. Die Druckabnahme erfolgt durch die allmähliche Freigabe der Regelschlitze durch die Regelmuffe bei zunehmender Drehzahl. Wegen der Verschiebung der Büchse *16* für die Drehzahländerung muß der Regler mit größerem Hube ausgeführt werden, als für die Leistungsregelung nötig ist. Die Zahnradpumpe drückt das gesamte Öl auf den für die Regelung erforderlichen höheren Druck, so daß das Lageröl durch die Blende *23* abgedrosselt werden muß. Bei größeren Einheiten werden Dreikolbenölpumpen verwendet, von denen eineinhalb Zahnkolben das Steueröl auf hohen und eineinhalb Zahnkolben das Lageröl auf niedrigeren Druck fördern. Der Antrieb für die Pumpe und den Regler erfolgt bei älteren Ausführungen über Schneckengetriebe und bei neueren über Stirnradgetriebe, wobei dann die Ölpumpe mit hoher Drehzahl läuft.

Das Hauptabsperrventil *9* ist als Tellerventil mit eingebautem Entlastungsventil ausgeführt. Es wird durch Drucköl geöffnet und bei sinkendem Öldruck von der Feder geschlossen. Die zugehörige Ölleitung *4* wird durch eine besondere Leitung, in der das Ölregelventil *22* eingebaut ist, von der Öldruckleitung gespeist. Zum Öffnen des Absperrventiles dient eine mit Schlitzen versehene, drehbare Büchse *7*, die über ein Schneckengetriebe von dem Handrad *6* aus bewegt werden kann. Wird die Büchse *7* so gedreht, daß sie den Ölablauf der Leitung *4* schließt, so steigt der Öldruck, und das Ventil öffnet sich. In dieser Büchse ist eine zweite mit entsprechenden Öffnungen eingebaut (*18*), die von der Drehfeder *19* gedreht wird, wenn der Schnellregler auslöst. In diesem Falle werden die Leitungen *4* und *5* mit dem Ablauf verbunden und das Absperr- und die Segmentventile schließen. Bei dieser Art des Anhebens des Absperrventiles wird die oft schwierige Bedienung großer Schieber vermieden.

Zum Anfahren dient eine besondere Hilfsölpumpe *2*, die auch das Drucköl für die Steuerung liefert. Der Schnellregler hat zwei voneinander unabhängige Schwunggewichte. Durch entsprechende Formgebung der Schlitze in der Ölregelbüchse *16* kann die Abhängigkeit des Öldruckes vom

Reglermuffenhub und somit von der Drehzahl beliebig geändert werden. Wegen des geradlinigen Verlaufes der Federkennlinien wird man Verhältnisgleichheit anstreben. Abb. 111 zeigt eine Ausführung dieser Steuerung. Die Zahlen stimmen mit den Bezeichnungen der Abb. 110 überein. Wenn die Ventile im Verhältnis zum Turbinengehäuse unverhältnismäßig groß werden, wie es häufig bei großen Mehrgehäuseturbinen

Abb. 111. BBC-Kondensationsturbine mit ölgesteuerter Hauptabschließung.

sowie bei Gegendruck- und Vorschaltturbinen der Fall ist, werden sie neben die Turbine gesetzt. Bei dieser Anordnung ist besonders auf die Rohrführung und die Zugänglichkeit der Flanschen zu achten, um die Schrauben gut anziehen zu können.

Bei sehr großen Einheiten werden die Regelventile nicht durch das vom Regler beeinflußte Drucköl gesteuert, sondern es wirkt auf eine Vorsteuerung, die einen zweiten Ölkreislauf für die Betätigung der Ventile regelt.

Die MAN führt die Regelung der Kondensationsturbine nach Abb. 127 aus, jedoch ohne den Druckregler *c*. Den Segmentventilen ist ein Hauptdrosselventil vorgeschaltet, an dessen Spindel das Gestänge zur Betätigung der Düsenventile angreift. Mit dem Hauptdrosselventil ist der Hubmotor verbunden, der kräftig genug sein muß, um die gesamten auftretenden Bewegungswiderstände zu überwinden. Zum Anheben der Düsenventile verwendet die MAN eine Schubstange, auf der die Anlaufkeile versetzt angebracht sind und die zur Verminderung des Reibungswiderstandes auf Rollen gelagert ist. Die Segmentventile werden

Abb. 112. MAN-Kondensationsturbine.

durch Federkraft geschlossen. Wenn eines dieser Ventile hängenbleiben sollte, so übernimmt das Hauptdrosselventil die Regelung, ohne den Betrieb zu stören. Das Gestänge muß, weil es zur Kraftübertragung dient, kräftig ausgebildet werden.

Die gemeinsame Welle des Drehzahlreglers und der Ölpumpe ist quer unter der Turbinenwelle gelagert und wird über eine Schnecke und ein Schneckenrad angetrieben. Zur Verstellung der Drehzahl kann entweder der Drehpunkt des Winkelhebels oder der des Muffenhebels verstellt werden. Demnach ist der Drehzahlregler mit einem entsprechend größeren Hube auszuführen. Um den Hubmotor klein zu halten, sind die Regelventile mit entlasteten Doppelsitzkegeln versehen und außerdem wird ihm Öl mit höherem Druck zugeführt, das die zweite

Stufe der Ölpumpe liefert. Das vorgeschaltete Absperr- und Schnellschlußventil ist als Tellerventil mit Entlastungsteller ausgebildet.

Die Abb. 112 zeigt als Ausführungsbeispiel eine zweigehäusige MAN-
Kondensationsturbine größerer Leistung, die mit zweifacher Dampfeinströmung und Drosselregelung arbeitet. Die Absperr- und Regelventile sind seitlich der Hochdruckturbine angeordnet. Hinter jedem
Drosselventil befindet sich ein Überlastventil. Die beiden Regelventile
werden vom Regler aus gemeinsam über eine Drehwelle beeinflußt.

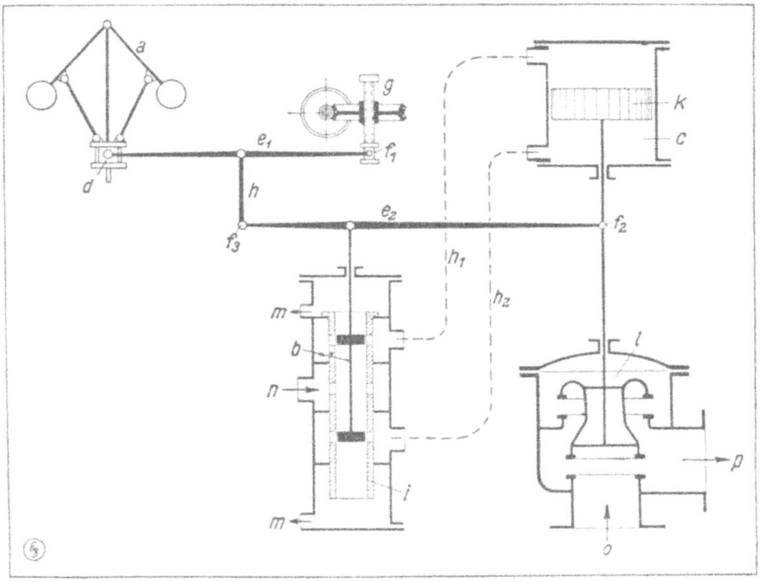

a	Drehzahlregler	f_1—f_3	Drehpunkte	l	Regelventil
b	Steuerkolben	g	Drehzahlverstellung	m	Ölabfluß
c	Hilfsmotor	$h_1\ h_2$	Ölleitungen	n	Ölzufluß
d	Reglermuffe	i	Steuerhülse	o	Dampfeintritt
$e_1\ e_2\ h$	Regelgestänge	k	Hilfsmotorkolben	p	Dampfaustritt.

Abb. 113. Schema der Regelung einer SSW-Kondensationsturbine.

Abb. 113 gibt ein Schema einer Kondensationsturbinenregelung
wieder, wie sie die SSW ausführen. Der Einfachheit halber ist statt
mehrerer Düsengruppenventile nur ein Dampfeinlaßventil gezeichnet.
In der Regel wird für alle Steuerungen die reine Segmentregelung verwendet. Der Steuerschieber beeinflußt einen Dreh- oder auch Hubmotor, der eine Welle mit den aufgekeilten Ventilhubnocken bewegt.
Die Segmentventile werden von Federn geschlossen, doch sind außerdem
den Hubrollen gegenüber Schließrollen an den Ventilspindeln angebracht,
die zwangsweise die Ventile durch die Nocken zumachen, wenn wegen
Klemmungen die Ventile von den Federn nicht mehr geschlossen werden
können. Die Rückführung übernimmt eine Scheibe mit eingearbeiteter,

spiralförmiger Nut, in der der Bolzen der Rückführstange gleitet. Der Bolzen muß wohl leicht, aber praktisch ohne Spiel in der Nut gleiten, wenn Pendelungen vermieden werden sollen. Die Form der Rückführnut ist so ausgebildet, daß für den Leerlaufbetrieb die Dampfmengenventil-hublinie steiler und für die Belastungen flacher verläuft, wenn die Dampf-mengen auf der Abszissenachse aufgetragen werden. Die Drehzahl-verstellung ist parallel dem Regler angelenkt, so daß letzterer mit großem Hub ausgeführt werden muß. Die Reglerspindel ist meist senkrecht angeordnet und wird mit der Ölpumpe von einem Doppelschnecken-getriebe angetrieben.

Das Anlaßventil, das auch als Schnellschlußventil dient, wird nur durch Drucköl geöffnet und durch Federkraft geschlossen, wenn der Öl-

Abb. 114. 34 000-kW-SSW-Kondensationsturbine mit Dampf-zuführung von oben.

druck unter einen bestimmten Wert sinkt. Vor dem Anfahren muß die Hilfsölpumpe in Betrieb gesetzt werden, um für Lager und Steuerung das erforderliche Öl zu liefern. Das Drucköl tritt unter einen Kolben, der in der Mitte eine Bohrung besitzt, die über dem Kolben von einem Ventilteller, der an einer Gewindespindel mit Handrad befestigt ist, ab-geschlossen werden kann. Wird das Handrad zu rasch gedreht, so kann der Kolben der Handradspindel nicht folgen, der Teller hebt sich ab, Öl kann durch die Bohrung abfließen und die Feder schließt das Ventil wieder. Diese Einrichtung verhindert demnach ein zu rasches Öffnen des Anlaßventiles. Der Schnellregler ist mit einem Ölumschaltkolben in Verbindung, der im Auslösefall das Öl unter dem Kolben des Anlaßventiles ablaufen läßt, so daß es durch die Feder geschlossen wird. Außerdem führt ein zweiter Umschaltschieber Drucköl zu dem Hilfsmotor und schließt durch ihn die Segmentventile, so daß die Turbine zweimal vom Frischdampfzufluß abgesperrt ist.

Abb. 114 zeigt eine zweigehäusige Kondensationsturbine der SSW mit zweifacher Einströmung und Dampfzuführung von oben. Die Anlaßventile sind vor und die Segmentventile neben dem Hochdruckgehäuse angeordnet.

Häufig werden von den SSW die Segmentventile nach Abb. 115 unter Flur unmittelbar vor der Turbine vorgesehen, um die Zugänglichkeit des Turbinengehäuses zu wahren. Die Führung der Verbindungsrohre von den Ventilen zum Gehäuse ist in beiden Fällen so zu wählen, daß alle Flanschverbindungen gut zugänglich sind und daß Wassersäcke vermieden werden. Über dem Ventilstock muß ein genü-

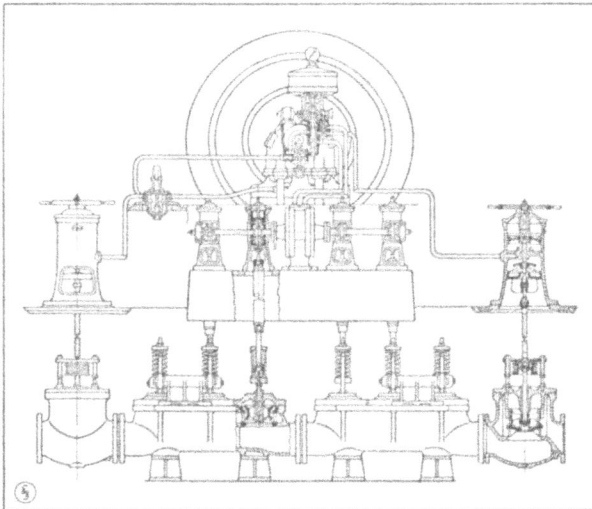

Abb. 115. Anordnung der Regelventile einer SSW-Großturbine.

gend freier Raum verbleiben, um die Kegel mühelos einschleifen zu können. Auf Wärmedehnungen ist besonders Rücksicht zu nehmen.

Die WUMAG verwendet für die Kondensationsturbinen, die vorwiegend mit Grundlast laufen, die reine Drosselregelung nach Abb. 116. Das Drossel- und Anlaßventil, die beide als Doppelsitzventile ausgeführt werden, sind in einem gemeinsamen Ventilkörper untergebracht. Die Hauben sind getrennt aufgesetzt und enthalten den Hubmotor bzw. die Auslöseteile und die Feder für den Schnellschluß des Anfahrventiles. Um die Wärmeübertragung zu verringern, werden zwischen dem Ventilkörper und den Hauben Deckel eingebaut, die die Lentzbüchse für die Spindelabdichtung aufnehmen. Der Regler ist stehend angeordnet und wird über ein Schneckengetriebe gemeinsam mit der Ölpumpe angetrieben. Zur Verstellung der Drehzahl wird nach Abb. 88

die Hülse des Steuerschiebers verstellt (Abb. 100), weshalb auch der Regler mit großem Hub ausgeführt werden muß. Bemerkenswert ist, daß die WUMAG zwei voneinander unabhängige Schnellschlußvor-

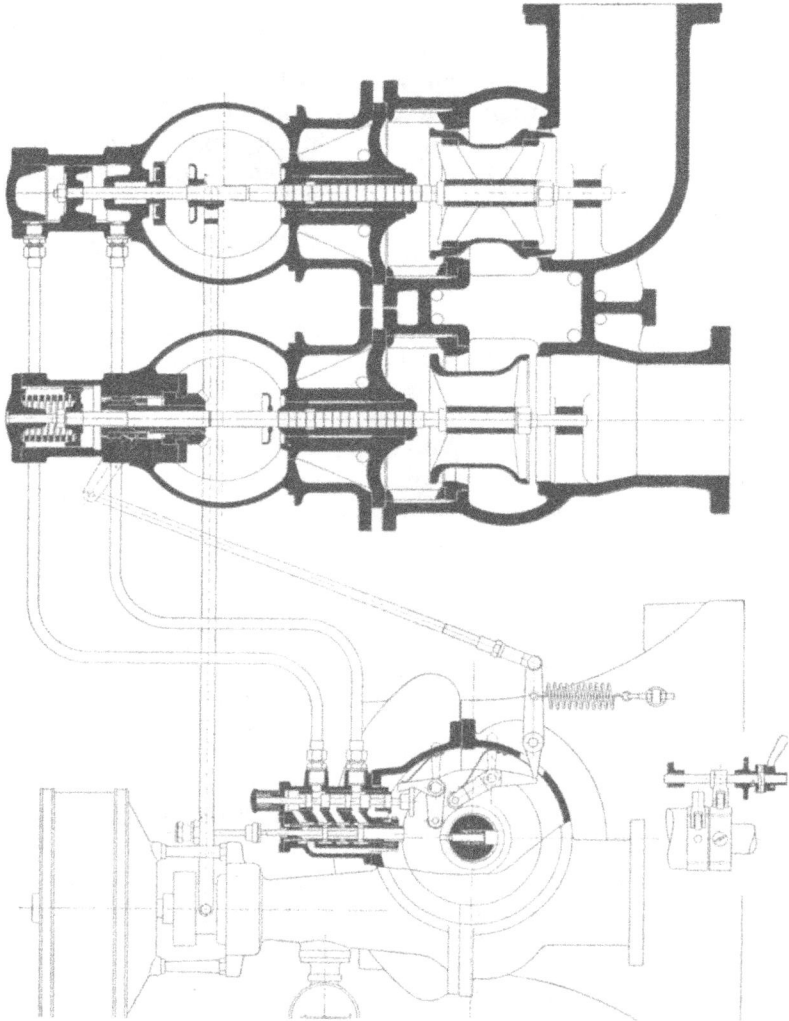

Abb. 116. Schnitt durch die Regelventile der WUMAG-Turbinen.

richtungen vorsieht, die in Abschnitt 28 eingehender beschrieben sind. Die Zahnradölpumpe wird nach Abb. 95 zweistufig ausgeführt und das Überschußöl der Steuerölpumpe in die Lageröldruckleitung geführt.

Die Einfachheit dieser Steuerung ersieht man aus der Abb. 117, die eine WUMAG-Kondensationsturbine mittlerer Leistung wiedergibt. Auffällig ist bei dieser und allen folgenden WUMAG-Ausführungen die Gliederung der Einzelteile, die das Bestreben erkennen läßt, eine ungehinderte Zugänglichkeit zu allen empfindlichen Teilen zu schaffen. Es wird dadurch der betriebliche Vorteil erreicht, daß Störungen in der kürzesten Zeit zu beheben sind, weil die Einzelteile unmittelbar abgenommen werden können. Umfangreiche Zusammenbauarbeiten werden demnach vermieden.

Abb. 117. WUMAG-Kondensationsturbine.

Kondensationsturbinen, die mit veränderlicher Belastung betrieben werden, führt die WUMAG mit Segmentregelung aus, der in allen Fällen ein Hauptdrosselventil vorgeschaltet wird, das die Regelung übernimmt, falls eines der kleineren Ventile hängenbleiben sollte. Der vorgeschaltete Regelblock ist der gleiche wie der nach Abb. 116, jedoch ist die Spindel des Drosselventiles, wie die Abb. 76 zeigt, durch den Deckel des Hubmotors geführt und trägt den Kopf für das Übertragungsgestänge zu den Segmentventilen. Letztere werden nach Abb. 78 als Doppelsitz- oder nach Abb. 80 als Tellerventile ausgeführt. Abb. 118 zeigt eine Turbine dieser Ausführung auf dem Prüffeld. Große Turbinen erhalten nach Abb. 119 zweifache Einströmung. Jedes der Drosselventile hat seinen Hubmotor mit dem zugehörigen Steuerschieber und Rückführgestänge. Die Anlenkköpfe der Hilfsschieber sind nachstellbar

12*

eingerichtet, so daß je nach ihrer Einstellung die Ventile gleichzeitig oder nacheinander geöffnet werden. Wegen der Verdoppelung der Einlaßventile sind vier Schnellschlußeinrichtungen erforderlich. Der Antrieb der beiden Ölpumpen erfolgt über ein Doppelgetriebe.

Abb. 118. WUMAG-Kondensationsturbine.

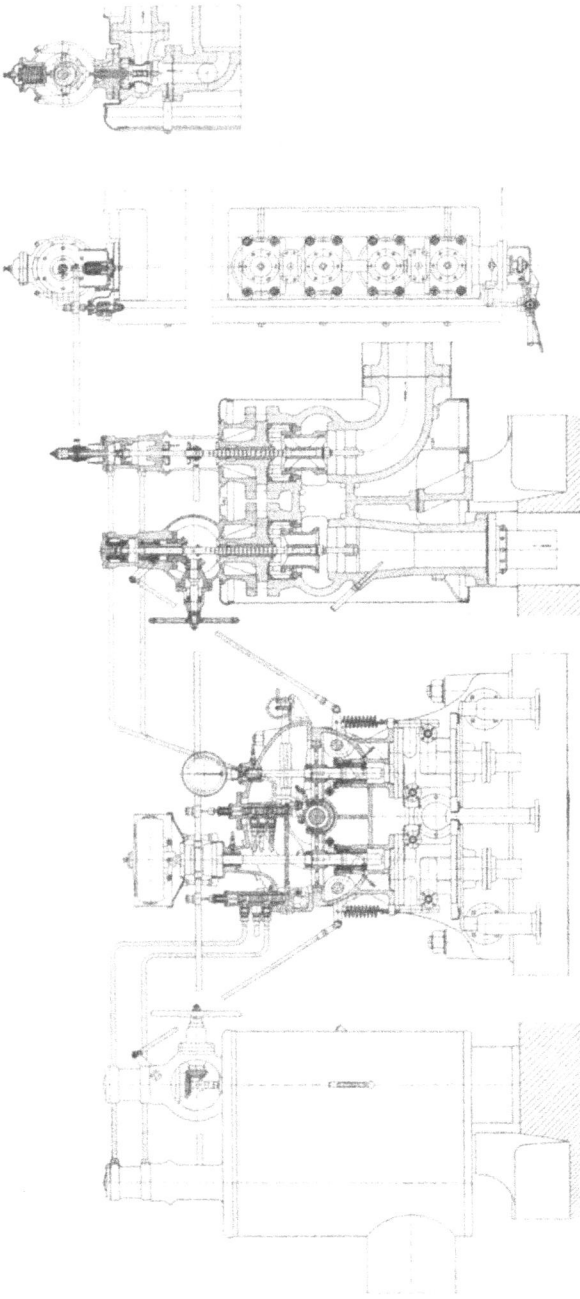

Abb. 119. Regelung einer WUMAG-Kondensationsturbine mit zweifacher Einströmung.

37. Gegendruckturbinen.

In Betrieben, deren Heizdampfbedarf größer ist als der der jeweiligen Belastung entsprechende Dampfdurchsatz der Turbine, werden die Gegendruckturbinen nur nach Leistung geregelt. Es können also die Steuerungen nach Abschn. 36 auch hierfür verwendet werden. Im Parallelbetrieb, wenn mehrere Turbinen ihren Abdampf in ein Heizrohrnetz geben, arbeitet nur die Spitzenturbine mit einem Gegendruckregler, während bei den übrigen die Druckregler ausgeschaltet sind. Hochdruck-Gegendruckturbinen, die dampfseitig einer vorhandenen Maschi-

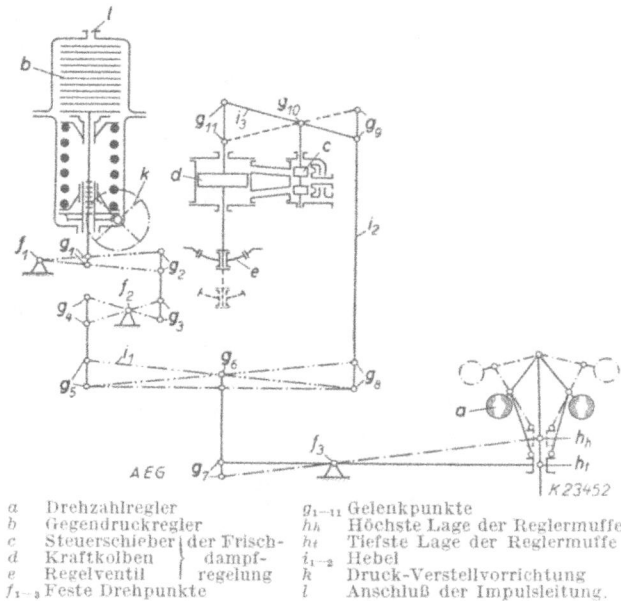

a	Drehzahlregler	g_{1-11}	Gelenkpunkte	
b	Gegendruckregler	h_h	Höchste Lage der Reglermuffe	
c	Steuerschieber	der Frisch-	h_t	Tiefste Lage der Reglermuffe
d	Kraftkolben	dampf-	i_{1-2}	Hebel
e	Regelventil	regelung	k	Druck-Verstellvorrichtung
f_{1-3}	Feste Drehpunkte		l	Anschluß der Impulsleitung.

Abb. 120. Regelschema einer AEG-Gegendruckturbine.

nenanlage vorgeschaltet sind, werden meistens mit einer Druckregelung versehen, auch dann, wenn noch Niederdruckkessel mit im Betrieb sind, die nicht genügende Regelfähigkeit haben. Ist die Gegendruckturbine nur einer Niederdruckturbine vorgeschaltet, so ist es, wie der Verfasser an anderer Stelle[1]) nachgewiesen hat, wirtschaftlicher, sie mit veränderlichem Gegendruck laufen zu lassen.

Der Gegendruckregler beeinflußt in den meisten Fällen die Drehzahlverstellung und dadurch im Parallelbetrieb die Leistung abhängig vom Dampfbedarf. Diese Steuerungen können auch zur Regelung der

---

[1]) Danninger, P. »Die Wirtschaftlichkeit der Hochdruckvorschaltturbinen«. Die Wärme 34 (1932), S. 573—578.

Druckluft bei Kompressorantrieb verwendet werden, wenn der Druckregler an das Druckluftnetz angeschlossen wird.

Die Gegendruckturbine führt die AEG mit der Regelung nach
Abb. 120 aus. Der Druckregler ist mit dem Drehzahlregler parallel
angelenkt. Für die Druckregelung benutzt die AEG federbelastete Metallbalge, deren Hub in einem zwischengeschalteten Gestänge mehrfach
vergrößert wird, so daß der Ungleichförmigkeitsgrad bei gleichem Ge-
stängehub klein gehalten werden kann. Im Parallelbetrieb wird die
Reglermuffe durch die Drehzahlverstellvorrichtung auf den Hub h_t
eingestellt, damit der Druckregler den vollen Ventilhub beherrschen
kann. Zur Änderung des Gegendruckes wird über ein Schneckengetriebe

Abb. 121. AEG-Gegendruckturbine.

die Gewindemuffe des Federtellers verschoben und damit die Federspannung des Druckreglers geändert. Die Ausführung einer AEG-
Gegendruckturbine zeigt Abb. 121. Gewöhnlich sitzt der Druckregler
unmittelbar neben dem Drehmotor, so daß das Regelgestänge seitlich
der Turbine liegt.

Die Regelung der Borsig-Gegendruckturbinen ist in Abb. 122
wiedergegeben. Mit der Spindel des Hauptdrosselventiles ist ein Gestänge mit Winkelhebeln verbunden, die unmittelbar die Düsen- und die
dahinterliegenden Überlastventile betätigen. Es handelt sich demnach
um ein reines Kraftgestänge, das genügend stark bemessen sein muß,
um schädliche Formänderungen auszuschalten. Die Winkelhebel sind
mit den Ventilspindeln nur lose gekuppelt, so daß sie von ihnen nur angehoben und durch Federkraft geschlossen werden. Bleibt eines der
Düsenventile aus irgendeinem Grunde im geöffneten Zustande hängen,
so vermag das Hauptdrosselventil regelnd einzugreifen. Parallel mit

dem Steuerschieber ist der Kraftkolben des Druckreglers angelenkt, der den Dampfdruck in der Gegendruckleitung im Parallelbetrieb gleichhält. In den Ölleitungen zwischen dem Druckregler und dem Kraftkolben werden Absperrventile vorgesehen, um zum Parallelschalten den Kraftkolben in seiner Endlage feststellen zu können. Der Drehzahlregler muß in diesem Falle mit einem Überhub ausgeführt werden, damit er die Regelventile ganz schließen kann, wenn der Generator vom Netz abgeschaltet wird. Um zu erreichen, daß der Kraftkolben den ganzen Ventilhub beherrscht, wird nach dem Parallelschalten die Drehzahlverstellung für höhere Drehzahl eingestellt. Die Zahl der Düsenventile ist durch den höchstzulässigen Drehwinkel des Winkelhebels und den Ventilhub beschränkt.

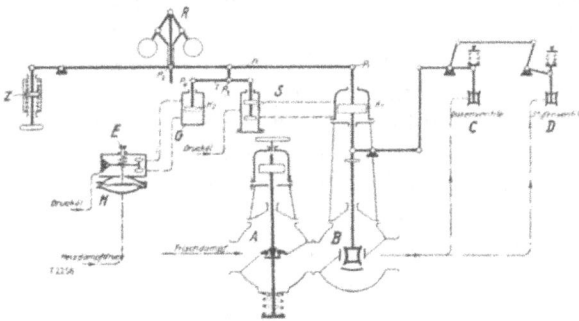

A	Anlaßventil	h l	Regelgestänge
B	Hauptregelventil	K_1	Hilfsmotor-
C	Düsenventile		kolben zu B
D	Stufenventile	K_2	Kolben zu G
E	Stellschraube	P_1—P_2	Drehpunkte
G	Kraftkolben zu H	R	Regler
H	Druckregler	Z	Federwaage.

Abb. 122. Regelung einer Borsig-Gegendruckturbine.

Ein Ausführungsbeispiel dieser Regelung von Borsig zeigt Abb. 123. Je ein Düsen- und Überlastventil sitzen rechts und links am Turbinengehäuse. Zum Antrieb dient eine kräftige Drehwelle.

Abb. 123. Regelung einer Borsig-Gegendruckturbine.

BBC baut die Regelung für Gegendruckturbinen nach Abb. 124, deren Wirkungsweise im Abschn. 20, Abb. 61b, kurz beschrieben ist. Der Einfachheit halber ist sie für Drosselregelung gezeichnet, die nur in besonderen Fällen verwendbar ist. Gewöhnlich wird das Drosselventil durch Segmentventile nach Abb. 110 ersetzt. Der Drehzahlregler dient nur zum Anfahren und Parallelschalten. Im Parallelbetrieb wird die Ölregelbüchse C so tief geschraubt, daß die Ölregelschlitze von der Reglermuffe bei der Betriebsdrehzahl vollkommen verdeckt sind. Die Ver-

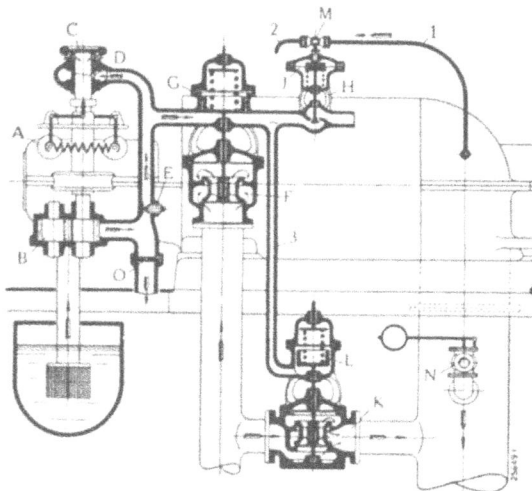

A	Drehzahlregler	H	Gegendruckregler
B	Zahnradölpumpe	J	Membrane zu H
C	Ölregelbüchse	K	HD.-Druckminderventil
D	Dreieckige Ölablauföffnung in C	L	Kraftkolben zu K
E	Stellschraube für den Steueröldruck	M	Abstellhahn für H
		O	Sicherheitsventil
F	H.-D.-Einlaßventil	1	Dampfleitung zu H
G	Kraftkolben	2	Entlüftung
		3	Steuerölleitung zu K.

Abb. 124. Regelung einer BBC-Gegendruckturbine.

schiebung der Büchse C wird so begrenzt, daß bei ihrer tiefsten Stellung und plötzlicher vollständiger Entlastung der Turbine der Drehzahlregler den Steueröldruck absenkt und damit die Regelventile schließt, bevor der Sicherheitsregler anspricht. Im Parallelbetrieb belastet der Druckregler H die Maschine nach dem Heizdampfbedarf. Für die Druckregelung verwendet BBC je nach dem Gegendruck Membran- oder Metallbalgdruckregler mit einem Ungleichförmigkeitsgrad von 3 bis 10% bezogen auf den mittleren Druck. Der Dreiweghahn M gestattet, den Druckregler auszuschalten, also sein Ölregelventil zu schließen, wenn die Turbine allein läuft und der Drehzahlregler die Belastung regelt. Übersteigt der Dampfbedarf den Dampfdurchsatz der Turbine, so öffnet das Dampfminderventil K.

Abb. 125 zeigt die Ausführung einer BBC-Gegendruckturbine. Sie ist zweigehäusig und zwecks Verminderung des Achsschubes mit entgegengesetzter Strömungsrichtung im Hoch- und Niederdruckteil ausge-

Abb. 125. BBC-Zweizylinder-Gegendruckturbine.

führt. Die Segmentventile kommen dadurch in die Nähe des Mittellagers, während der Drehzahlregler im Vorderlager untergebracht ist. Dieses Beispiel zeigt eindringlich die Unabhängigkeit der räumlichen Anordnung der Einzelteile von der Regelung. Seitlich der Turbine ist das Absperr- und Schnellschlußventil nach älterer Ausführung aufgestellt. Die Betätigung der Auslösklinke im Schnellschlußventil erfolgt nicht durch ein Gestänge, sondern durch ein Kugelrohr.

Der Einfluß des hochgespannten Dampfes auf die Regelung ist aus der Abb. 126 zu ersehen, die eine Vorschalt-Gegendruckturbine von Escher Wyss darstellt. Die Forderungen einerseits, die an den Turbinenbetrieb gestellt wurden, andererseits das kleine Dampfvolumen ließen es gerechtfertigt erscheinen, die reine Drosselregelung anzuwenden. Daß zur Verstellung des Tellerventiles große Kräfte erforderlich sind, erkennt man an dem verhältnismäßig großen Hubmotor und der Hebelübersetzung. Der Regler und die Ölpumpe werden durch Stirnräder angetrieben. Der Drehzahlregler überträgt die Muffenbewegung über eine hydraulische Kupplung auf das Gestänge. Der Schnellregler ist am Gehäuse des Drehzahlreglers angebracht.

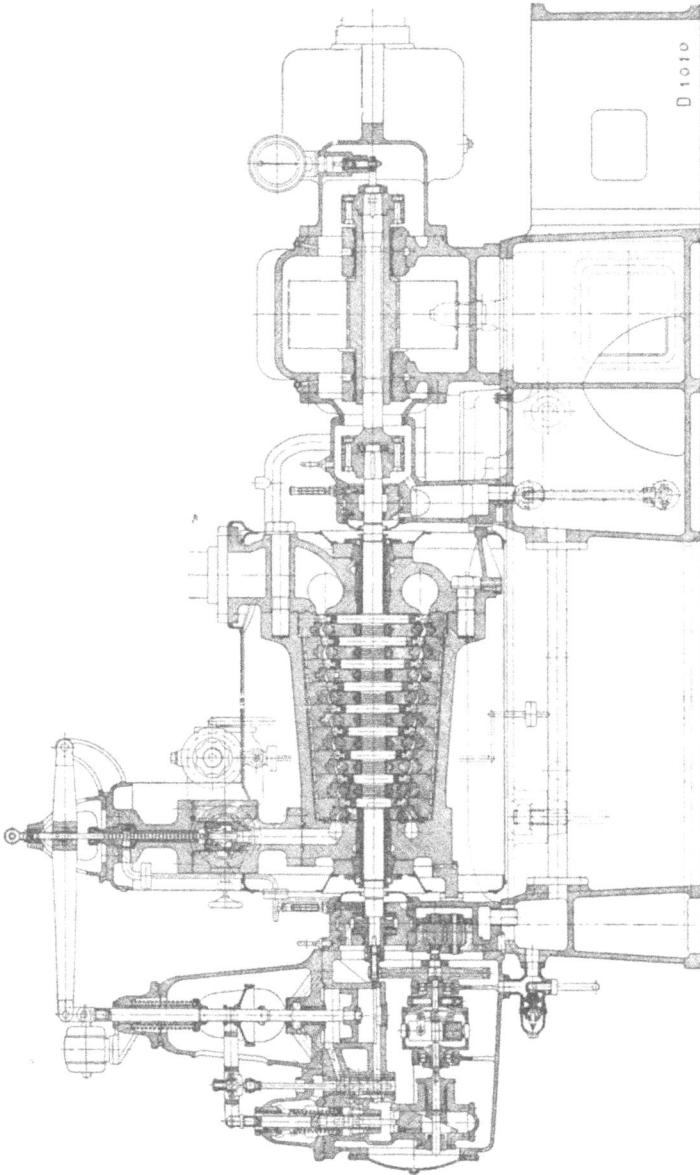

Abb. 126. Längsschnitt einer 100 at-Gegendruckturbine von Escher-Wyss.

Das Regelschema einer MAN-Gegendruckturbine zeigt Abb. 127.
Zur Regelung der Dampfmenge im Parallelbetrieb dient ein Druckregler,
dessen Übertragungsgestänge an dem Punkt 2 des Muffenhebels angreift.

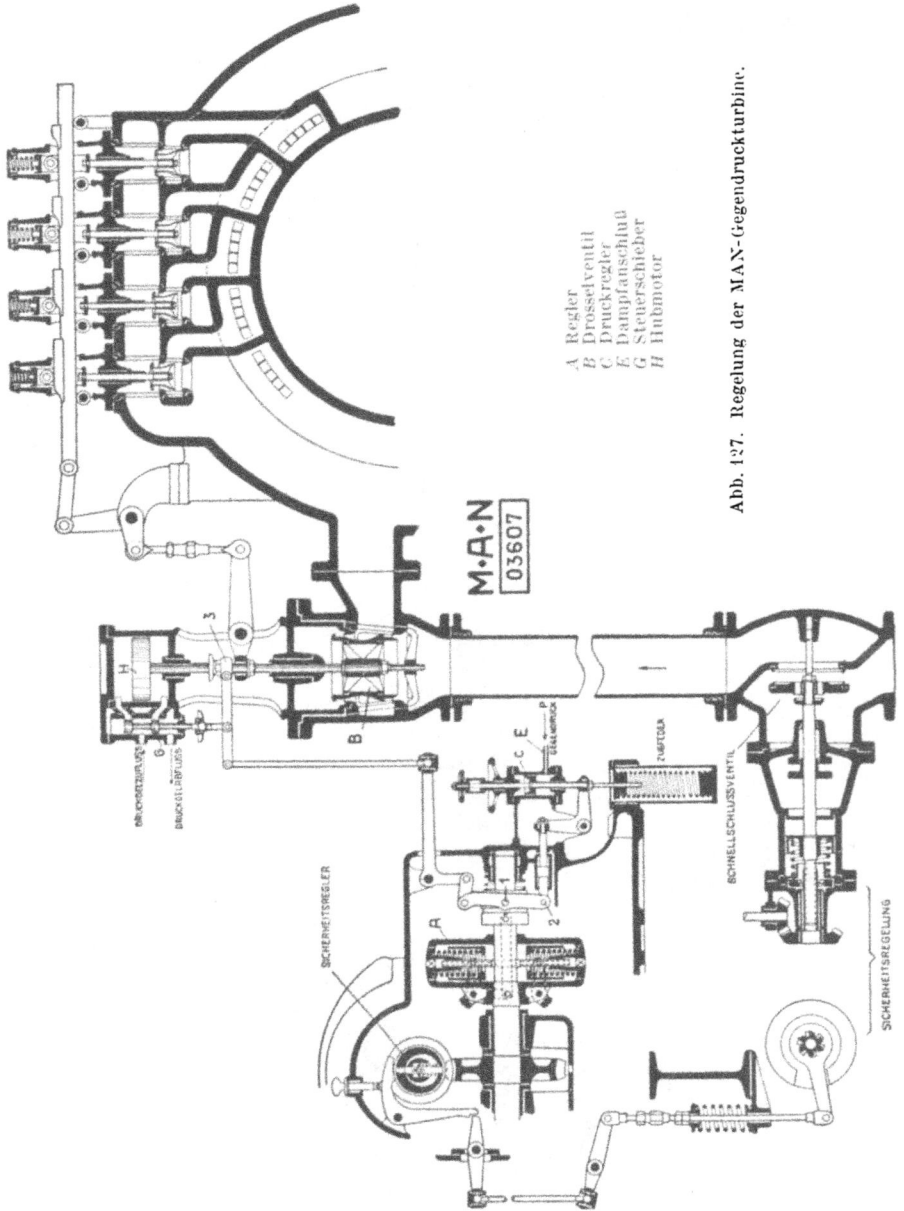

A Regler
B Drosselventil
C Druckregler
E Dampfanschluß
G Steuerschieber
H Hubmotor

Abb. 127. Regelung der MAN-Gegendruckturbine.

In der Zeichnung ist ein gewöhnlicher Kolbendruckregler eingetragen, an dessen Stelle die MAN-Feinregelung tritt, wenn an die Regelung Forderungen gestellt werden, die von einem Kolbendruckregler nicht mehr erfüllt werden können. Die Gegendruckturbinen werden von der MAN ausschließlich mit den dem Hauptregelventil nachgeschalteten Düsenventilen ausgeführt.

Die MAN-Gegendruckturbine nach Abb. 128 entspricht in der Regelung der vorstehenden Beschreibung. Vor dem Hauptdrosselventil sieht man die Handradsäule und das Gestänge zum Schnellschluß- und

Abb. 128. MAN-Gegendruckturbine.

Absperrventil. Über dem Hilfsmotor des Drosselventils befindet sich ein Handrad, dessen Spindel auf den Kolben einwirkt. Mit dieser Vorrichtung ist es möglich, zwangsweise das Drosselventil zu schließen bzw. dessen Hub beliebig zu verkleinern, um die Belastung im Parallelbetrieb zu begrenzen.

Das Schema der Regelung einer SSW-Gegendruckturbine ist ähnlich dem der Abb. 113. Während der Geschwindigkeitsregler auf das Kölbchen des Steuerschiebers einwirkt, verstellt der Druckregler mittels eines Gewindekolbens seine Hülse, die auch durch die Drehzahlverstellvorrichtung verschoben werden kann. Für die Regelung des Gegendruckes verwenden die SSW hochempfindliche Strahlrohrregler, deren Kraftkolben zum Anfahren und Parallelschalten feststellbar sind. Die

SSW führen die Drehmotoren nicht mit einem, sondern mit zwei diametral gegenüberliegenden Drehflügeln aus. Damit kann das Ecken des Drehkolbens vermieden werden, beschränkt aber sehr den Drehwinkel. Kleine Regelventile werden bei genügend großen Turbinengehäusen unmittelbar auf den Düsenkasten aufgesetzt, während größere Segmentventile, die am Hochdruckgehäuse nicht genügend Platz haben, seitlich

Abb. 129. SSW-Gegendruckturbine.

oder vor der Turbine angeordnet werden. Aus Abb. 129 ist die Anordnung der Ventile vor der Turbine an einer SSW-Gegendruckturbine zu sehen. Über dem Fußboden liegen nur die Ventilhauben mit der eingebauten Nockenwelle und dem Drehmotor, während der Ventilkasten ähnlich Abb. 115 unter Flur ist. Vor den Segmentventilen befindet sich das Absperr- und Schnellschlußventil, von dem nur die Haube mit eingebautem Hubmotor zu sehen ist. Der Druckregler sitzt neben dem Vorderlager auf der Grundplatte.

Die Regelung der Gegendruckturbine wird von der WUMAG nach Abb. 130 ausgeführt, die im wesentlichen der Steuerung nach Abb. 118 gleich ist, nur wird die Reglerstange nicht an die Spindel des Hauptregelventiles, sondern an dem Hebel angelenkt, der die Ventilspindel mit dem Kraftkolben des Druckreglers verbindet. Zur Gleichhaltung des Gegendruckes werden Askania- oder Pantaregler verwendet. Der Regler ist mit größerem Hub ausgeführt, um die Einlaßventile auch dann ganz schließen zu können, wenn der Druckregler sie ganz geöffnet hat.

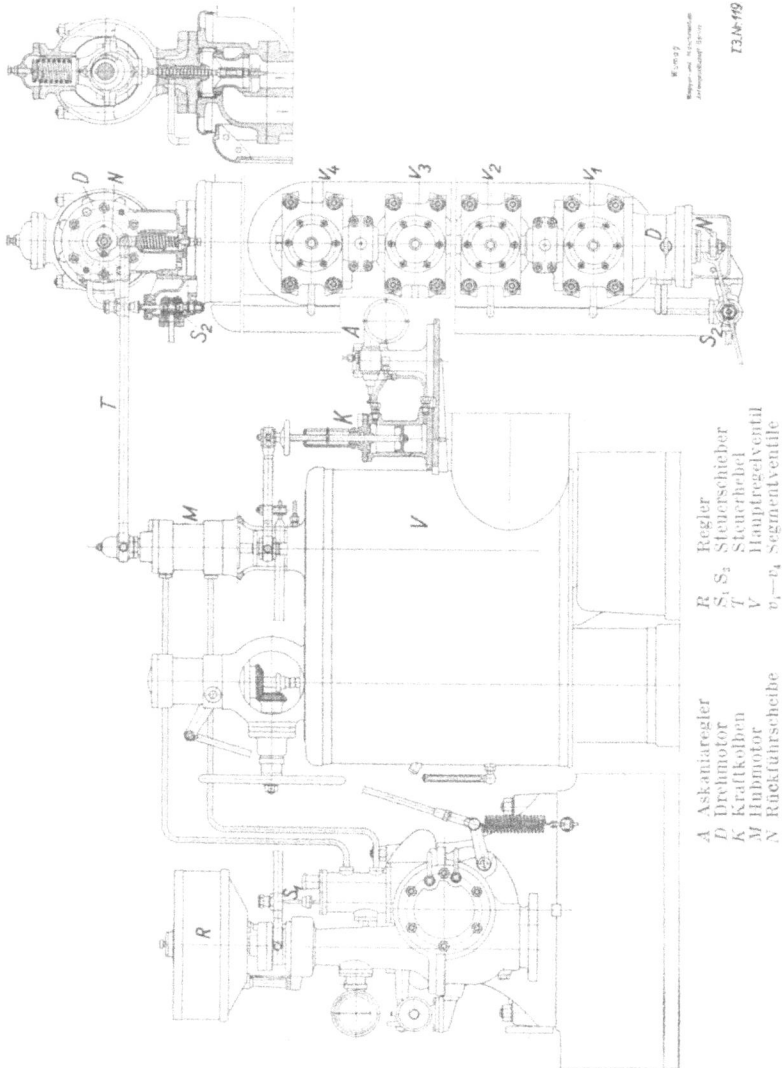

Abb. 130. Regelung der WUMAG-Gegendruckturbine.

A Askaniaregler
D Drehmotor
K Kraftkolben
M Hubmotor
N Rückführscheibe

R Regler
S_1, S_2 Steuerschieber
T Steuerhebel
V Hauptregelventil
v_1—v_4 Segmentventile

38. Kondensationsturbinen mit ungesteuerter Entnahme.

Wird einer Kondensationsturbine Dampf aus einer Stufe entnommen, so sinkt der Entnahmedruck verhältnisgleich der durch den nachfolgenden Turbinenteil strömenden Dampfmenge. Diese und die Ent-

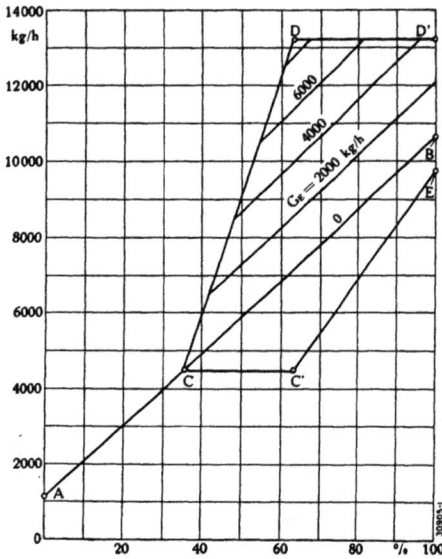

Abb. 131. Dampfverbrauchslinien einer Kondensationsturbine mit ungesteuerter Entnahme.

nahmedampfmenge bestimmen die Turbinenleistung. Die Dampfverbrauchlinien Abb. 131 sind denen einer Entnahmeturbine ähnlich. Wird kein Dampf entnommen, so gibt die Linie $A\,B$ den Dampfverbrauch abhängig von der Leistung in vH wieder. Im Punkte C ist der Stufendruck dem Entnahmedruck gleich, ebenso auf der Linie $C\,D$, die gleiche Niederdruckdampfmenge voraussetzt. Um den Dampfdruck in der Entnahmeleitung gleichzuhalten, muß, so lange der Stufendruck höher ist, nach der Heizleitung gedrosselt werden; ist er niedriger, so wird im Druck verminderter Frischdampf zugesetzt. Ersteres ist der Fall, wenn der Betrieb innerhalb dem Linienzug $C\,D\,D'\,B\,C$ geführt wird. Oberhalb der Linien $A\,C\,D\,D'$ muß Frischdampf ohne Arbeit zu leisten in die Entnahmelei-

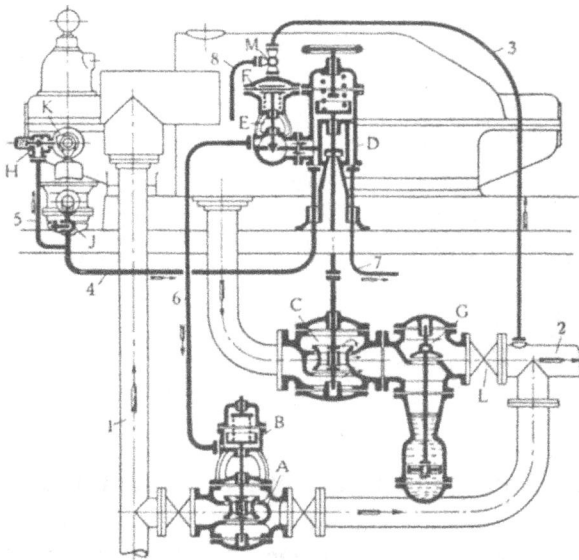

A Druckminderventil
B Kraftkolben zu A
C Drosselventil
D Kraftkolben zu C
E Druckregler
F Membrane zu E
G Rückschlagventil
H Ölablaufventil, vom Sicherheitsregler betätigt
J Einstellbares Ventil für den Öldruck
K Betätigungsnocken für H
L Absperrschieber
M Dreiwegbahn
1 Frischdampfleitung
2 Heizdampfleitung
3 Dampfleitung zu E
4 Hauptsteuerleitung
5 Steuerölleitung zu H
6 Steuerölleitung zu A
7 Ölablaufleitung
8 Entlüftung.

Abb. 132. Regelung einer BBC-Kondensationsturbine mit ungesteuerter Entnahme.

tung geführt werden. *C C' E* gibt die Niederdruckdampfmenge wieder, die entsprechend dem Betrieb *C D D'* verbraucht wird.

Für diese Turbine verwendet BBC die Regelung nach Abb. 132. Sowohl das Drosselventil *C* in der Heizleitung als auch das Druckminderventil *A* stehen unter dem Einfluß des Druckreglers *E*, abhängig vom Dampfdruck in der Entnahmeleitung. Bei hohem Stufendruck in der Turbine drosselt *C*. Wird bei gleicher Last mehr Dampf entnommen, so öffnet sich das Drosselventil *C*, bis es bei Druckgleichheit vor und hinter dem Ventil ganz offen ist. Das Druckminderventil *A* öffnet, wenn die Entnahme noch weiter zunimmt. Sinkt nun die Turbinenleistung, so vermindert sich die Dampfentnahme aus der Turbine und *A* setzt den Fehlbetrag der Entnahme zu, bis die Linie *C B* der Abb. 131 erreicht wird. Bei weiterem Lastrückgang schließt das Rückschlagventil *G* und *A* liefert die gesamte Heizdampfmenge. Löst der Schnellschluß aus, so öffnet das Ölablaufventil *H* und mit der Drucksenkung in den Steuerölleitungen schließen die Ventile *A* und *C*. Dadurch ist eine erhöhte Sicherheit für die Turbine gegen Rückströmen des Dampfes aus der Heizleitung gegeben, wenn das Rückschlagventil *G* hängenbleiben sollte, weil nicht nur die Anzapfleitung der Turbine, sondern auch das Druckminderventil geschlossen wird.

39. Entnahme-Kondensationsturbinen mit einfacher Entnahme.

Die Entnahme-Kondensationsturbinen mit einfacher Entnahme sollen der Kürze halber mit »Entnahmeturbinen« bezeichnet werden. Die Gestängeausmittlung für die Gleichwertregelung ist in Abschn. 13 angegeben worden. Wegen der verschiedenen, räumlichen Anordnung der Regelteile müssen zusätzliche Übertragungsgestänge angeordnet werden, deren Hebellängen und Hübe leicht zu bestimmen sind, wenn das Hauptgestänge ermittelt ist. Ebenso einfach ist es, die Konstruktionsabmessungen zu rechnen, wenn die Steuerung ohne gegenseitiger, unmittelbarer Beeinflussung der Regelventile gebaut wird.

In Abb. 133 ist die Regelung einer AEG-Entnahmeturbine zu sehen, die als reine Gleichwertregelung nach dem Schema der Abb. 34 ausgeführt wird. Der Drehzahlregler verstellt beide Ventilgruppen des Hoch- und Niederdruckteiles im gleichen, der Druckregler im entgegengesetzten Sinn. Um die Entnahmeregelung bei reinem Kondensationsbetrieb ausschalten zu können, ist am Druckregler ein Exzenterbolzen angebracht, mit dem das Druckreglergestänge in der Endlage festgehalten werden kann, die den vollgeöffneten Niederdruckventilen entspricht. Eine AEG-Entnahmeturbine ist in Abb. 134 wiedergegeben, aus der die Gestängeanordnung deutlich zu sehen ist. Die Anwendung der reinen Segmentregelung im Hoch- und Niederdruckteil und die seitliche Anordnung des Gestänges läßt die unmittelbare Ausführung der Regelung

nach dem Schema Abb. 34 zu. Seitlich der Turbine sitzt das Absperr-
und Schnellschlußventil der Entnahmeleitung. Seine Auslösung ist
mit dem Schnellschlußgestänge des Frischdampfventiles gekuppelt.

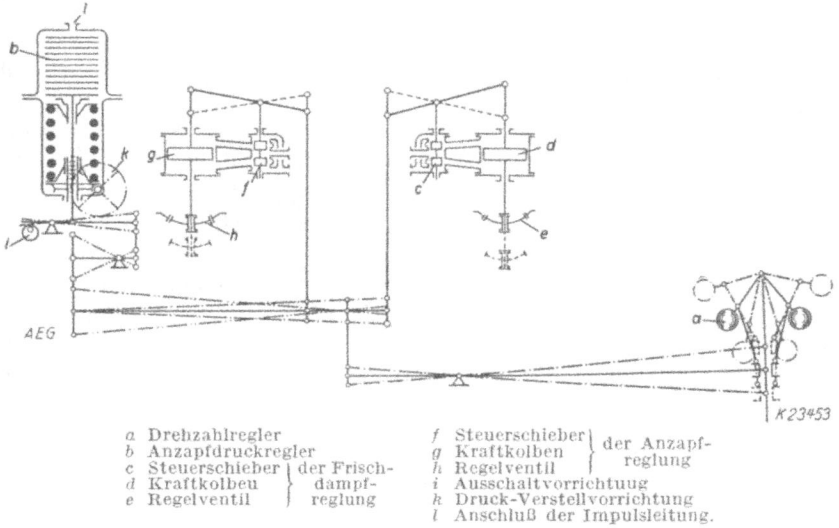

a	Drehzahlregler	f	Steuerschieber | der Anzapf-
b	Anzapfdruckregler	g	Kraftkolben | reglung
c	Steuerschieber | der Frisch-	h	Regelventil
d	Kraftkolben | dampf-	i	Ausschaltvorrichtuug
e	Regelventil | reglung	k	Druck-Verstellvorrichtung
		l	Anschluß der Impulsleitung.

Abb. 133. Regelschema einer AEG-Entnahmeturbine.

Abb. 134. AEG-Entnahmeturbine.

Borsig baut nach Abb. 135 die Steuerung der Entnahmeturbine ohne gegenseitige Beeinflussung des Hoch- und Niederdruckteiles, verzichtet somit auf die Gleichwertregelung. Läuft der Maschinensatz allein und ändert sich die Entnahmedampfmenge oder die Leistung, so muß die Hoch- oder Niederdrucksteuerung nachregeln. Um eine Verzögerung und die dadurch verursachte Beunruhigung des Regelvorganges zu vermeiden, verwendet Borsig für die Druckregelung hochempfindliche Strahlrohrregler H (Askania) und schaltet zwischen diesem und dem Niederdruckregelventil L einen Zwischensteuerschieber M. Letzterer ist nichts weiter als eine Vereinigung eines Kraftkolbens und eines Steuerschiebers, dessen Steuerkolben O ebenso wie die Drucköl-

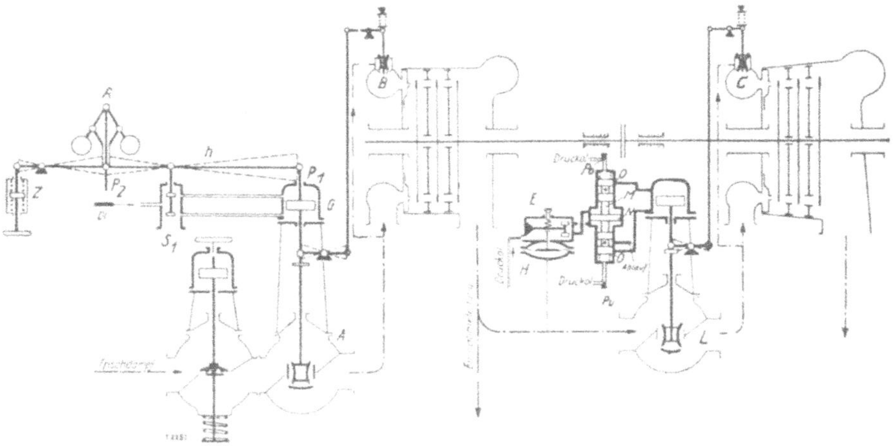

A H.D.-Regelventil	G Hilfsmotor zu A	N Kolben zu M	R Regler
B H.D.-Düsenventile	H Druckregler	O Steuerkanten	S_1 H.D.-Steuerschieber
C N.D.-Düsenventile	L N.D.-Regelventile	P_1 P_2 Drehpunkte	Z Federwaage
E Stellschraube	M Zwischensteuerschieber	P_0 P_u Öldrosselstellen	h Rückführstange.

Abb. 135. Regelung einer Borsig-Entnahmeturbine.

zuführung P_0 und P_u nach außen verlegt sind. Je kleiner die Abmessungen gewählt werden, um so kleiner wird der Rauminhalt und um so größer bei gleicher Ölmenge die Regelgeschwindigkeit. Sie läßt sich durch Änderung der Federkennlinie und durch Drosseln des Öleintrittes in weiten Grenzen verändern und damit auch die Regelgeschwindigkeit der Niederdrucksteuerung. Die Bauart des Zwischenschiebers vermeidet gleichzeitig ein Überregeln dadurch, daß zufolge der Drucksenkung in der mit dem Hilfsmotor verbundenen Kammer eine veränderliche Rückführkraft entsteht.

Die Hochdrucksteuerung ist die gleiche wie die einer Kondensationsturbine mit Düsenregelung. Auch die Niederdrucksteuerung führt Borsig mit einem Hauptdrosselventil und nachgeschalteten Düsenventilen

13*

aus. Beide Steuerungen stehen unter dem Einfluß des Schnellreglers. Um ein Rückströmen des Heizdampfes in die Turbine zu vermeiden, muß ein einwandfrei arbeitendes Rückschlagventil in die Entnahmeleitung eingebaut werden. Läuft der Maschinensatz elektrisch parallel, so sind Leistungsänderungen mit den Schwankungen der Entnahmedampfmenge unvermeidlich.

Der Grundgedanke der gestängelosen Steuerung einer Entnahmeturbine ist schon in Abschn. 20, Abb. 61, erläutert worden. Abb. 136 zeigt die BBC-Steuerung. Zwischen den Kraftkolben des Frischdampf- und Überstömventiles ist in der Ölleitung noch ein Drosselventil eingebaut, das von einem Metallbalgdruckregler in Abhängigkeit vom Heizdampfdruck beeinflußt wird. Es verstellt das Hoch- und Niederdruckventil im entgegengesetzten, der Drehzahlregler im gleichen Sinn. In der Heizleitung ist ein Rückschlag- und Absperrventil L eingebaut, dessen Spindel, sobald es geschlossen wird, ein Ölumschaltventil N öffnet und den Druckregler außer Wirkung bringt. Das Niederdruckventil G wird gleichzeitig voll geöffnet, wie es der reine Kondensationsbetrieb erfordert.

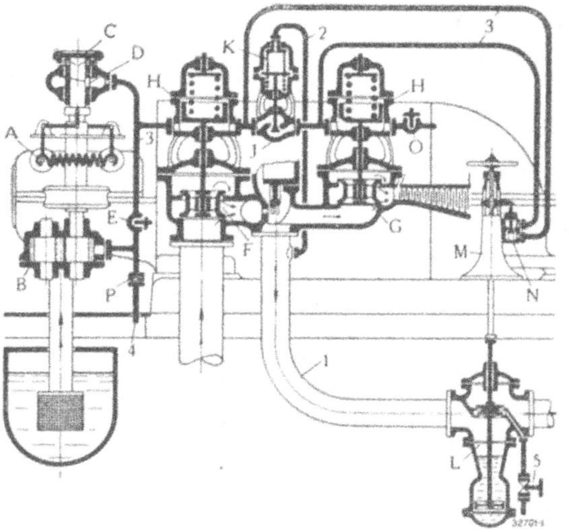

G Regelventil für den Entnahmedruck
H Kraftkolben
J Druckregler
K Membrane zu J
L Rückschlag- und Absperrventil
M Handradsäule zu L
N Ölumschaltventil, um den Druckregler J außer Betrieb setzen zu können
O Handregelventil für den Ölabfluß aus der Steueröleitung
P Blende
1 Entnahmedampfleitung
2 Steuer-Dampfleitung zu J
3 Steuer-Ölleitung zur Umgehung von J
4 Lageröllleitung
5 Entdämpfungsventil zu L.

Abb. 136. Regelung einer BBC-Entnahmeturbine.

Der Drehzahlregler wird mit vergrößertem Hub ausgeführt, um die Hoch- und Niederdruckventile unabhängig vom Druckreglerölventil ganz schließen zu können. Ein Überlaufen der Niederdruckventile, wie bei der Gestängesteuerung, ist hier nicht erforderlich. Wird zwischen dem Druckregelventil und dem Niederdruckkraftkolben in die Steueröleitung ein Absperrventil eingebaut, das geschlossen wird, so kann die Turbine mit tiefgestellter Büchse C als reine Gegendruckturbine mit Druckregelung betrieben werden.

Die MAN führt manchmal ihre Entnahmeturbinen im Hochdruck- und Niederdruckteil mit Düsenregelung und je einem vorgeschalteten

Hauptdrosselventil aus. In dem Sonderfall nach Abb. 137 besitzt nun die Entnahmeregelung, die am Beginn des Mitteldruckteiles angebracht ist, außer dem Drosselventil auch noch Düsenventile. Auch hier wird nur ein Hubmotor verwendet, der das Drosselventil und über einen Winkelhebel die Schubstange betätigt. Der Druckregler ist mit dem Hilfsmotor in der Ventilhaube eingebaut. Der Hochdruckteil besitzt zweifache Dampfeinströmung und Drosselregelung. Auf eine gegenseitige

Abb. 137. MAN-Entnahmeturbine.

Beeinflussung der Hoch- und Niederdruckregelung wurde hier verzichtet.

Die SSW bauen nach Abb. 138 die Entnahmeturbinen mit Gleichwertregelung und verwenden im Hoch- und Niederdruckteil nur Segmentventile. Der Drehzahlregler verstellt die Kölbchen der beiden Steuerschieber in gleicher Richtung, so daß gleichzeitig die Drehkolben an den Hochdruck- und Niederdruckventilen verstellt werden, damit die Entnahmedampfmenge unverändert bleibt, während der Druckregler die Hülsen gegeneinander in entgegengesetzter Richtung verschiebt. Abb. 139 zeigt die Ausführung einer eingehäusigen SSW-Entnahmeturbine. Das Rückführgestänge ist quer durch den Reglerblock gelegt und durch Drehwellen und Hebel mit den Rückführscheiben verbunden. Die Hoch- und Niederdruckventile sitzen zu beiden Seiten des Turbinengehäuses.

Die WUMAG führt die Steuerung für die Entnahmeturbine nach Abb. 140 als Gleichwertregelung aus. Um die Segmentregelung mit vorgeschaltetem Hauptdrosselventil im Hochdruck- und die reine Segmentregelung im Niederdruckteil beibehalten zu können, ist zwischen der

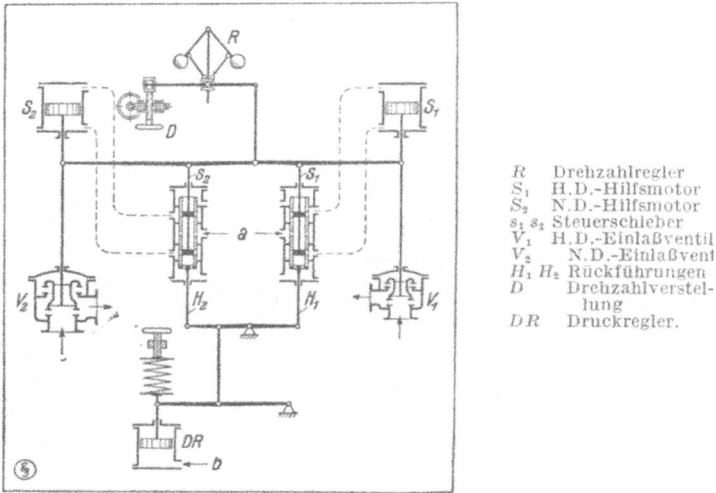

R	Drehzahlregler
S_1	H.D.-Hilfsmotor
S_2	N.D.-Hilfsmotor
$s_1 s_2$	Steuerschieber
V_1	H.D.-Einlaßventil
V_2	N.D.-Einlaßvent
$H_1 H_2$	Rückführungen
D	Drehzahlverstellung
D R	Druckregler.

Abb. 138. Regelschema der SSW-Entnahmeturbine.

Spindel des Drosselventiles und dem Kraftkolben des Druckreglers ein Hebel angelenkt, der noch mit dem Regler und den Niederdrucksegmentventilen in Verbindung ist. Es kann somit dieser Steuerung das Schema nach Abb. 34 zugrunde gelegt werden. Jede der Ventilgruppen wird von einem Ölmotor betätigt, so daß Kraftgestänge vermieden sind. Die Motoren können wegen der geringeren Gelenkreibung kleiner bemessen werden. Ein besonderer Vorteil liegt darin, daß die Verdrehungswinkel

Abb. 139. SSW-Entnahmeturbine.

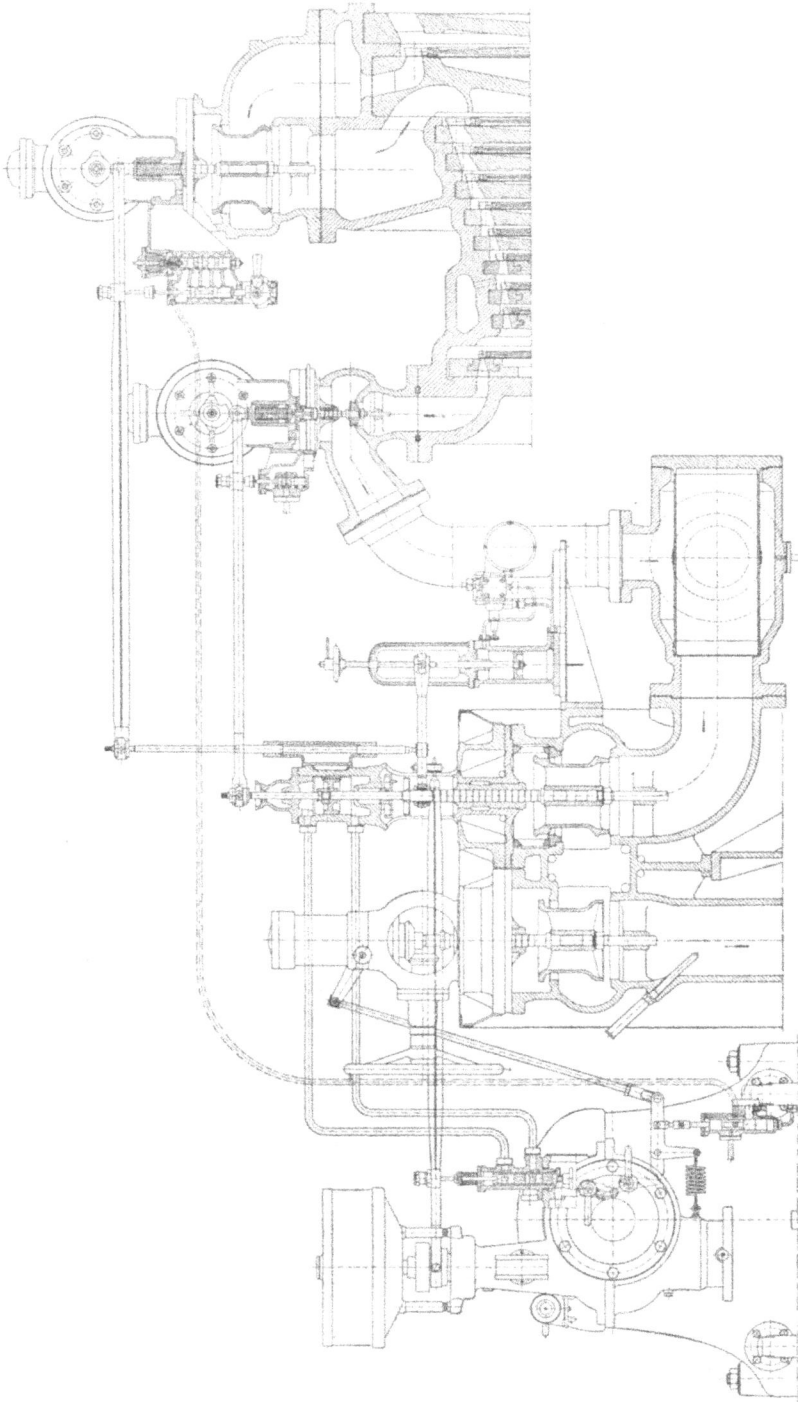

Abb. 140. Regelung einer WUMAG-Entnahmeturbine.

Abb. 141. 25 000-kW-Entnahmeturbine der WUMAG.

Abb. 142. 25 000-kW-Entnahmeturbine der WUMAG mit zweifacher Einströmung.

für die Segmentregelung genügend groß gewählt werden können bzw. die Zahl der Segmentventile. Wegen der Hintereinanderschaltung der Drehmotoren mit dem Hubmotor müssen die Volumen klein gehalten, also höhere Öldrücke verwendet werden. Zur Regelung des Entnahmedruckes ist in diesem Falle ein Askania-Regler vorgesehen. Der Drehzahlregler ist mit vergrößertem Hub ausgeführt, um unabhängig von der Druckreglerstellung alle Ventile schließen zu können. Damit ist schon eine Sicherheit vorhanden, um das Durchgehen der Turbine bei rückströmendem Heizdampf zu verhindern. Die WUMAG stellt aber außerdem noch die Niederdruckventile nach Abschn. 28 C unter den Einfluß des Schnellschlusses. Ein Ausführungsbeispiel einer größeren, zweigehäusigen WUMAG-Entnahmeturbine zeigt Abb. 141. In Abb. 142 ist eine Prüffeldaufnahme einer WUMAG-Entnahmeturbine mit zweifacher Einströmung wiedergegeben. Um beide Einlaßventile unter den Einfluß des Druckreglers zu bringen, ist der Kraftkolben des Druckreglers, der in diesem Falle auf dem Vorderlagerdeckel sitzt, mit beiden Ventilspindeln verbunden. An diesen beiden Hebeln greifen auch die Rückführstangen des Reglers an. Die Niederdruckventile sind nur mit einem der beiden Hebel in Verbindung. Die beiden Vorschaltdrosselventile öffnen in diesem Falle gleichzeitig.

40. Zweifach-Entnahmeturbinen.

Die Steuerung der Zweifach-Entnahmeturbine ist von der AEG als Gleichwertregelung, entsprechend Abschn. 14 entwickelt worden und wird nach Abb. 143 mit reiner Segmentregelung ausgeführt. Die Anordnung der Ventile und Druckregler entspricht dem Schema nach Abb. 47b. Dadurch, daß das Gestänge unmittelbar unter den Drehmotoren und Druckreglern angebracht ist und sinnvoll ineinander gelegt wurde, ist die Gesamtanordnung einfach und übersichtlich. Der Druckregler für die erste Entnahme ist mit dem Hochdruck- und der für die zweite Entnahme mit dem Mitteldruckdrehmotor zusammengebaut. Beide Regler sind ausschaltbar, um die Mittel- oder Niederdruckventile für den Betrieb ohne Entnahme ganz öffnen zu können. Zu beiden Seiten der Turbine sind die Absperrventile der Entnahmeleitungen angeordnet, die mit Schnellschlußvorrichtungen ausgeführt sind. Damit ist gegen das Rückströmen des Dampfes aus der Heizleitung eine doppelte Sicherheit vorgesehen.

Die BBC-Zweifach-Entnahmeregelung ist in Abb. 144 dargestellt. Ölseitig sind die Kraftkolben für das Hochdruck- und Mitteldruckventil mit dem des Niederdruckventiles parallel geschaltet. Der Druckregler für die erste Entnahme ist zwischen den Hoch- und Mitteldruckkraftkolben und der für die zweite Entnahme vor dem des Niederdruckventiles geschaltet. Der Drehzahlregler beeinflußt alle Ventile gleich-

Abb. 143. Regelung einer AEG-Zweifach-Entnahmeturbine.

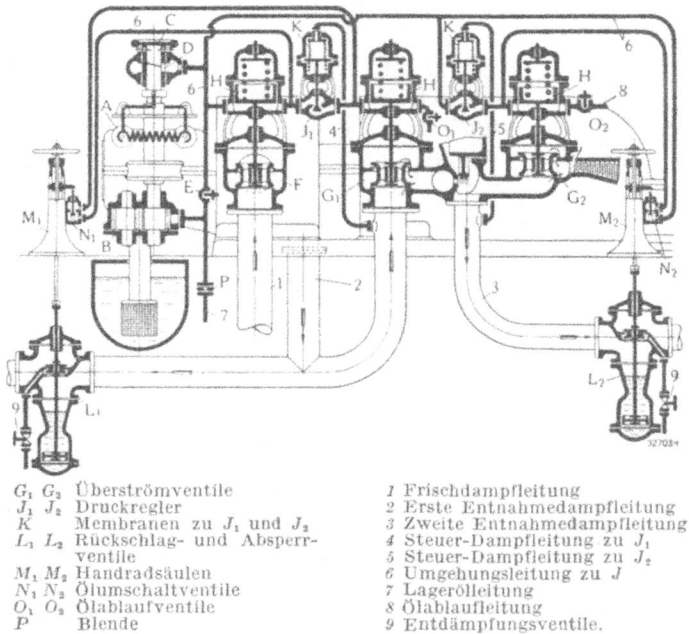

G_1 G_2	Überströmventile	1	Frischdampfleitung
J_1 J_2	Druckregler	2	Erste Entnahmedampfleitung
K	Membranen zu J_1 und J_2	3	Zweite Entnahmedampfleitung
L_1 L_2	Rückschlag- und Absperr-	4	Steuer-Dampfleitung zu J_1
	ventile	5	Steuer-Dampfleitung zu J_2
M_1 M_2	Handradsäulen	6	Umgehungsleitung zu J
N_1 N_2	Ölumschaltventile	7	Lagerölleitung
O_1 O_2	Ölablaufventile	8	Ölablaufleitung
P	Blende	9	Entdämpfungsventile.

Abb. 144. Regelung einer BBC-Zweifach-Entnahmeturbine.

zeitig. Ändert sich die Dampfmenge in der zweiten Entnahmeleitung, so werden vom Druckregler J_2 die Hoch- und Mitteldruckventile in gleichem und das Niederdruckventil im entgegengesetzten Sinn bewegt. Wird die erste Entnahmedampfmenge geändert, so verstellt wohl der Druckregler J_1 die Hoch- und Mitteldruckventile entgegengesetzt, das Niederdruckventil aber im gleichen Sinn wie das Hochdruckventil. Während im ersten und zweiten Fall die Regelung die Forderungen nach Abschn. 14 A erfüllt, tut sie es im dritten Fall nicht. Ändert sich also die

Abb. 145. BBC-Zweifach-Entnahmeturbine.

erste Entnahmemenge, so muß ein Nachregeln stattfinden. Wie in Abb. 136 werden auch hier die Druckregler ausgeschaltet und die zugehörigen Ventile geöffnet, wenn die Heizleitungen geschlossen werden. Der Muffenhub des Reglers muß so groß vorgesehen werden, daß alle Ventile unabhängig von den Druckreglerstellungen geschlossen werden können. In Abb. 145 ist eine ausgeführte BBC-Zweifach-Entnahmeturbine wiedergegeben, deren Hochdruckteil mit Segment-, der Mittel- und Niederdruckteil mit Drosselventilen ausgeführt sind.

Die SSW führen die Regelung der Zweifach-Entnahmeturbine nach dem Schema der Abb. 146 aus. Die Hoch- und Niederdruckdampf-

mengen werden demnach nach der Gleichwertregelung, wie sie für die
einfache Entnahmeturbine nach Abb. 138 verwendet wird, gesteuert,
während die Mitteldruckdampfmenge unabhängig von der übrigen Regelung allein vom Druckregler der ersten Entnahmestelle beeinflußt
wird. Diese Anordnung läßt vermuten, daß es sich hier um eine Sonder-
ausführung handelt, die für eine Anlage bestimmt ist, bei der die erste
Entnahme wohl mit gleichem Druck, aber nur vorübergehend benötigt
wird, während der Hauptbetrieb mit der zweiten Entnahme geführt

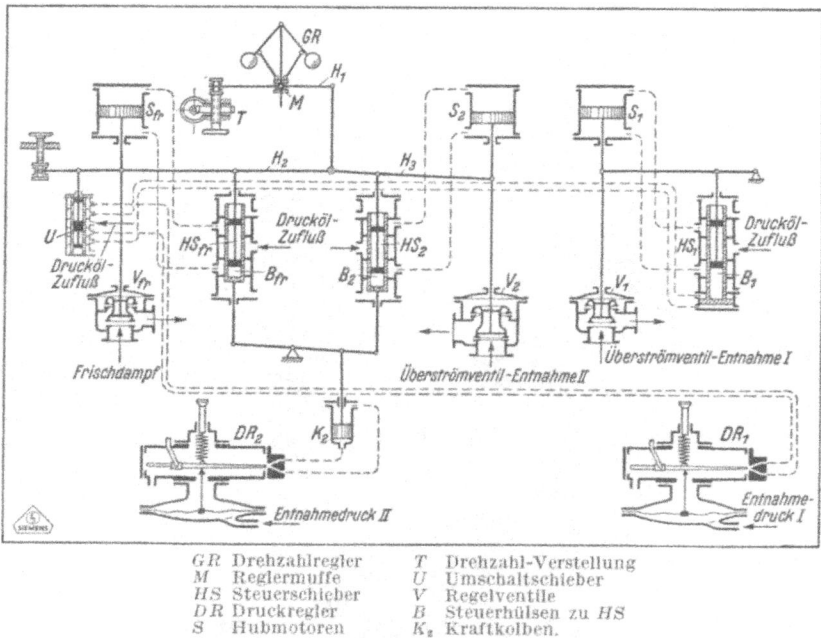

GR	Drehzahlregler	T	Drehzahl-Verstellung
M	Reglermuffe	U	Umschaltschieber
HS	Steuerschieber	V	Regelventile
DR	Druckregler	B	Steuerhülsen zu HS
S	Hubmotoren	K_2	Kraftkolben.

Abb. 146. Regelung einer SSW-Zweifach-Entnahmeturbine.

wird. Wird der erste Druckregler abgestellt, und dadurch die Mitteldruckventile ganz geöffnet, so arbeitet die Steuerung gleichwertig.
Sind beide Entnahmesteuerungen in Betrieb, so findet in jedem Falle
ein Nachregeln statt, ob sich nun die Belastung, die erste oder zweite
Entnahme ändern. Um ein Durchgehen der Turbine bei rückströmendem Dampf zu verhindern, ist mit der Hochdruckventilspindel noch ein
Umschaltschieber verbunden, der im gewöhnlichen Betrieb keinen Einfluß auf die Steuerung hat, aber unterhalb einer bestimmten Öffnung
der Hochdruckventile Drucköl über den Kolben der Steuerschieberhülse
der Mitteldrucksteuerung leitet und dadurch die Mitteldruckventile
zwangsweise unabhängig von der Stellung des Druckreglers schließt,
aber mittelbar beherrscht vom Geschwindigkeitsregler. Mit Hilfe einer

Stellschraube läßt sich die Umschaltung bei einer beliebigen Ventil-
stellung genau einstellen. Die Niederdruckventile werden mit den
Hochdruckventilen vom Regler geschlossen, wobei je nach der Stellung des zweiten Druckreglers der Kolben des Niederdrucksteuer-
schiebers mehr oder weniger überläuft.

Die WUMAG behält auch für die Zweifach-Entnahmeturbine das
den Hochdruck-Segmentventilen vorgeschaltete Hauptdrosselventil und
die Gleichwertregelung bei. Für diese Ausführung ist die unmittelbare

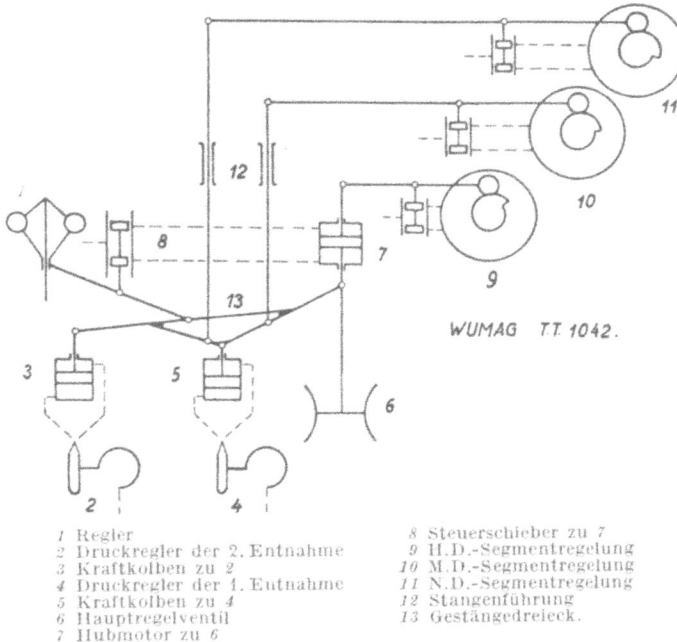

1 Regler	8 Steuerschieber zu 7
2 Druckregler der 2. Entnahme	9 H.D.-Segmentregelung
3 Kraftkolben zu 2	10 M.D.-Segmentregelung
4 Druckregler der 1. Entnahme	11 N.D.-Segmentregelung
5 Kraftkolben zu 4	12 Stangenführung
6 Hauptregelventil	13 Gestängedreieck.
7 Hubmotor zu 6	

Abb. 147. Regelschema einer WUMAG-Zweifach-Entnahmeturbine
mit Dreiecksanlenkung.

Verwendung der Gestängeanordnung nach Abb. 46 nicht möglich.
Es ist deshalb nötig, sie in einen festen Dereiecksverband umzuwandeln
dadurch, daß man sich den Druckregler *II* der Abb. 46 senkrecht aus
der Bildebene gezogen denkt, unter gleichzeitiger verhältnisgleicher
Änderung der Hebellänge und soweit nach oben verschiebt, bis sich die
Anlenkpunkte der senkrechten Verbindungen decken. Die Gelenke
fallen dabei weg, so daß ein starrer Dreiecksverband entsteht. In
Abb. 147 ist ein Schema dieser Dreieckssteuerung nach Anordnung
Abb. 47 *c* gezeichnet. Die Segmentventile sind weggelassen und nur die
Drehmotoren mit den Rückführscheiben angedeutet. Es ist angenom-
men, daß die Ventile schließen, wenn sich die Rückführscheiben ent-

gegen dem Uhrzeigersinn drehen. Die Rückführstangen der Mittel- und Niederdrucksteuerung sind durch senkrechte Stangen, die in Hülsen geführt werden, mit dem Gestängedreieck verbunden. Das Gewicht dieses Gestänges und das des Drehzahlreglers muß von den drei Stützpunkten, und zwar von den beiden Druckreglerkraftkolben *3* und *5* und dem Hubmotor *7* aufgenommen werden. Verfolgt man daraufhin die Bilder nach Abb. 47, so findet man, daß die Anordnung nach *c*) die beste Abstützung gibt. Regelverzögerungen können wegen der Hintereinanderschaltung der Hilfsmotoren *7* und *9* nicht ganz vermieden werden, doch können sie bei richtiger Bemessung sehr klein gehalten

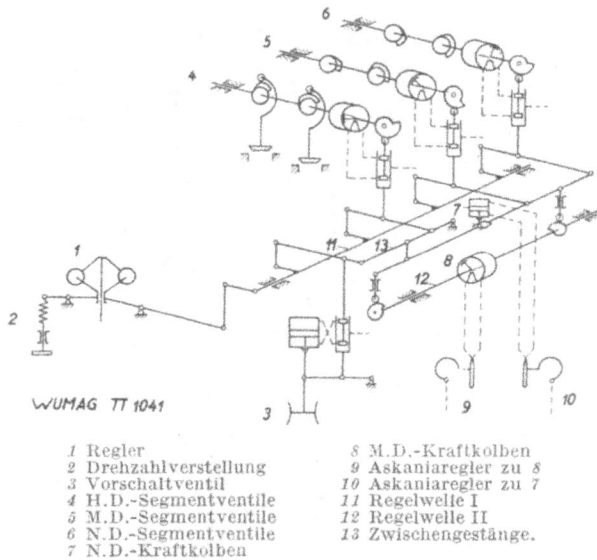

WUMAG TT 1041

1 Regler	*8* M.D.-Kraftkolben
2 Drehzahlverstellung	*9* Askaniaregler zu *8*
3 Vorschaltventil	*10* Askaniaregler zu *7*
4 H.D.-Segmentventile	*11* Regelwelle I
5 M.D.-Segmentventile	*12* Regelwelle II
6 N.D.-Segmentventile	*13* Zwischengestänge.
7 N.D.-Kraftkolben	

Abb. 148. Regelschema einer Zweifach-Entnahmeturbine der WUMAG.

werden. Zerlegt man den Regelvorgang, so findet man, daß bei einer Änderung des Druckes in der ersten oder zweiten Entnahme, am Beginn der Impulsübertragung ein geringes Überregeln im Niederdruck- bzw. im Mittel- und Niederdruckteil stattfindet, das vom Hochdruckmotor *7* wieder ausgeglichen wird. Ihre Auswirkung steht der des Druckreglers entgegen, so daß sie bremsend wirkt, was oft erwünscht ist. Es können dadurch Pendelungen nicht so leicht auftreten. Eine wichtige Bedingung ist die, daß die Anlenkpunkte des ersten Kraftkolbens *5*, der Mitteldruckventile und des Drosselventiles *6* in eine Gerade fallen, was von der Anordnung nach Abb. 47 *c* erfüllt wird. Trifft dies nicht zu, so ist mindestens darauf zu achten, daß am Regelbeginn die Mitteldruckventile nicht verkehrt steuern. In der Wahl der

Anordnung der Ventile und Druckregler ist man demnach bei dieser Bauart beschränkt.

Ist es erforderlich, die Steuerung mit höherer Empfindlichkeit auszuführen, so baut sie die WUMAG nach dem Schema der Abb. 148. Der Drehzahlregler wirkt über die Drehwelle *11* gleichzeitig auf die Steuerschieber ein und unabhängig davon die Druckregler. Der Druckregler *9* der zweiten Entnahme beeinflußt den Drehkraftkolben *8* und verstellt das Gestänge durch die Nockenwelle *12*, während der Druck-

Abb. 149. 12 000-kW-Zweifach-Entnahmeturbine der WUMAG.

regler *10* der ersten Entnahme den Kraftkolben *7* und damit das Gestänge steuert. Der Zwischenhebel *13* ist erforderlich, um das Drosselventil und die Hochdrucksegmentventile immer im gleichen Sinn zu regeln. Auch diese Steuerung erfüllt die Bedingungen der Gleichwertregelung nach Abb. 46. Nachdem kraftübertragende Gestänge fehlen, können die Kraftkolben sehr klein gewählt werden und dadurch kann wieder bei entsprechend kleinen Hilfsmotoren die Regelgeschwindigkeit erhöht werden. In Verbindung damit ermöglicht der gleichzeitige Eingriff der Ventile die Erfüllung der höchsten Anforderungen an die Steuerung. Die Drehwellen liegen in Kugellagern und sind so ausgeführt, daß sie jeder Wärmebewegung nachgeben. Die Rollen werden durch Federn an die Nocken gepreßt. Zur Verstellung der Drehzahl dient eine Federwaage, die über einen Hebel auf die Reglermuffe einwirkt. Auch hier ist die Turbine durch zwei Schnellschlußvorrichtungen geschützt, von denen die eine das Anlaß-, die zweite sämtliche Regelventile schließt, um auch ein Durchgehen der Turbine durch rückströmenden Dampf aus den Entnahmeleitungen zu vermeiden.

Eine Ausführung einer WUMAG-Zweifach-Entnahmeturbine mit Drehwellensteuerung zeigt Abb. 149. Die beiden Drehwellen, ebenso das ineinandergelegte Regelgestänge sind gut erkennbar. Die beiden Askania-Regler sind seitlich der Turbine aufgestellt.

41. Entnahme-Gegendruckturbinen.

Die Steuerung der Entnahme-Gegendruckturbine wird von der AEG nach Abb. 150 ausgeführt. Sie entspricht genau dem Schema nach Abb. 50 und erfüllt somit die gestellten Regelbedingungen nach Abschnitt 16 A. Im Parallelbetrieb, für den diese Turbine mit zwei Druckreglern hauptsächlich angewendet wird, beeinflußt der Entnahmeregler b nur die Hochdruckventile, während der Gegendruckregler c die Hoch- und Niederdruckventile gleichzeitig im gleichen Sinn bewegt.

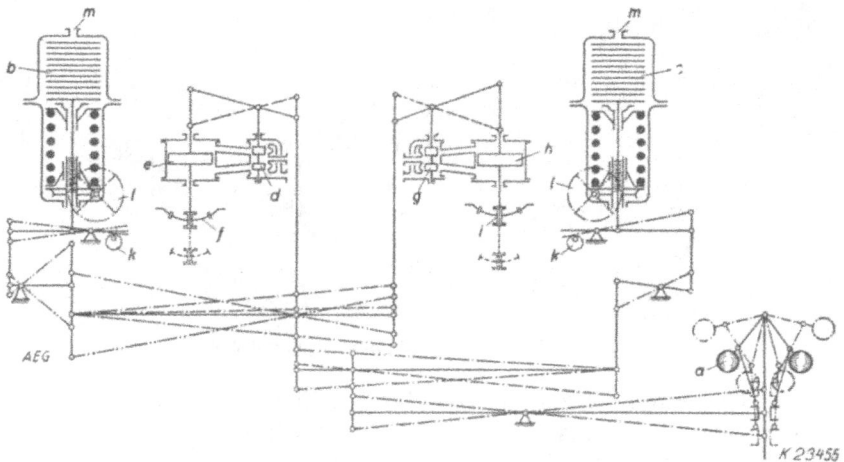

Betriebsarten:
1. Drehzahlregler (— · — · —) in Betrieb, Anzapfdruckregler ausgeschaltet.
2. Anzapfdruckregler (— · · —) und
   Gegendruckregler (— — · —) in Betrieb,
   Drehzahlregler ausgeschaltet.

a Drehzahlregler	g Steuerschieber } der Hochdruck-
b Anzapfdruckregler	h Kraftkolben } regelung
c Gegendruckregler	i Regelventil }
d Steuerschieber } der Niederdruck-	k Ausschaltvorrichtung
e Kraftkolben } regelung	l Druck-Verstellvorrichtung
f Regelventil }	m Anschluß der Impulsleitung.

Abb. 150. Regelschema einer AEG-Entnahme-Gegendruckturbine.

Im Alleinbetrieb mit festgestelltem Gegendruckregler muß bei einer Druckänderung im Entnahmebetrieb der Drehzahlregler, der beide Ventilgruppen im gleichen Sinn verstellt, nachregeln. Beide Druckregler werden mit den Ausschaltvorrichtungen k ausgeführt. Der Regler a muß beide Ventilgruppen unabhängig von den Druckreglerstellungen ganz schließen können. Der Hub muß deshalb entsprechend groß gewählt werden. Die Ausführung dieser Steuerung ist aus der Abb. 151 zu ersehen, die eine im Aufbau befindliche AEG-Entnahme-Gegendruckturbine zeigt. Die Gestängeanordnung wirkt infolge der

Abb. 151. Steuerung einer AEG-Entnahme-Gegendruckturbine.

Ineinanderlegung der Hebel sehr übersichtlich. Der Antrieb für die Druckverstellung, ebenso die Ausschaltvorrichtungen der Druckregler sind gut erkennbar. Das Übertragungsgestänge des Entnahmedruckreglers ist noch mit einem kleinen Ölkolben verbunden, der ein fernaufgestelltes Frischdampfzusatzventil zur Entnahmedampfleitung betätigt, und zwar dann, wenn mehr Anzapfdampf gebraucht wird als die Turbine abgeben kann. Neben der Reglersäule ist das Öldrosselventil mit Differentialkolbenregelung zu sehen.

Wie bei den Entnahme-Kondensationsturbinen führt Borsig auch bei Entnahme-Gegendruckturbinen die Hoch- und Niederdrucksteuerung ohne gegenseitige Beeinflussung aus.

Abb. 152. Entnahme-Gegendruckturbine von Borsig.

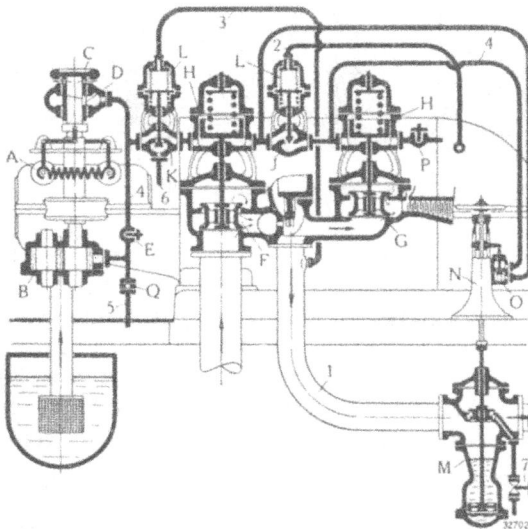

A Drehzahlregler
B Ölpumpe
C Ölregelbüchse
D Dreieckige Ölablauföff-
  nung in C
E Stellschraube
F HD.-Regelventil
G ND.-Regelventil
H Kraftkolben zu F und G
J Gegendruckregler
K Entnahmedruckregler
L Membranen zu J und K
M Rückschlag- u. Absperrventil
N Handradsäule
O Ölumschaltventil
P Ölablaufventil
Q Blende
1 Entnahmedampfleitung
2 Steuer-Dampfleitung zu J
3 Steuer-Dampfleitung zu K
4 Ölleitung zur Umgehung
  von J
5 Lagerölleitung
6 Ölablaufleitung
7 Entdämpfungsventil.

Abb. 153. Regelung einer BBC-Entnahme-Gegendruckturbine.

In Abb. 152 ist eine Entnahme-Gegendruckturbine abgebildet, bei der die Anordnung der Segmentventile und der vorgeschalteten Haupt-drosselventile im Hoch- und Niederdruckteil gut ersichtlich ist.

Die Regelung einer Gegendruck-Entnahmeturbine, wie sie BBC aus-führt, ist in Abb. 153 wiedergegeben. Das erste Ölregelventil, das vom Entnahmedruckregler beeinflußt wird, ist in der Ölleitung zwischen dem Drehzahlregler und dem Kraftkolben des Frischdampfventiles, das Öl-ventil des Gegendruckreglers zwischen den beiden Kraftkolben der

Hoch- und Niederdruck-ventile eingebaut. Wenn bei Verringerung der Ent-nahmedampfmenge der Druck steigt, so läßt der Entnahmedruckregler Öl durch die Ölabflußleitung 6 austreten und die Hoch-und Niederdruckventile schließen. Der Gegendruck-regler muß demnach das Niederdruckventil nach-regeln. Ändert sich die Gegendruckdampfmenge, so verstellt der Druckreg-ler J die Hoch- und Nie-derdruckventile entgegen-gesetzt. Auch in diesem Falle muß das Frisch-dampfventil nachgeregelt werden. Die Regelforde-rungen nach Abschn. 16Ab) können nicht erfüllt wer-den, weil die Steuerung nach Art der Doppelge-gendruckturbinen ausge-führt ist. Der Drehzahl-

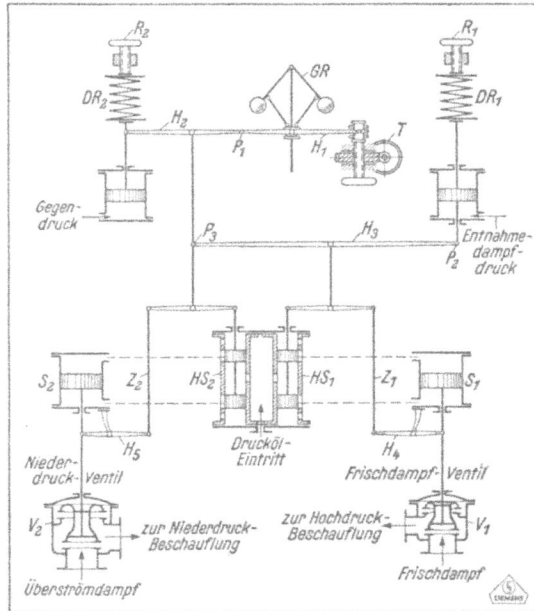

GR Drehzahlregler   T Drehzahl-Verstellung
DR Druckregler-Federn   V Regelventile
HS Steuerschieber   F Drehpunkte
R   Spannschrauben
S   Hubmotoren

Abb. 154. Regelung einer SSW-Entnahme-Gegendruck-turbine.

regler ist wegen des Parallelbetriebes ausgeschaltet, muß aber in der Lage sein, beide Ventile zu schließen, wenn der Hauptschalter fällt.

Die Regelung der Entnahme-Gegendruckturbine führen die SSW nach Abb. 154 bzw. nach Abb. 50 aus. Der Druckregler in der Entnahme-leitung verstellt nur die Frischdampfventile. Der Gegendruckregler verstellt sowohl die Frischdampfventile als auch die Niederdruckventile, so daß der Druck in der Entnahmeleitung sich nicht verändert, wenn die Gegendruckdampfmenge wechselt. Wenn beide Druckregler in Tätigkeit sind, muß die Maschine parallel arbeiten zum Ausgleich der Belastungs-

14*

Abb. 155. SSW-Entnahme-Gegendruckturbine.

schwankungen. Arbeitet die Turbine allein, so wird der Gegendruckregler ausgeschaltet und Geschwindigkeits- wie Entnahmeregler sind in Betrieb. Wird auch der Entnahmeregler ausgeschaltet, so arbeitet die Turbine als Gegendruckturbine nur mit dem Geschwindigkeitsregler, der allein den Dampfdurchsatz entsprechend der Leistung steuert. Ein Ausführungsbeispiel ist aus Abb. 155 zu ersehen. Die Regelventile sind seitlich, jedoch unter Flur angeordnet.

Abb. 156 gibt eine WUMAG-Entnahme-Gegendruckturbine wieder, die mit der Steuerung nach Abb. 140 ausgeführt ist. Der Gegendruck wird von einem Druckminderventil gleichgehalten.

Abb. 156. WUMAG-Entnahme-Gegendruckturbine.

42. Zweidruckturbinen.

Die Regelung der Zweidruckturbine, wie sie von der AEG ausgeführt wird, zeigt Abb. 157, aus der auch die schematische Darstellung ersichtlich ist. Sie läßt sich leicht auf das Schema nach Abb. 56 bringen und entspricht demnach den Regelbedingungen nach Abschn. 17 B. Der Abdampf wird wie der Frischdampf durch Segmentventile geregelt und nur der ersten Stufe des Niederdruckteiles zugeführt, während der vom

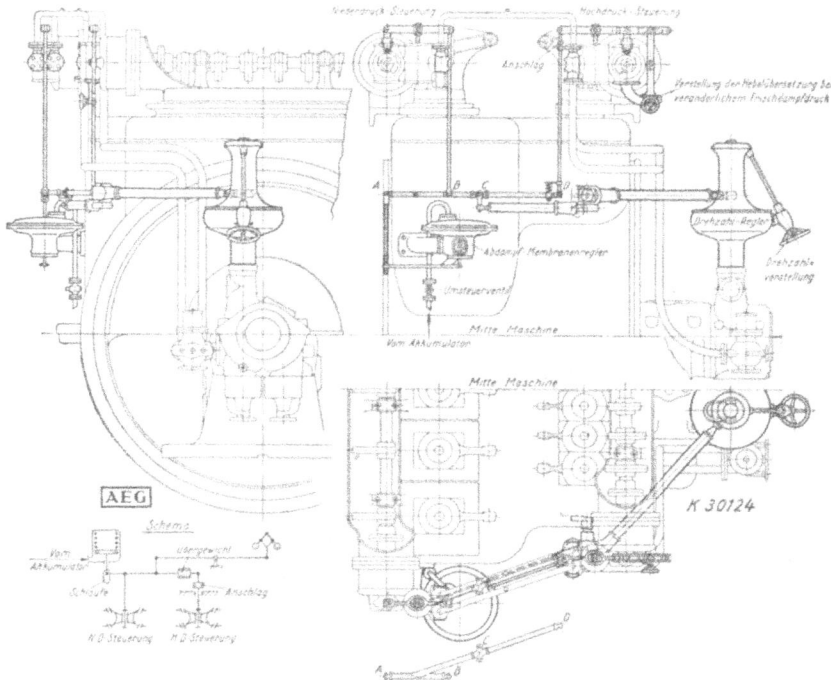

Abb. 157. Regelung einer AEG-Zweidruckturbine.

Hochdruckteil kommende Dampf diese Stufe umströmt und vor das zweite Leitrad geleitet wird. Ein Absinken des Abdampfdruckes wird von einem Membrandruckregler verhindert, dessen Hebel lose mit der senkrechten Stange verbunden ist. Die beiden festen Begrenzungen an dieser Stange ersetzen die Schleife. Die Feder im Punkte D drückt dauernd den unteren Anschlag gegen den Membranhebel. Hat der Drehzahlregler die Frischdampfventile geschlossen und steigt die Drehzahl weiter an, so überwindet der Regler die Federkraft und schließt auch die Abdampfventile. Zur Hubbegrenzung des Frischdampfgestänges ist ein Anschlag vorgesehen. Am Hochdruckdrehmotor ist noch eine Vorrichtung angebracht, die durch die Veränderung der Hebellänge und damit der Übersetzung es ermöglicht, die Steuerung dem veränderten Frischdampfdruck anzupassen. Während der Drehzahlregler vorwiegend nur die Frischdampfventile regelt, beeinflußt der Druckregler beide Ventilgruppen im entgegengesetzten Sinn. Der Drehzahlregler übernimmt bei kleiner Last und geschlossenen Frischdampfventilen, also bei reinem Abdampfbetrieb, die Steuerung der Abdampfventile. Die AEG führt auch Zweidruckturbinen aus, in denen sich entsprechend Abb. 2 der Abdampf mit dem vom Hochdruckteil kommenden Dampf mischt.

Die Ausführung der AEG-Zweidrucksteuerung ist in Abb. 158 wiedergegeben. Nachdem diese Turbine zum Antrieb eines Kompres-

Abb. 158. Regelung einer AEG-Zweidruckturbine.

sors bestimmt ist, wurde sie noch mit einem Luftdruckregler versehen, der an der Stirnseite der Turbine angebracht ist und parallel mit dem Drehzahlregler auf das Steuergestänge einwirkt.

Die Steuerung einer Zweidruckturbine von Borsig zeigt Abb. 159. Die Regelung ist die gleiche wie in Abb. 56 dargestellt. Im Hoch- und Niederdruckteil sind auch hier den Düsenventilen Hauptdrosselventile vorgeschaltet. Die Anwendung der Segmentregelung im Niederdruckteil bedingt die Ausführung der Turbine nach Abb. 5.

Die Zweidruckturbinenregelung von BBC unterscheidet sich äußerlich von der für die Entnahmeturbine nach Abb. 136 nur dadurch, daß wegen Fehlens des vollen Zwischenbodens das Niederdruckventil nicht in einer Überströmleitung, sondern in der Abdampfleitung eingebaut ist.

Während bei der Entnahmeturbine bei Lastwechsel beide Ventile sich gleichzeitig im gleichen Sinn bewegen, muß bei der Zweidruckturbine zum Beispiel bei Entlastung zuerst das Frischdampf- und dann erst das Abdampfventil schließen. Der Regler muß wieder genügend Überhub haben, um beide Ventile hintereinander schließen zu können. Bei gleicher Belastung und veränderlicher Abdampfmenge bewegen sich die Ventile entgegengesetzt. Wegen des vorzeitigen Schließens des Hochdruckventiles ist auch der reine Abdampfbetrieb möglich. Im Allein-

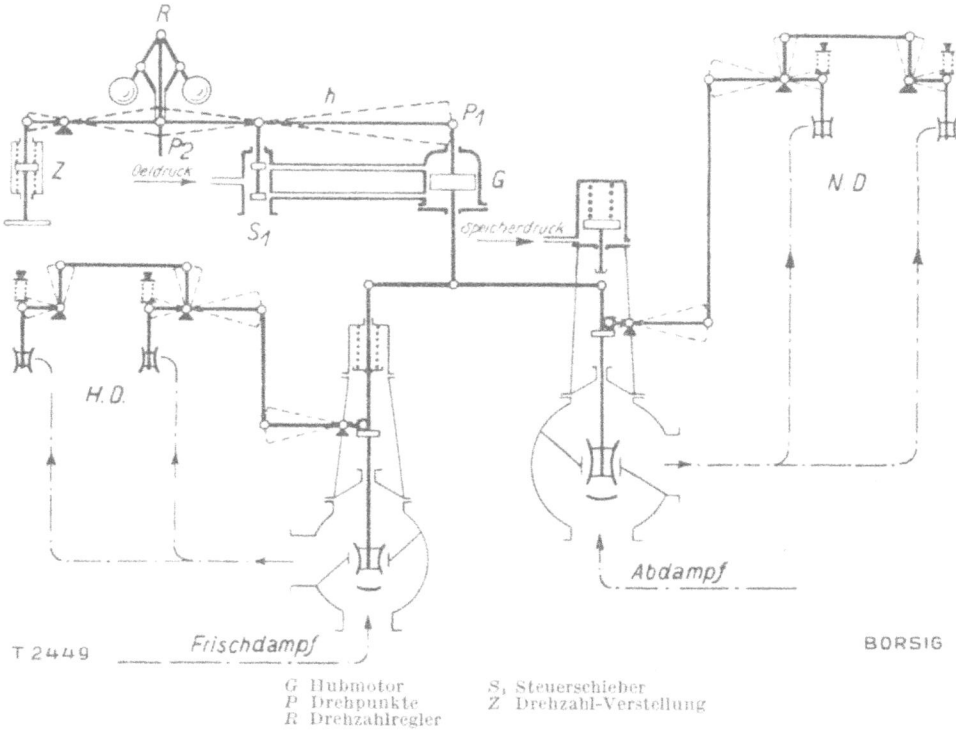

G Hubmotor   S₁ Steuerschieber
P Drehpunkte   Z Drehzahl-Verstellung
R Drehzahlregler

Abb. 159. Regelung einer Borsig-Zweidruckturbine.

betrieb ist bei kleiner Belastung das Hochdruckventil ganz geschlossen, das Ölregelventil des Druckreglers wegen des hohen Abdampfdruckes ganz offen und der Regler beeinflußt nur die Abdampfmenge. Soll im Parallelbetrieb nur mit Abdampf gefahren werden, so muß von Hand aus der Steueröldruck so tief gesenkt werden, daß die Hochdruckventile ganz geschlossen bleiben. Er muß jedoch so hoch sein, daß die Abdampfventile vom Druckregler aus voll geöffnet werden. Dies ist durch geeignete Abstufung des Öffnungsbeginnes der Hochdruck- und Abdampfventile leicht erreichbar.

Eine ausgeführte BBC-Zweidruckturbine mit Drosselregelung des Abdampfes und Segmentregelung des Frischdampfes ist in Abb. 160 wiedergegeben.

Die SSW verwenden für die Zweidruckturbinen die gleiche Regelung wie für die Entnahmeturbinen nach Abb. 138, wobei jedoch der Druckregler den Druck in der Abdampfleitung gleichhält. Vielfach werden diese Turbinen zum Antrieb von Turbokompressoren verwendet, deren Enddruck gleichfalls von der Turbinenregelung gleichgehalten wird.

Abb. 160. BBC-Zweidruckturbine.

Zu diesem Zwecke ist ein besonderer Luftdruckregler erforderlich, der parallel mit dem Regler angelenkt wird.

Eine WUMAG-Zweidruckturbinensteuerung, die im Hoch- und Niederdruckteil mit Drosselregelung ausgeführt ist, zeigt Abb. 161. Sie entspricht dem Regelschema der Abb. 56, wobei die Turbine selbst nach Abb. 2 gebaut ist. Mit dieser Regelung kann demnach der reine Abdampfbetrieb gefahren werden. Dem Frisch- und Abdampfventil sind Anlaßventile vorgeschaltet, die vom Schnellschluß beeinflußt werden. Vielfach werden diese Turbinen zum Antrieb von Kompressoren verwendet. Eine Ausführung der WUMAG ist in Abb. 161 wiedergegeben. Zur Gleichhaltung des Kompressorenddruckes diente in Luftdruckregler, der links vom Vorderlager angeordnet ist und unmittelbar auf die Hülse des Steuerschiebers einwirkt. Die Abdampfventile sind unter dem Fußboden angebracht.

Die Drosselregelung der Zweidruckturbine ist in den letzten Jahren immer mehr von der Segmentregelung verdrängt worden. Die WUMAG behält nach Abb. 162 auch in diesem Falle das den Segmentventilen V_2

Abb. 161. WUMAG-Zweidruckturbine für Kompressorantrieb.

vorgeschaltete Hauptdrosselventil V_1 bei, während für die Abdampfregelung die reine Segmentventilsteuerung verwendet wird. Das Kennzeichen dieser Steuerung sind die beiden Drehwellen, deren eine die Leistungs-, die andere die Druckregelung übernimmt. Die erstere wird von einem Drehmotor D_1 verstellt, der von dem Steuerschieber H_1 beeinflußt wird, während die letztere mit dem Drehkolben D_3 gekuppelt ist, der einseitig von dem Drucköl des Fernsteuerventiles V_4 belastet ist und von der Feder F im Gleichgewicht gehalten wird. Wird, wie im vorliegenden Falle, der Abdampf durch einen Glockenspeicher geleitet, so ist die Anwendung eines federbelasteten Druckreglers gerechtfertigt, weil der Ungleichförmigkeitsgrad mit Rücksicht auf eine stabile Regelung groß gewählt werden muß. Zu beachten ist nur, daß die Kennlinie der Feder des Fernsteuerventiles steiler gewählt wird als die des Druckreglers D_3, damit die Drehwelle ihre Grenzlagen auch wirklich erreichen kann. Wird die Steuerung in Verbindung mit einem raumbeständigen Speicher ausgeführt, so kann der Druckregler unmittelbar an die Abdampfleitung angeschlossen werden, wenn der zulässige Unterschied des Dampfdruckes mindestens 10 vH vom mittleren Druck beträgt. Liegt er darunter, so ist der Drehkolben mit einem Strahlrohrregler zu verbinden, dessen Ungleichförmigkeitsgrad in größeren Grenzen verstellbar ist.

Die Steuerung nach Abb. 162 stimmt mit dem Regelschema nach Abb. 56

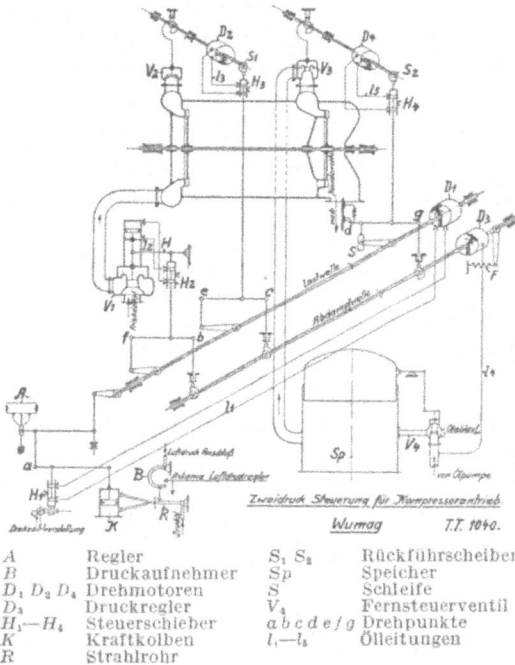

A	Regler	$S_1 S_2$	Rückführscheiben
B	Druckaufnehmer	Sp	Speicher
$D_1 D_2 D_4$	Drehmotoren	S	Schleife
D_3	Druckregler	V_4	Fernsteuerventil
H_1—H_4	Steuerschieber	$a\ b\ c\ d\ e\ f\ g$	Drehpunkte
K	Kraftkolben	l_1—l_5	Ölleitungen
R	Strahlrohr		

Abb. 162. Regelung einer WUMAG-Zweidruckturbine.

überein. Der Drehzahlregler verstellt innerhalb des Spieles der Schleife S nur die Frischdampfsteuerung, wobei die Segmentventile V_2 erst bei einem bestimmten Hub des Hauptdrosselventiles V_1 zu öffnen beginnen. Abhängig von der Abdampfmenge, also vom Hub der Speicherglocke, verstellt der Druckregler D_3 über die Nocken die Frischdampf- und Abdampfventile entgegengesetzt. Die Schleife S ist so ausgebildet, daß sie der Hebel unten berührt, wenn die Frischdampfventile ganz geschlossen sind. Steigt die Drehzahl noch weiter an, so wird die Schleife mitgenommen und die Abdampfventile werden geschlossen. In diesem Falle überlaufen die Steuerschieber H_2 und H_3. Der reine Abdampfbetrieb ist dadurch mit und ohne parallel geschaltetem Generator möglich.

Der Vorteil dieser Steuerungsausführung mit vorgeschaltetem Hauptdrosselventil liegt darin, daß die Hilfsmotoren bei jedem Steuerimpuls gleichzeitig ansprechen und daß die Anwendung von kraftübertragendem Gestänge vermieden wird.

Die Steuerung nach Abb. 162 ist noch mit einem Luftdruckregler versehen, um den Enddruck des von der Turbine angetriebenen Kompressors gleichzuhalten.

Abb. 163. WUMAG-Zweidruckturbine.

In Abb. 163 ist eine WUMAG-Zweidruckturbine auf dem Prüffeld wiedergegeben, die mit der vorbeschriebenen Steuerung ausgeführt wurde. Die zweite Steuerwelle ist leider nur zum Teil sichtbar. In der rechten, unteren Bildecke ist das Fernsteuerventil zu sehen, das an dem Speicher angebracht wird.

43. Speicherturbinen.

In Abb. 164 ist eine Regelung wiedergegeben, die von der AEG für Speicherturbinen ausgeführt wird. Da der Speicher zur Entlastung der Kessel die Lastspitzen decken soll, muß die Steuerung nicht nur den Frischdampfdruck begrenzen, sondern auch die Speicherdampfventile entsprechend dem absinkenden Druck im Speicher öffnen. Bei hohem

Kesseldruck hält demnach der Hochdruckregler die Speicherdampfventile geschlossen und der Drehzahlregler beeinflußt nur die Frischdampfventile. Sinkt infolge einer Lastspitze der Kesseldruck unter
einen gegebenen Wert, so schließt der Frischdampfregler die Hochdruck-
und öffnet die Niederdruckventile, die der Speicherdruckregler mit absinkendem Druck weiter aufmacht. Um ein Rückströmen des Dampfes

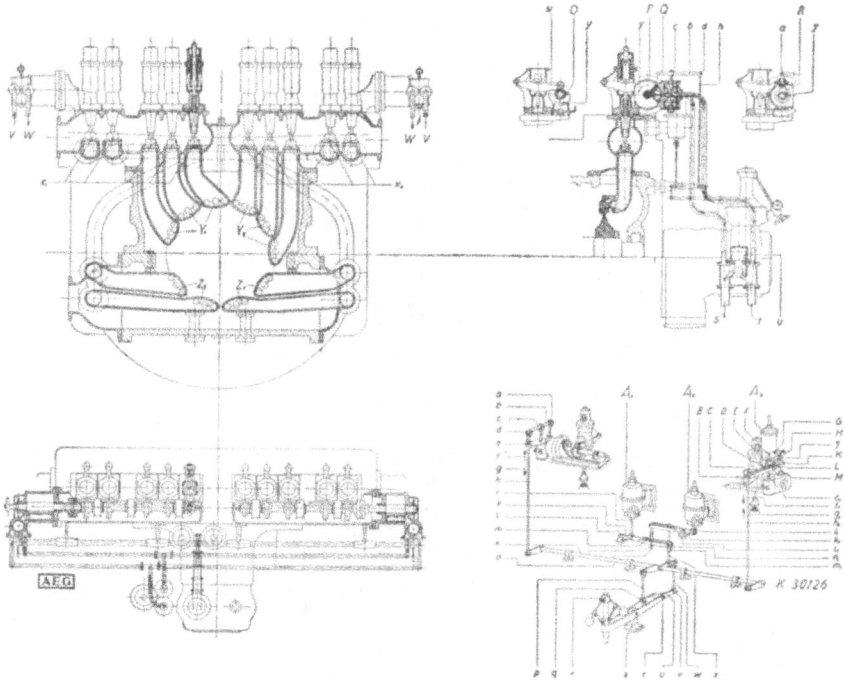

A_1 Frischdampf-Druckregler	Z_1 Frischdampf-Düsen
A_2 Differenz-Druckregler	Z_2 Speicherdampf-Düsen
A_3 Speicherdampf-Druckregler	$c\ c_3$ Steuerschieber
O Steuernocke	e Anschlag
P Drehmotor	$f\ f_1$ Öffnen
R Rückführscheibe	$g\ g_1$ Schließen
U Differentialkolben	$l\ l_1$ Fester Drehpunkt
X_1 Frischdampf-Regelventil	$m\ m_1$ Anschlag
X_2 Speicherdampf-Regelventil	r Drehzahlregler.
Y_1 Frischdampf-Düsen	
Y_2 Speicherdampf-Düsen	

Abb. 164. Regelschema einer AEG-Speicherturbine.

aus der Turbine nach dem Speicher zu verhindern, ist noch ein Differenzdruckregler vorgesehen, der den Frischdampfregler überwindet
und beide Ventilgruppen entgegengesetzt verstellt. Der Drehzahlregler ist mit einem größeren Hub ausgeführt und kann im Notfalle
beide Ventilgruppen unabhängig von den Druckreglerstellungen
schließen.

Die Stirnansicht einer AEG-Speicherturbine zeigt Abb. 165. Die Frischdampfventile sind links und die Speicherventile rechts angeordnet. Der Frischdampf- und der Differenzdruckregler sind zwischen den Segmentventilen angebracht, während der Speicherdampfdruckregler mit dem Drehmotor der Speichersteuerung zusammengebaut ist. Die beiden Absperrventile a und b können vom Schnellschlußregler aus geschlossen werden.

Eine bemerkenswerte Regelung einer Escher-Wyss-Speicherturbine ist in einfacher Darstellung in Abb. 166 zu sehen. Zum leichteren Ver-

a Hauptabsperrventil der Frischdampfleitung
b Hauptabsperrventil der Speicher-
  dampfleitung
c Drehzahlregler

d Regelventile der Frischdampfreglung
e Kesseldruckregler
f Regelventile der Speicherdampfreglung
g Differenz-Druckregler.

Abb. 165. AEG-Speicherturbine.

ständnis ist das Schema in kleinerem Maßstab darüber gezeichnet. Die Turbine, die den Strom für ein Walzwerk mit stoßartigen Lastschwankungen bis 100 vH liefert, mußte folgenden Regelbedingungen genügen: Bei hohem Kesseldruck soll nur Frischdampf zugeführt werden. Sinkt der Druck unter einen bestimmten Wert, so soll der Mischbetrieb einsetzen und bei einem gegebenen Grenzdruck vor dem Frischdampfventil muß dieses ganz schließen, so daß nur mit Speicherdampf gefahren wird. Mit dem Frischdampfventilkegel ist noch ein kleinerer Kegel für Zusatzdampf lose gekuppelt, der zu öffnen beginnt, wenn das Hauptdrosselventil eine bestimmte Dampfmenge durchläßt. Beide Ventile werden von dem rechts gezeichneten Strahldruckregler, abhängig vom Frischdampfdruck geregelt. Von einem bestimmten Hub an wird durch das Gestänge das Speicherventil geöffnet. Außerdem wirkt auf das Speicherventil der links gezeichnete Druckregler derart ein, daß mit absinkendem Speicherdruck das Ventil geöffnet wird. Damit der Dreh-

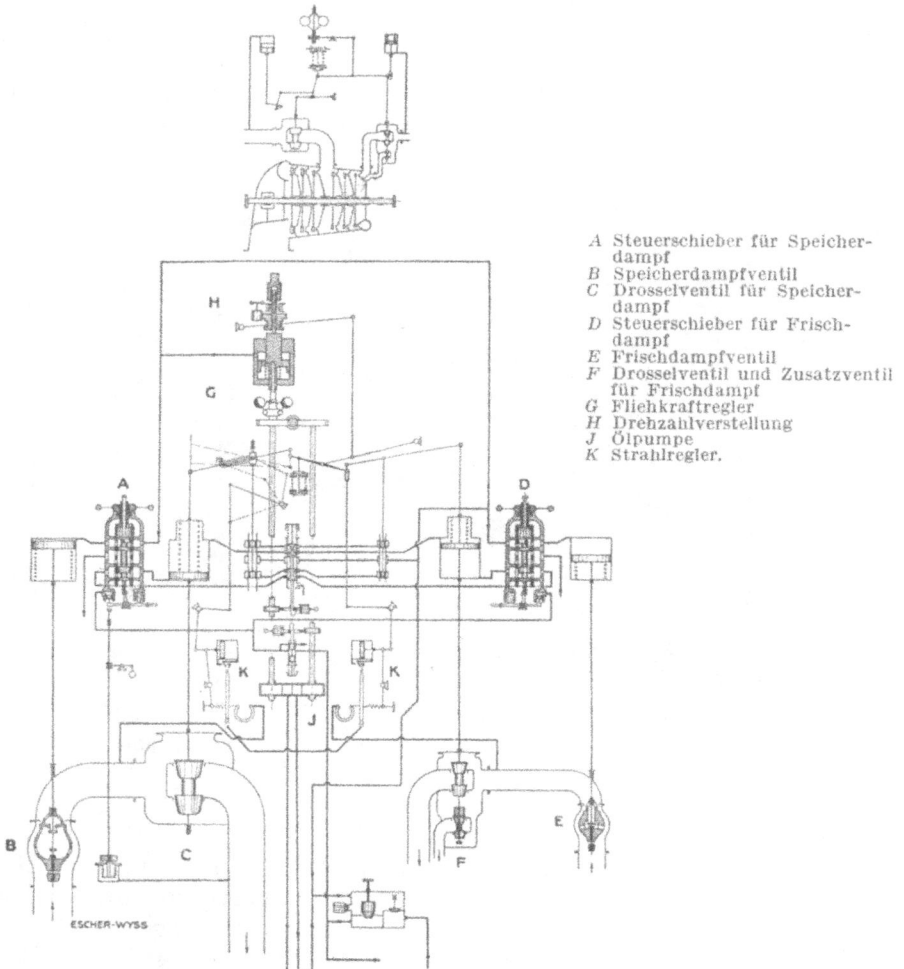

A Steuerschieber für Speicher-
   dampf
B Speicherdampfventil
C Drosselventil für Speicher-
   dampf
D Steuerschieber für Frisch-
   dampf
E Frischdampfventil
F Drosselventil und Zusatzventil
   für Frischdampf
G Fliehkraftregler
H Drehzahlverstellung
J Ölpumpe
K Strahlregler.

Abb. 166. Regelschema einer Escher-Wyss-Mischdruckturbine.

zahlregler im Notfall beide Ventile entgegen der Druckreglerwirkung zu schließen vermag, ist im Hochdruckgestänge eine Schleife und im Niederdruckgestänge eine federnde Drehpunktaufhängung vorgesehen. Um die nötigen größeren Verstellkräfte für das Gestänge zu erzielen, verstellt der Regler das Gestänge nicht unmittelbar, sondern über eine hydraulische Kupplung. Der Muffenstift des Reglers verschließt mehr oder weniger eine Ölausflußöffnung eines Differentialkolbens, der von dem dadurch entstehenden Öldruckunterschied gleichsinnig bewegt wird. Die beiden Absperrventile für Frisch- und Speicherdampf und ihre Entlastungsventile werden mittelbar durch Drucköl betätigt dadurch, daß mit den Handrädern der Steuerschieber D und A die Ölkölbchen verstellt werden. Durch Verschieben der Steuerhülsen von der ersten Schnellschlußvorrichtung werden die Absperrventile und von der zweiten über den Umschaltschieber die Regelventile geschlossen. Die Absperrventile werden auch geschlossen, wenn der Stufendruck in der Turbine an der Speicherdampfeinführung über einen bestimmten Wert steigt.

Die MAN führt die Regelung der Speicherturbinen nach dem Schema der Abb. 167 aus. Der Drehzahlregler schließt bei sinkender Last zunächst das Frischdampfventil V, nachdem die Feder E_1 stärker ist als die Feder E_2, und dann erst das Speicherventil. Sinkt der Frischdampfdruck, so schließt der Druckregler F das Frischdampfventil, während das Speicherventil geöffnet wird. Mit absinkendem Druck im Speicher wird das Speicherventil vom Druckregler S immer mehr geöffnet. Wegen der eingebauten Federn E_1 und E_2 müssen besondere Verstärkungsrelais verwendet werden, die als hydraulische Kraftkupplungen angesehen werden können. Diese Einrichtung ermöglicht es, den Drehzahl- und Frischdampfdruckregler mit geringer Verstellkraft, also mit genügender Empfindlichkeit, auszuführen.

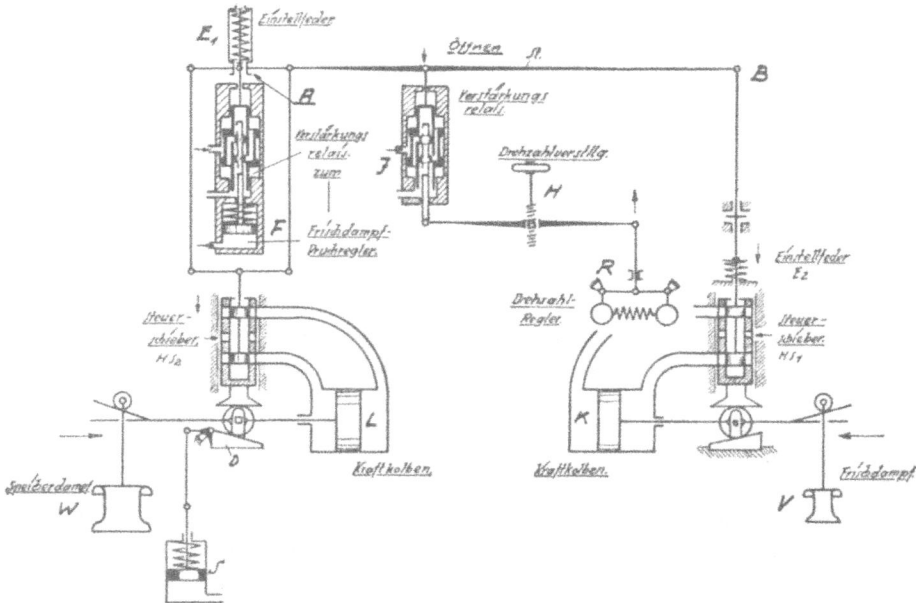

Abb. 167. Regelschema einer MAN-Speicherturbine.

VII. Der Betrieb.

44. Auslegung der Turbine.

Jede Maschine und so auch die Turbine kann nur bei einem bestimmten Betriebsfall den besten Wirkungsgrad aufweisen. Es ist dies der Zustand, für den sie gerechnet, also ausgelegt wurde. Nur in seltenen Fällen ist es möglich, den Betrieb dauernd so zu führen, daß die Maschine mit ihrer höchsterreichbaren Wirtschaftlichkeit arbeitet. Je nach der Abweichung ergeben sich mehr oder weniger große Zusatzverluste. Der Konstrukteur muß deshalb bestrebt sein, die Turbine so zu bemessen, daß sie in den häufig vorkommenden Betriebsfällen in der Nähe des höchsten Gütegrades läuft und nur bei den selten eintretenden, größeren Abweichungen, wie z. B. bei höheren Lastspitzen, ungünstiger arbeitet. Inwieweit der Dampfverbrauch von der Auslegung abhängig ist, ergibt folgende Untersuchung. Es sollen zwei Turbinen mit den Zeigern *1* und *2* verglichen werden, die bei den ausgelegten Dampfmengen D_1 bzw. D_2 und den zugehörigen Belastungen N_1 bzw. N_2 ihren höchsten Gütegrad geben. Bezeichnet man die Leerlaufzuschläge nach Gl. (21) mit a_1 bzw. a_2, mit D' bzw. D'' die Dampfmengen für die gleiche Teillast N, so gelten für diese Punkte die Gleichungen

$$\frac{D_1}{N_1} = (D' - a_1 D_1)\,\frac{1}{(1 - a_1)\,N} \quad \text{und} \quad \frac{D_2}{N_2} = (D'' - a_2 D_2)\,\frac{1}{(1 - a_2)\,N}.$$

Um den Einfluß der Größenbemessung allein zu erhalten, muß angenommen werden, daß die Vollastwirkungsgrade und die Leerlaufzuschläge beider Maschinen gleich sind, so daß $a_1 = a_2 = a$ und $D_1/N_1 = D_2/N_2$ wird. Diese Werte in die Gleichungen eingesetzt, ergibt

$$D' - D'' = a\,(D_1 - D_2), \quad \ldots \ldots \ldots \quad (232)$$

wenn $D_1 > D_2$ ist. Nachdem zwei gleichwertige, nur verschieden groß bemessene Turbinen angenommen wurden, ist die Differenz der Dampfverbrauchsverminderung für alle Belastungen gleich der Differenz der ausgelegten Dampfmengen, vervielfacht mit dem Leerlaufzuschlag. Gl. (232) gilt aber auch für die Teilturbinen. Es kann also der Dampfverbrauch einer Entnahmeturbine verringert werden, wenn der Hoch- oder Niederdruckteil oder beide kleiner ausgelegt werden.

Der Einfluß, den die Auslegung des Hoch- und Niederdruckteiles bei Entnahmeturbinen auf die Steuerung ausübt, ist aus der ausführlichen Behandlung des Abschn. 13 für die Gleichwertregelung zu erkennen. Sinngemäß muß auch bei den übrigen Turbinengattungen und Steuerungsausführungen die Regelung der Auslegung angepaßt werden.

Während die Gleichwertregelung für Entnahme-Kondensationsturbinen die Belastung gleichhält, wenn sich die Entnahmemenge ändert,
regelt die Steuerung der Entnahme-Gegendruckturbine nach gleichen
Niederdruckdampfmengen entsprechend der Dampfverbrauchslinie *1—2*
der Abb. 50 und verändert die Leistung. Wird nun der Generator kleiner
bemessen als der Belastung bei vollem Dampfdurchsatz im Hoch- und
Niederdruckteil entspricht, so kann er erheblich überlastet werden und
sich vom Netz abschalten, wenn die Druckregler gleichzeitig die Hoch-
und Niederdruckventile voll öffnen. Um das zu verhindern, muß eine
Lastbegrenzung vorgesehen werden.
Man kann sie elektrisch oder mechanisch auf die Steuerung einwirken
lassen. Ein Beispiel der letzten Ausführung ist in einfacher Darstellung
in Abb. 168 wiedergegeben. Die Regelung entspricht im wesentlichen
der Abb. 50, enthält aber noch einen
zweiarmigen Hebel, der einerseits
mit dem einen Druckregler verbunden ist und andererseits den Hub
des anderen Druckreglers begrenzt.
Wird der Druckregler *I* so groß bemessen, daß er den Druckregler *II*
überwindet, so werden, wenn der
Hebel den Anschlag *a* berührt, die
Niederdruckventile, und wenn der
Druckregler *II* stärker ausgeführt
wird, die Hochdruckventile ge-

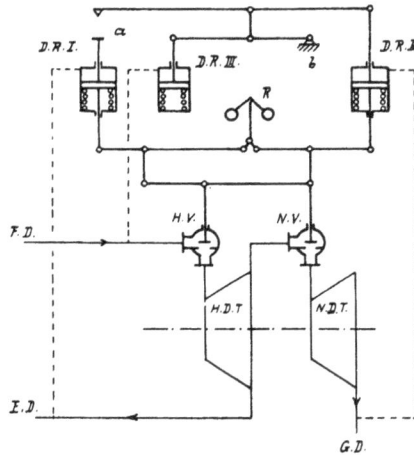

Abb. 168. Lastbegrenzung einer Entnahme-
Gegendruckturbine.

schlossen. Im ersten Falle wird gedrosselter Frischdampf in die Gegen-
druck-, im zweiten Falle in die Entnahmeleitung zugesetzt, während
die Belastung gleichgehalten wird. Der Generator kann auch überlastet
werden, wenn die Frischdampfspannung erheblich zunimmt. Um das zu
verhindern, kann das Begrenzungsgestänge noch von dem Druckregler *III*,
der an die Frischdampfleitung angeschlossen wird, beeinflußt werden.
    Eine Lastbegrenzung der Gegendruckturbine kann im Parallel-
betrieb durch die Hubbegrenzung des Druckreglers erreicht werden.
Sinkt die Belastung unter die dem Dampfbedarf entsprechende Last,
so muß der Drehzahlregler den Druckregler überwinden.
    Ähnlich liegen die Verhältnisse bei den Entnahmekondensations-
turbinen, die nicht mit einer Gleichwertregelung ausgeführt sind. Im
Parallelbetrieb und bei großer Dampfentnahme kann der Generator überlastet werden, wenn die Heizdampfmenge stark abnimmt. In diesem
Falle bleibt die Hochdruckdampfmenge gleich, die Niederdruckventile
öffnen und die Kraftabgabe nimmt zu. Um das Abschalten des Generators

vom Netz zu verhindern, muß auch bei diesen Turbinen eine Lastbegrenzung vorgesehen werden. Sind diese Turbinen so ausgelegt,
daß die Entnahmedampfmenge bei Teillast wesentlich größer ist als bei
Vollast, so muß eine Begrenzung der Entnahmemenge bei höherer Belastung vorgesehen werden, um einen Drehzahlabfall zu vermeiden, wenn
mehr Dampf entnommen wird als der zugehörigen Höchstlast entspricht.

45. Änderung der Betriebszustände.

Die Betriebszustände können unwillkürlichen oder willkürlichen
Änderungen unterworfen sein. Zu den ersteren gehören die der Belastung und Dampfentnahme sowie die Schwankungen der Dampfzustände während des Betriebes und der natürliche Wechsel der Kühl-
wassertemperatur und des Barometerstandes. Größere Abweichungen
in der Heizdampfspannung kommen in Fernheizkraftwerken vor,
nachdem wegen der wirtschaftlich günstigsten Bemessung des Rohrnetzes
die großen Dampfmengen höhere und die kleinen niedrigere Dampfdrücke erfordern. In Kraftwerken, die zeitweise die Kondensation zur
Warmwasserbereitung benutzen, treten größere Vakuumänderungen
ein, die besonders die Niederdrucksteuerung der Entnahmeturbinen
beeinflussen. Die damit verbundene Verkleinerung des Wärmegefälles
verändert erheblich den Dampfdruck in der ersten Niederdruckstufe
und den Dampfdurchfluß. Wird für diesen Fall die Segmentregelung
ausgeführt, so müssen die nachfolgenden Ventile wesentlich früher
öffnen als im gewöhnlichen Betrieb mit hohem Vakuum.

Die Steuerungen sollen so ausgemittelt werden, daß sie sich diesen
veränderlichen Betriebsverhältnissen anpassen können. Inwieweit dies
bei den Gleichwertregelungen möglich ist, ergibt sich aus folgender
Untersuchung. Jede Abweichung von den der Ausmittlung zugrunde
gelegten Zuständen läßt sich durch die drei Größen: Wärmegefälle H,
Gütegrad η und Leerlaufzahl a ausdrücken. Nach Abschn. 3 B a) ist
für den Hochdruckteil einer Entnahmeturbine

$$A = \frac{N_h}{D_h} \frac{1}{(1 - a_h)} = \frac{N_h}{D_h - a_h D_h} = \operatorname{tg} \omega,$$

wenn ω den Winkel zwischen der Dampfverbrauchsgeraden und der
Ordinatenachse bezeichnet. Setzt man für

$$\frac{N_h}{D_h} = \frac{\eta_h H_h}{632},$$

so erhält man

$$A = \frac{\eta_h H_h}{632} \cdot \frac{1}{(1 - a_h)} \quad \ldots \ldots \ldots \quad (233)$$

Verfährt man in gleicher Weise für den Niederdruckteil, so ist das Dampfdifferenzverhältnis v_e nach Gl. (41)

$$v_e = \frac{A}{B} = \frac{\eta_h H_h}{\eta_n H_n} \cdot \frac{(1 - a_n)}{(1 - a_h)} \quad \ldots \ldots \quad (234)$$

Jeder Veränderung in den Dampfzuständen entspricht eine bestimmte Neigung der Dampfverbrauchslinien der beiden Teilturbinen und wegen der Gl. (234) und (120) bzw. (122) auch ein bestimmtes Gestängeverhältnis v_g. Nachdem aber letzteres im Betrieb unveränderlich bleibt, muß ein Nachregeln stattfinden, d. h. die Regelung arbeitet nicht mehr voll gleichwertig. Dieser Vorgang ist in Abb. 169 dargestellt. Die Steuerung sei für das Verhältnis v_y gebaut, während die Abweichung der Dampfzustände im Betrieb ein Gestängeverhältnis v_g' erfordert, dem die Hebellängen g' und f' entsprechen. Sobald der Druckregler wegen eines Wechsels der Entnahmemenge umschaltet, würde der Drehpunkt außerhalb der Anlenklinie des Drehzahlreglers liegen und der Regler muß um die Strecke h_v nachregeln. Aus der Abb. 169 ist leicht zu erkennen, daß

$$h_v = \pm H_d \frac{f' - f}{e + f'} \quad \ldots \ldots \quad (235)$$

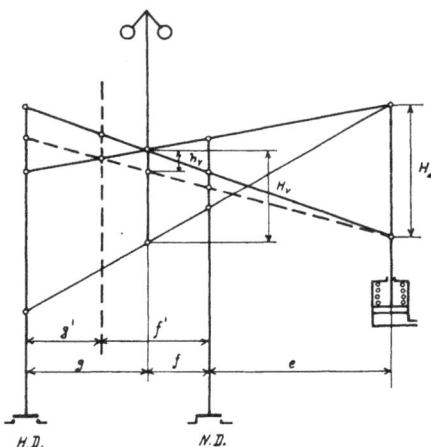

Abb. 169. Verändertes Gestängeverhältnis v_g.

sein muß, wenn der volle Druckreglerhub geschaltet wird. Hierbei bedeutet das positive Vorzeichen, daß die Drehzahl zum Nachregeln steigen, und das negative, daß sie fallen muß. Die Hebellänge f' ergibt sich aus Gl. (119) zu

$$f' = \frac{(f + g) e v_g'}{e + f + g + e v_g'} \quad \ldots \ldots \ldots \quad (236)$$

Bezeichnet man mit δ_1 den Ungleichförmigkeitsgrad bei Vollast entsprechend dem Hube H_v, so ist die Drehzahländerung, die durch das Nachregeln erforderlich wird, aus dem Teilungleichförmigkeitsgrad δ zu ermitteln. Aus Gl. (235) und (155) findet man

$$\delta = \pm \frac{h_v}{H_v} \delta_1 = \pm \frac{H_d}{H_v} \cdot \frac{f' - f}{e + f'} \delta_1 \quad \ldots \ldots \quad (237)$$

Die Größenordnung zeigt folgendes Beispiel:

Es sei angenommen: $e = 550$ mm, $f = 250$ mm, $g = 400$ mm, $H_v = 80$ mm und $H_d = 70$ mm, so ist $v_g = 1,36$. Ändern sich die Betriebszustände so, daß das Gestängeverhältnis $v_g' = 1,77$, also 30 vH größer wird, so ergibt sich aus Gl. (236) $f' = 292$ und aus Gl. (237) $\delta = 0,23$ vH, wenn $\delta_1 = 4$ vH angenommen wird. Beträgt die Betriebsdrehzahl der Turbine vor dem Umschalten 3000/min, so müßte sie auf 3007 steigen. Obwohl eine Vergrößerung des v_g von 30 vH angenommen wurde, ändert sich die Drehzahl nur unbedeutend. Bedenkt man außerdem, daß einer kleineren Umschaltung auch nur ein Teilbetrag der Zunahme der Drehzahl entspricht, so erkennt man die hohe Unempfindlichkeit dieser Gleichwertregelung gegen schwankende Betriebsverhältnisse. Danach ist es auch erklärlich, daß die Segmentregelung, die nach Abb. 27 eine Dampfverbrauchslinie mit veränderlichem Neigungswinkel ergibt, in Verbindung mit der Gleichwertregelung keine merkbaren Drehzahländerungen verursacht.

Unter die willkürlichen Veränderungen der Betriebsverhältnisse fallen alle Betriebsumstellungen, vorwiegend der Übergang auf Hochdruckdampf. In diesem Falle kommt der Umbau der Turbine in Frage und der der Steuerung durch Auswechselung der Ventilkegel. Das Gestänge der Gleichwertregelung kann den neuen Verhältnissen leicht angepaßt werden, wenn man den Anlenkpunkt des Drehzahlreglers dem neuen Gestängeverhältnis entsprechend verlegt.

46. Regelungskennlinie.

Zu den Bedingungen, die für die Regelung gewöhnlich vorgeschrieben sind, gehören auch die über die Drehzahländerungen. Im Abschn. 11 wurden bereits der Ungleichförmigkeitsgrad δ_1 und die Drehzahlverstellung eingehender behandelt und im Abschn. 31 auf die Veränderung des Ungleichförmigkeitsgrades, abhängig vom Muffenhub, hingewiesen, wenn der Drehzahlregler eine gekrümmte Kennlinie aufweist. Außer dem Ungleichförmigkeitsgrad, der die dauernde Drehzahländerung je nach der Belastung darstellt, wird noch die vorübergehende vorgeschrieben, die bei plötzlichem Belastungswechsel auftritt und deren Größe in der Hauptsache von der Regelgeschwindigkeit abhängt. Von den Großkraftwerken wird noch zusätzlich gefordert, daß die Belastungsstöße nur von den Spitzenlast-, nicht aber von den Grundlastturbinen aufgenommen werden, und daß während des Betriebes der Turbinen der Ungleichförmigkeitsgrad über den ganzen Bereich oder einen Teil der Belastung verändert werden kann.

Die Regelungskennlinie gibt die Drehzahländerung in Abhängigkeit der Turbinenbelastung wieder. Sie ist bestimmt, wenn die Reglerkennlinie und die Veränderung der Dampfmenge mit dem Ventilhub bzw. der Leistung gegeben sind. Die Ausmittlung ist in Abb. 170 für eine Kondensationsturbine mit gekrümmter Reglerkennlinie, die im Feld *III* eingezeichnet ist, durchgeführt. Im Feld *II* ist die Dampfmenge auf den Reglerhub bezogen eingetragen, wie sie sich nach Abschn. 21 aus der Konenausmittlung ergibt, während im Feld *I* die Dampfverbrauchsgerade wiedergegeben ist. Aus diesen drei Linien läßt sich leicht die Kennlinie im Feld *IV* ermitteln. Eine Änderung der Drehzahl bedingt eine entsprechende Parallelverschiebung der Linie des Feldes *II*. Die zugehörigen Kennlinien zeigen, wie in Abschn. 31 hervorgehoben wurde, daß mit der Drehzahlsteigerung eine Abnahme und mit der Drehzahlverminderung eine Zunahme des Ungleichförmigkeitsgrades verbunden ist. Wegen der Krümmung der Reglerlinie ist auch die Regelungskennlinie, allerdings viel weniger gekrümmt, weil immer nur ein kleiner Ausschnitt der ersteren in Frage kommt.

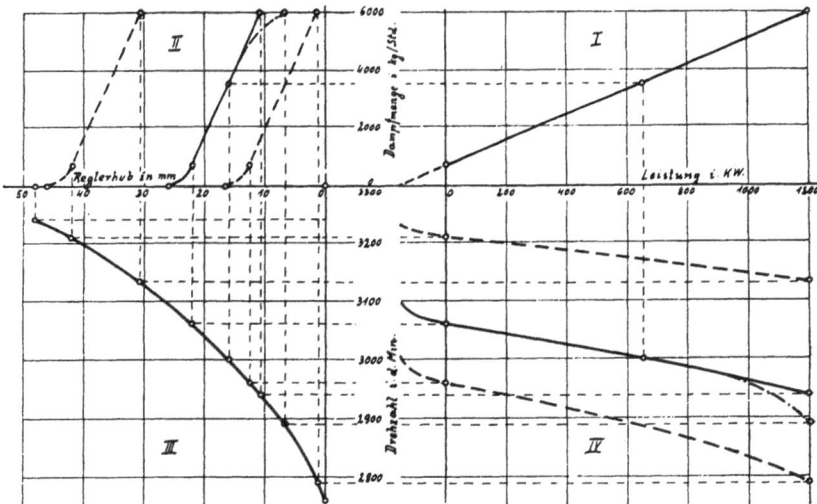

Abb. 170. Ausmittlung der Regelungskennlinie.

Die eingezeichneten Kennlinien im Felde *IV* würden die Bedingungen für Spitzenlastturbinen erfüllen. Die Grundlastturbinen sollen im Parallelbetrieb bei den höheren Belastungen gegen Laststöße unempfindlicher sein, d. h. also, ihr Ungleichförmigkeitsgrad soll größer sein, die Regelungskennlinie muß demnach, wie in Abb. 170 strichpunktiert angegeben ist, nach unten stärker abbiegen. Dieser gegebene Verlauf bedingt die im Feld *II* strichpunktiert eingezeichnete Änderung der Dampfmengenhublinie, die damit nicht mehr, wie in den Abschn. 21 bis 23 angegeben wurde, frei wählbar, sondern vorgeschrieben ist. Bei ausgeführten Segmentregelungen kann bei geradlinigem Verlauf der Dampfmenge abhängig vom Drehwinkel die Krümmung der Kennlinie erreicht werden, wenn die Rückführnocke bei entsprechender Vergrößerung des Drehwinkels mit kleinerer Krümmung ausgeführt wird.

Die gleiche Untersuchung gilt auch unabhängig von der Entnahme bei Entnahmeturbinen mit Gleichwertregelung. Alle anderen Steuerungen, die ohne gegenseitige Beeinflussung der Hoch- und Niederdruckventile gebaut sind, bedingen bei einer Dampfentnahme ein Nachregeln und damit eine Vergrößerung des Ungleichförmigkeitsgrades. Bezeichnet man den Leerlaufhub des Hauptdrosselventiles mit H_0, den für Vollast ohne Entnahme mit H_1 und den für die Höchstentnahme bei gleicher Belastung mit H_2, so beträgt der Gesamtgleichförmigkeitsgrad δ, bezogen auf die Nenndrehzahl

$$\delta = \frac{H_2 - H_0}{H_1 - H_0} \delta_1, \quad \ldots \ldots \ldots \ldots (238)$$

wenn δ_1 der Ungleichförmigkeitsgrad für Vollast ist und die Reglerkennlinie gerade verläuft.

47. Regelgeschwindigkeit.

Die Regelgeschwindigkeit oder die Hubgeschwindigkeit der Regelventile findet ihren Ausdruck in der Zeit, die die Steuerung gebraucht, um die Turbine in den geänderten Beharrungszustand zu bringen. Aus der Dauer des Regelvorganges und der Massenbeschleunigung kann die vorübergehende Drehzahländerung bestimmt werden, für die vorgeschrieben wird, daß sie bei plötzlicher Abschaltung der Höchstbelastung nicht so hoch ansteigen darf, daß der Schnellschlußregler auslöst und die Turbine abstellt. Zur Beurteilung dieser Fragen soll an Hand der Abb. 171 die Untersuchung an dem Kraftgetriebe einer einfachen, mittelbar wirkenden Regelung ausführlicher behandelt werden. Der Einfachheit halber werden die Massenbeschleunigungen und die Gewichte der Steuerungsteile, der Spannungsabfall in den Ölrohren und die Reibung vernachlässigt. Ferner ist vorausgesetzt, daß die Strömungsgeschwindigkeit des Öles abhängig vom Spannungsabfall dem quadratischen Potenzgesetz folgt. Bezeichnet man mit

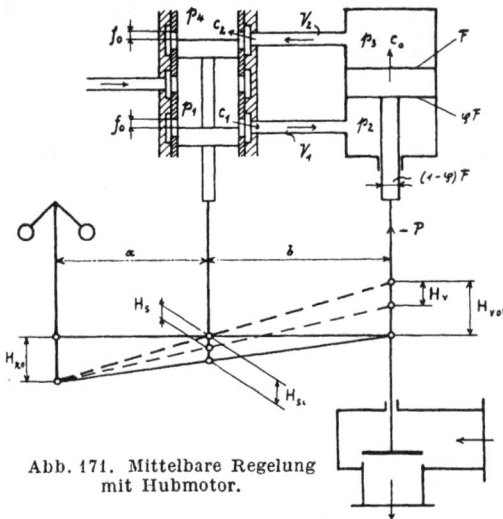

Abb. 171. Mittelbare Regelung mit Hubmotor.

p_1 bis p_4 die Öldrücke in at Überdr.,

  c_1, c_2 die Ölgeschwindigkeit in cm/s,

  V_1, V_2 die Ölmengen in cm³/s,

    γ das Raumgewicht des Öles in kg/cm³,

$g = 981$ die Erdbeschleunigung in cm/s²,

    F die Kolbenfläche des Hubmotors in cm²,

    φ die Verkleinerung der Kolbenfläche durch die Spindel,

c, c_0 die Kolbengeschwindigkeit in cm/s,

    P die auf den Kolben ausgeübte Kraft in kg,

f, f_0 die für den Öldurchfluß freigegebenen Flächen im Steuerschieber in cm²,

    s die Länge der Steuerschlitze in der Umfangsrichtung, gemessen in cm,

H_v, H_s, H_r die Hübe in cm,

  a, b die Hebellängen in cm,

so können folgende Grundgleichungen aufgestellt werden:

$$p_1 - p_2 = \frac{\gamma}{2\,g}\,c_1{}^2, \quad p_3 - p_4 = \frac{\gamma}{2\,g}\,c_2{}^2 \quad \ldots \quad (239)$$

und

$$p_3\,F - p_2\,\varphi\,F = P, \quad \ldots \ldots \ldots \quad (240)$$

wenn angenommen wird, daß das Regelventil geöffnet werden soll und die Kraft P das Ventil zu öffnen sucht. Aus den Gleichungen

$$V_1 = c_1\,f = c\,\varphi\,F \;\;und\;\; V_2 = c_2\,f = c\,F$$

wird c_1 und c_2 gerechnet und in die Gl. (239) eingesetzt. Aus diesen werden p_2 und p_3 ermittelt und in die Gl. (240) eingetragen, die nach c aufgelöst folgende Gleichung der Kolbengeschwindigkeit ergibt:

$$c = f\,\sqrt{\frac{2\,g}{\gamma}}\,\sqrt{\frac{(\varphi\,p_1 - p_4)\,F + P}{(1 + \varphi^3)\,F^3}} \quad \ldots \ldots \quad (241)$$

oder

$$c = k\,f \quad \ldots \ldots \ldots \ldots \quad (242)$$

Der Öldruck p_2 herrscht unter dem Kolben, wenn das Ventil geöffnet werden soll und wegen der Umkehrung der Bezeichnungen über dem Kolben, wenn es geschlossen wird. Die Gl. (241) gilt nicht nur für den Hubmotor, sondern auch für den Drehmotor, wenn $\varphi = 1$ gesetzt wird. Für den Hubmotor wurde angenommen, daß die Kraft P, den gewöhnlichen Verhältnissen entsprechend, das Ventil öffnet, während sie es bei den Drehmotoren wegen der eingebauten Federn schließt. In den entgegengesetzten Fällen ist in den folgenden Gleichungen für den Gleichwert k das Vorzeichen von P zu wechseln.

Hubmotor:

Öffnen:
$$k = \frac{1}{F}\sqrt{\frac{2\,g}{\gamma}}\;\sqrt{\frac{(\varphi\,p_1 - p_4)\,F + P}{(1 + \varphi^3)\,F}} \quad \ldots \ldots (243)$$

Schließen:
$$k = \frac{1}{F}\sqrt{\frac{2\,g}{\gamma}}\;\sqrt{\frac{(p_1 - \varphi\,p_4)\,F - P}{(1 + \varphi^3)\,F}} \quad \ldots \ldots (244)$$

Drehmotor:

Öffnen:
$$k = \frac{1}{F}\sqrt{\frac{2\,g}{\gamma}}\;\sqrt{\frac{(p_1 - p_4)\,F - P}{2\,F}} \quad \ldots \ldots (245)$$

Schließen:
$$k = \frac{1}{F}\sqrt{\frac{2\,g}{\gamma}}\;\sqrt{\frac{(p_1 - p_4)\,F + P}{2\,F}} \quad \ldots \ldots (246)$$

Nach Gl. (242) bewegt sich der Kolben und das Ventil mit gleichförmiger Geschwindigkeit, weil die Rückführung nicht in die Betrachtung einbezogen war. Im folgenden soll sie nun bei der Ausmittlung der Regelzeit t berücksichtigt werden. Um die Untersuchung zu vereinfachen, soll angenommen werden, daß bei einer Belastungsänderung die Drehzahl und der Reglerausschlag $H_{r\,0}$ nach Abb. 171 plötzlich erfolgen. Dadurch sinkt auch der Kolben des Steuerschiebers um den Betrag $H_{s\,0}$ und gibt den Querschnitt f_0 für den Ölzu- und -abfluß frei. Der Kolben des Hubmotors bewegt sich nach aufwärts, bis er in $H_{v\,0}$ stehenbleibt. Bezeichnet man die veränderlichen Größen mit H_s, H_v, f und c, so ist

$$f = s\,H_s = \frac{s\,a}{a+b}\,H_v \quad \text{oder} \quad H_v = \frac{a+b}{s\,a}\,f$$

und für f den Wert aus Gl. (242) eingesetzt,

$$H_v = \frac{a+l}{s\,a\,k}\,c \quad \ldots \ldots \ldots \ldots (247)$$

Für die Bewegung des Hubmotorkolbens gilt die Differentialgleichung

$$d\,H_v = -\,c\,dt \quad \ldots \ldots \ldots \ldots (248)$$

Sie ist negativ, weil bei zunehmender Zeit der Hub H_v abnimmt. Differentiiert man die Gl. (247) und verbindet sie mit Gl. (248), so erhält man

$$-\frac{d\,c}{c} = \frac{s\,a\,k}{a+b}\,d\,t,$$

deren Integration lautet

$$-\ln c + C = \frac{s\,a\,k}{a+b}\,t.$$

Im Anfangszustand ist für $t = 0$, $c = c_0$ und damit die Integrationskonstante $c = -\ln c_0$. Setzt man diese in die vorhergehende Gleichung ein, so ist nach entsprechender Umformung

$$t = \frac{a+b}{s\,a\,k} \ln \frac{c_0}{c} \qquad \ldots \ldots \ldots (249)$$

Wegen $c = k\,f = k\,s\,H_v$ ist auch

$$t = \frac{a+b}{s\,a\,k} \ln \frac{H_{v0}}{H_v} \qquad \ldots \ldots \ldots (250)$$

Setzt man k nach den Gl. (243) bis (246) in Gl. (250) ein, so erhält man die Regelzeit wie folgt:

Hubmotor:

Öffnen: $\qquad t_0 = \frac{a+b}{s\,a} F \sqrt{\frac{\gamma}{2\,g}} \sqrt{\frac{(1+\varphi^3)\,F}{(\varphi\,p_1 - p_4)\,F + P}} \ln \frac{H_{v0}}{H_v} \qquad . \ (251)$

Schließen: $t_s = \frac{a+b}{s\,a} F \sqrt{\frac{\gamma}{2\,g}} \sqrt{\frac{(1+\varphi^3)\,F}{(p_1 - \varphi\,p_4)\,F - P}} \ln \frac{H_{v0}}{H_v} \qquad . \ (252)$

Drehmotor:

Öffnen: $\qquad t_0 = \frac{a+b}{s\,a} F \sqrt{\frac{\gamma}{2\,g}} \sqrt{\frac{2\,F}{(p_1 - p_4)\,F - P}} \ln \frac{H_{v0}}{H_v} \qquad . \ . \ (253)$

Schließen: $t_s = \frac{a+b}{s\,a} F \sqrt{\frac{\gamma}{2\,g}} \sqrt{\frac{2\,F}{(p_1 - p_4)\,F + P}} \ln \frac{H_{v0}}{H_v} \qquad . \ . \ (254)$

Aus den Gl. (251) und (252) ist

$$\frac{t_s}{t_0} = \sqrt{\frac{(\varphi\,p_1 - p_4)\,F + P)}{(p_1 - p_4)\,F - P}} > 1 \qquad \ldots \ldots \ldots (255)$$

und aus den Gl. (253) und (254)

$$\frac{t_s}{t_0} = \sqrt{\frac{(p_1 - p_4)\,F - P}{(p_1 - p_4)\,F + P}} < 1 \qquad \ldots \ldots \ldots (256)$$

Wenn die Kraft P das Ventil zu öffnen sucht, ist also die Zeit des Schließens größer als die des Öffnens, und wenn P das Ventil zu schließen sucht, umgekehrt, eine Tatsache, die sich schon aus der Überlegung ergibt, weil der Einfluß von φ meist sehr klein ist gegenüber P.

Wird in der Gl. (250) der Hub $H_v = 0$ gesetzt, so wird die Zeit unendlich, sie verläuft also asymptotisch. In Abschn. 27 wurde bereits darauf hingewiesen, daß es zweckmäßiger ist, dem Steuerkolben an den Innenkanten eine positive Überdeckung von 0,1 mm zu geben, d. h. der Ölzufluß wird um diesen Betrag früher geschlossen als der Ablauf. Dieser Überdeckung entspricht ein $H_v = \frac{a+b}{a} \cdot 0{,}01$ cm. Bei diesem Kleinsthube bekäme man die längste Regelzeit t_0.

Aus den Gl. (251) bis (254) ist zu erkennen, daß die Regelzeit durch die Größen φ, a und b nur wenig beeinflußt werden kann, weil sie nicht willkürlich verändert werden können. Das gleiche gilt für p_1 und P. Mit der Verkleinerung der Kolbenfläche F kann die Zeit erheblich, aber gleichfalls nur begrenzt verkürzt werden. Dagegen hat der Spaltumfang s, also der Durchmesser des Steuerkolbens, den größten Einfluß, weil er keiner unmittelbaren Beschränkung unterliegt. Mit der Vergrößerung seines Durchmessers läßt sich theoretisch die Regelzeit beliebig verkürzen.

Um die hohe Regelgeschwindigkeit zu erreichen, ist es nötig, die Fördermenge der Ölpumpe genügend groß zu wählen. Sie läßt sich aus der höchsten Kolbengeschwindigkeit c_0 errechnen, die sich zu

$$c_0 = k f_0 = k s H_{s0} = \frac{s a k}{a + b} H_{v0} \quad \ldots \ldots (257)$$

ergibt. Aus den Gl. (257), (243) und (246) erhält man die größte Fördermenge der Ölpumpe V_0 in cm³/s für den Hubmotor zu

$$V_0 = c_0 F = \frac{s a}{a + b} H_{v0} \sqrt{\frac{2 g}{\gamma}} \sqrt{\frac{(\varphi p_1 - p_4) F + P}{(1 + \varphi^3) F}} \quad \ldots (258)$$

und für den Drehmotor zu

$$V_0 = \frac{s a}{a + b} H_{v0} \sqrt{\frac{2 g}{\gamma}} \sqrt{\frac{(p_1 - p_4) F + P}{2 F}} \quad \ldots \ldots (259)$$

H_{v0} muß der größten Belastung entsprechen. Wählt man s sehr groß, um die Regelzeit zu verringern, so nimmt im gleichen Verhältnis die Fördermenge zu, man erhält also sehr große Ölpumpen. Tatsächlich kann sie etwas kleiner ausgeführt werden, weil die Voraussetzung der Untersuchung, die plötzliche Änderung des Reglerhubes, nicht zutrifft.

Außer der Fördermenge ist die Kenntnis des nötigen Pumpendruckes wichtig. Setzt man in den Gl. (239) für die Ölgeschwindigkeiten

$$c_1{}^2 = \varphi^2 F^2 \frac{c^2}{f^2} = \varphi^2 F^2 k^2 \quad \text{und} \quad c_2{}^2 = F^2 \frac{c^2}{f^2} = F^2 k^2$$

und k nach den Gl. (243) bis (246) ein, so ergeben sich die Öldrücke über und unter den Kolben nach folgender Aufstellung:

Hubmotor:

Öffnen:
$$\left. \begin{aligned} p_2 &= p_1 - \varphi^2 \frac{(\varphi p_1 - p_4) F + P}{(1 + \varphi^3) F} \\ p_3 &= p_4 + \frac{(\varphi p_1 - p_4) F + P}{(1 + \varphi^3) F} \end{aligned} \right\} \quad \ldots \ldots (260)$$

Schließen:
$$\left. \begin{aligned} p_2 &= p_1 - \varphi^2 \frac{(p_1 - \varphi p_4) F - P}{(1 + \varphi^3) F} \\ p_3 &= p_4 + \frac{(p_1 - \varphi p_4) F - P}{(1 + \varphi^3) F} \end{aligned} \right\} \quad \ldots \ldots (261)$$

Drehmotor:

Öffnen:
$$p_2 = p_1 - \frac{(p_1 - p_4) F - P}{2 F} \left.\right\}$$

$$p_3 = p_4 + \frac{(p_1 - p_4) F - P}{2 F} \left.\right\} \quad \cdots \cdots \quad (262)$$

Schließen:
$$p_2 = p_1 - \frac{(p_1 - p_4) F + P}{2 F} \left.\right\}$$

$$p_3 = p_4 + \frac{(p_1 - p_4) F + P}{2 F} \left.\right\} \quad \cdots \cdots \quad (263)$$

Für den Drehmotor ist demnach $p_1 = p_2 + p_3 - p_4$. Den kleinsten, theoretisch erforderlichen Öleintrittsdruck p_1' erhält man für den Hubmotor aus $p_1' F - \varphi p_4 F = P$ zu

$$p_1' = \frac{P}{F} + \varphi p_4 \cdots \cdots \cdots \cdots (264)$$

und für den Drehmotor aus $p_1' F - p_4 F = P$ zu

$$p_1' = \frac{P}{F} + p_4 \cdots \cdots \cdots \cdots (265)$$

In beiden Fällen wird $p_2 = p_1$. Um den Druck an der Ölpumpe zu bekommen, wird die Summe der Druckverluste $\varDelta p$ nach Gl. (229) in der Zuleitung und den beiden Verbindungsleitungen des Steuerschiebers mit dem Hilfsmotor addiert. Damit ist der niedrigste Pumpendruck p_0

$$p_0 = p_1' + \varDelta p \cdots \cdots \cdots \cdots (266)$$

Der Sicherheit halber wird man wegen des Druckabfalles der Pumpe nach Abb. 97 für die Ausführung den Öldruck entsprechend höher wählen.

Wie bereits am Beginn dieses Abschnittes erwähnt wurde, darf bei der plötzlichen Abschaltung der Höchstlast die vorübergehende Drehzahlsteigerung nicht bis an die Schnellschlußdrehzahl kommen. Diese Zunahme der Drehzahl läßt sich nach Stodola[1]) näherungsweise wie folgt bestimmen:

Es sei

J_m das Massenträgheitsmoment in kg/ms²,
ω die Winkelgeschwindigkeit,
M_0 das der Abschaltleistung entsprechende Drehmoment in mkg,
t_0 die Schließzeit in s,

---

[1]) Stodola, A. Dampf- und Gasturbine. 5. Aufl. Berlin 1922.

so errechnet sich die Zunahme der Winkelgeschwindigkeit aus

$$\frac{\Delta \omega}{\omega} = \frac{M_0 t_0}{2 J_m \omega} \quad \ldots \ldots \ldots \quad (267)$$

Hierbei ist vorausgesetzt, daß das Drehmoment nach der Gleichung

$$M = M_0 \left(1 - \frac{t}{t_0}\right)$$

mit der Zeit gleichmäßig abnimmt, eine Annahme, die gewöhnlich zutrifft.

48. Einstellen der Steuerung.

Vor der erstmaligen Inbetriebnahme der Turbine müssen besonders bei Entnahmeturbinen die Sicherheitsventile der Heizleitungen und anschließend die Schnellschlußvorrichtung der Turbine gewissenhaft geprüft werden, ob sie richtig und zuverlässig arbeiten. Erst nach diesen Proben soll mit der mechanischen Einstellung der Steuerung begonnen werden. Bei Stillstand der Maschine sind sämtliche Anlenkpunkte des Steuergestänges und auch die Hilfsmotoren auf leichte, aber spielfreie Beweglichkeit zu untersuchen und tote Hübe zu beseitigen. Andererseits muß in den Richtungen der Wärmedehnung reichlich große Bewegungsfreiheit vorhanden sein. Die Drehzahlverstellung wird in ihre Mittellage gebracht. Zu diesem Zweck verschiebt man sie von einer in die andere Endlage, stellt hierbei die Zahl der Umdrehungen des Handrades fest und dreht sie wieder auf die halbe Umdrehungszahl zurück. Es wurde schon in Abschn. 11 darauf hingewiesen, daß vor und nach dem Regelvorgang der Kolben des Steuerschiebers der mittelbaren Regelungen genau in der Mitte liegt, die dem Abschluß beider Ölkanäle zum Hilfsmotor entspricht. Er kann also wie ein fester Drehpunkt aufgefaßt werden. Um diese Stellung der Steuerkölbchen zu bestimmen, läßt man die Turbine ohne Belastung laufen und bezeichnet mit einer Reißnadel ihre Lage, wenn die Steuerung im Beharrungszustand ist. Hierauf wird die Turbine abgestellt und die Reglerfedern sowie die der Segmentventile ausgebaut, um die Reglermuffe und die Ventilspindeln leicht in eine beliebige Stellung bringen zu können. An einem Ende der Drehwellen der Segmentregelungen ist ein Vierkant vorzusehen, damit sie von Hand aus mit einem Schraubenschlüssel gedreht werden können.

Soll nun z. B. die Entnahmeturbine der Abb. 65 eingestellt werden, so bringt man zuerst das Hauptregelventil und den Druckregler in ihre Tiefstlage und die Reglermuffe auf den Hub 19,6 mm. In dieser Lage muß der Steuerschieber in der Mitte sein, was an Hand der Anreißlinie am Steuerkölbchen nachgeprüft werden kann. Unterschiede werden durch Nachstellen des Gelenkkopfes des Rückführhebels und der Ventilspindel ausgeglichen. Die beiden Drehwellen werden gleichfalls in ihre Schlußstellungen gebracht, die jedoch nicht mit der Endlage ihrer Drehmotoren zusammenfallen sollen. Die Anlenkköpfe der beiden Steuerschieber der Drehmotoren sind so nachzustellen, daß wieder die Kölbchen den Anreißlinien entsprechend in der Mitte liegen. Alle Segmentventile müssen nunmehr geschlossen sein, und ihre Rollen haben gegenüber den Nocken ein bestimmtes Spiel aufzuweisen. Hierauf hebt man das Hauptregelventil bei tiefgestelltem Druckregler so weit an, daß die Verbindungsstange zur Niederdrucksteuerung auf den Hub von 52,5 mm gebracht wird und verdreht die Niederdruckwelle so lange, bis der Hauptsteuerkolben und der des Niederdruckteiles in ihrer Mitte liegen. Die Reglermuffe soll nun in dieser Lage den Hub von 10,3 mm haben und die Niederdruck-Segmentventile müssen bei richtig ausgemittelter Rückführnocke ganz geöffnet sein. Der Drehmotor $DSM\,2$ darf sich noch nicht in seiner Endlage befinden und die Spindeln der Segmentventile müssen noch einen geringen Überhub zulassen. Der Druckregler und das Hauptdrosselventil werden hierauf in ihre Höchstlage verschoben, ohne die Stellung des Niederdruckgestänges zu verändern und die Hochdruckwelle wird so weit gedreht, bis ihr Steuerschieber in der Mitte liegt. Sämtliche Hochdrucksegmentventile müssen jetzt voll geöffnet haben, ohne die Endlagen des Drehmotors und der Ventilspindeln zu erreichen. Wird nun das Hauptdrosselventil HRV ganz geschlossen, so darf der Überlauf des Niederdrucksteuerkolbens nicht mehr als 10,5 mm betragen.

Die Federn können, nachdem sie geprüft worden sind, wieder eingebaut werden. Die Reglerfedern werden so weit nachgespannt, bis die Leerlaufdrehzahl bei dem vorgeschriebenen Muffenhub erreicht ist. Im Leerlauf der Turbine verschiebt man zur Bestimmung der Drehzahländerung die Drehzahlverstellung von einer in die andere Endlage und prüft gleichzeitig, ob der Regler die Ventile schließen kann, wenn sich der Druckregler in seiner Höchstlage befindet. Hierauf wird die Turbine allmählich belastet und mit den Manometern, die die Drücke vor und hinter den Kegeln der Segmentventile anzeigen, die Droßlung und damit die Überschneidung der Ventile gemessen, wenn das nachfolgende Ventil zu öffnen beginnt. Bei richtig ausgemittelten Steuerungen ergeben sich keine größeren Abweichungen dieser gemessenen Druckdifferenzen gegenüber der Rechnung. In geringen Grenzen können Änderungen dadurch erreicht werden, daß die Spiele zwischen den Rollen und Nocken der Segmentventile im geschlossenen Zustand geändert werden. So ergibt z. B. eine Spielvergrößerung einen späteren Eingriff des Ventiles, also eine Verringerung der Überschneidung und somit der Droßlung.

Diese schrittweise Einstellung der Steuerung ermöglicht eine einwandfreie Prüfung ihrer Ausführung und Montage. Hat man sich davon überzeugt, daß die Regelung den geforderten Ansprüchen genügt, so werden alle nachstellbaren Gestängepunkte mit Sicherheitsschräubchen verbohrt. In ähnlicher Weise kann die gestängelose Steuerung unter Berücksichtigung der Hub- und Öldrucklinien eingestellt werden.

49. Pendeln der Steuerung.

Fehler oder Mängel der Regelungen wirken sich hauptsächlich dadurch aus, daß die Steuerungen pendeln. Es sind dies mehr oder weniger starke periodische Schwingungen, die entweder abklingen, oder die sich derart steigern können, daß die Turbine durch das Auslösen des Schnellschlusses außer Betrieb kommt. Am häufigsten sind die gleichbleibenden Pendelungen. Je nach ihrer Ursache können drei Gruppen unterschieden werden, und zwar kann die Fehlerquelle in der Ausmittlung der Steuerung, in der Ausführung oder Montage und in den Veränderungen während des Betriebes liegen.

Es ist schon in den vorhergehenden Abschnitten darauf hingewiesen worden, daß die Hübe der Regelventile, ebenso die Drehwinkel der Wellen für die Segmentventile bei der Ausmittlung der Steuerung genügend groß anzunehmen sind. Die Steuerung wird um so empfindlicher, je größer die prozentuale Leistungssteigerung für 1 mm Hub oder 1° Drehwinkel wird. Bei einer zu weit getriebenen Empfindlichkeit neigen diese Turbinen zum Überregeln, das die Pendelungen hervorruft. Die gleiche Erscheinung tritt ein, wenn die Hub- und Leistungslinie nicht gleichmäßig gerade verläuft, so daß stellenweise die Leistung für einen bestimmten Hubbereich fast gleichbleibt. Dieser Fall liegt vor, wenn die Ventile der Segmentregelung einander nicht genügend überschneiden, oder wenn die Drosselkonen zu kurz ausgeführt werden. Nachdem die Pendelungen immer bei einer bestimmten Last auftreten, ist die Ursache leichter zu finden. Es wurde schon erwähnt, daß der zylindrische Ansatz der Regelkonen genügend lang ausgeführt werden soll, um im Leerlauf die Steuerung vollkommen ruhig zu halten. Zu kurze Ansätze oder größeres Spiel zwischen dem Regelkonus und dem Ventilsitz verursachen Pendelungen, die ein Parallelschalten unmöglich machen.

Der Ungleichförmigkeitsgrad darf nicht zu niedrig gewählt werden. Bei den Gegendruckturbinen mit großem Leerlaufdampfverbrauch oder bei den Entnahmeturbinen mit großen Entnahmemengen ist immer zu bedenken, daß für die Belastung der Turbine nur ein Teil des Ventilhubes in Frage kommt, so daß der Ungleichförmigkeitsgrad bezogen auf den ganzen Hub entsprechend größer anzunehmen ist. Eine ähnliche Überlegung ist anzustellen, wenn die Regelzeit festgelegt werden soll. Auch hier ist zu bedenken, daß z. B. bei einer Entnahmeturbine der vollen Öffnung der Niederdruckventile nur eine teilweise Öffnung der Hochdruckventile entspricht. Es muß also mit anderen Worten der Niederdruckteil rascher regeln als der Hochdruckteil. Ist dies nicht der Fall, so können wegen des unvermeidlichen Überregelns der Hochdrucksteuerung Pendelungen auftreten. Hintereinander geschaltete Hilfsmotoren, wie sie die Hochdruckregelung der Abb. 65 zeigt, müssen gleiche Regelzeit haben.

Die fehlerhafte Ausführung oder der unsachgemäße Zusammenbau können gleichfalls Störungen 'ergeben. Toter Gang, übermäßige Reibung und vor allem Klemmungen im Gestänge, die durch die Wärmedehnungen bei ungenügender Nachgiebigkeit entstehen, sind häufig der Anlaß von Pendelerscheinungen. Es ist deshalb geraten, diese leicht aufzudeckenden Mängel vor dem Einstellen der Steuerung zu beseitigen. Nicht genügend genaue Herstellung, wie z. B. zu große Spiele zwischen dem geraden Ansatz der Ventilkonen und dem Sitz, ebenso zu kleine oder zu große Überdeckungen der Steuerschieberkölbchen führen zu Störungen. Wenn der Steigungswinkel der Rückführnocken sehr klein ist, muß ihre Ausführung sehr genau nachgeprüft werden, weil bei Herstellungsungenauigkeiten, die zu konzentrischen Kreisen oder gar Mulden führen, Pendelungen unvermeidlich werden.

Die Veränderungen, die während des Betriebes auftreten, sind zumeist auf natürlichen Verschleiß zurückzuführen. Abgenutzte Bolzen und Gelenke verursachen toten Gang des Gestänges und dadurch eine unregelmäßige Regelung. Ebenso führen abgeschliffene Rollen, Hub- und Rückführnocken und vom Dampf angegriffene Konen zu den vorerwähnten Störungen.

Sachverzeichnis.

Adiabate s. Wärmegefälle.
Aktionsturbinen s. Gleichdruckturbinen.
Änderung des Eintrittsdruckes 36.
— des Gegendruckes 34.
Anlauflinien s. Hub- u. Rückführnocken.
Anlenkung der Ventile s. Dampfverhält-
niszahl.
Ausflußgeschwindigkeit des Dampfes 13.
Ausführung der Steuerungen 165.
Auslegung der Turbinen 224.

Betriebsverhältnisse, Änderung der 226.

Curtisräder s. Regelstufe.

Dampfdifferenzverhältnis s. Dampfver-
hältniszahl.
Dampfkegel 34.
Dampfverhältniszahl 24, 28, 29, 31, 33,
59, 76, 87.
Doppelgegendruckturbine 83.
Doppelsitzventile s. a. Regelventile 105,
118, 119, 129.
Drehmomente 136, 138, 140.
Drehmotoren 140.
Drehwellen 53, 112.
Drehwinkel 53, 116, 122.
Drehzahlregler 55, 152.
Drehzahlsteigerung, höchste — 235.
Drehzahlverstellung 54, 142, 157.
Drosseldruck 42.
Drosselkonus 103, 106, 116, 122.
Drosselquerschnitt 45.
Drosselregelung 9, 40, 47, 104.
Drosselwirkungsgrad 40.
Druckregler 52, 57, 159.
Düsenregelung s. Segmentregelung.

Einstellen der Steuerung 236.
Eintrittsdruckhyperbel s. Dampfkegel.

Empfindlichkeit der Steuerung 238.
Energieverlust im Leitkanal 14.
Entnahme-Gegendruckturbinen:
Ausführung: AEG 208.
Borsig 209.
BBC 211.
SSW 211.
Wumag 212.
Entnahme-Gegendruckturbine mit Ent-
nahmegleichwertregelung 83.
Entnahmeturbinen 11.
— mit Abdampfzufuhr 97.
—, Einfach-:
Ausführung: AEG 193.
Borsig 195.
BBC 196.
MAN 196.
SSW 197.
Wumag 198.
—, Dampfverbrauchsbilder 24.
—, Dampfverbrauchsgleichung 22.
—, Dampfverhältniszahl 24, 59.
—, Zweifach-:
Ausführung: AEG 201.
BBC 201.
SSW 203.
Wumag 205.
—, Zweifach-, Dampfverbrauchsbilder
31.
—, Dampfverbrauchsgleichung 29.
—, Dampfverhältniszahl 29, 76.
Entnahme-Zweidruckturbinen, Dampf-
verbrauchsgleichung 33.
—, Dampfverhältniszahl 33.
Expansion im Schrägabschnitt des Leit-
kanales s. Strahlablenkung.

Federberechnung für den Drehzahlregler
153.
Fliehkraftregler s. Drehzahlregler.

Flüssigkeitsregelung s. gestängelose Regelung.
Füllungsregelung 9.
—, ideale 48.

Gegendruckbetrieb von Entnahmeturbinen 66.
Gegendruckellipse s. Dampfkegel.
—, Konstruktion 37.
Gegendruckturbinen 10.
—, Ausführung: AEG 183.
     Borsig 183.
     BBC 185.
     Escher-Wyss 186.
     MAN 188.
     SSW 189.
     Wumag 190.
Geradliniengesetz 18.
Gestängeausmittelung, Kondensationsturbinen 54.
—, Gegendruckturbinen 56.
—, Einfach-Entnahmeturbinen 58.
—, Zweifach-Entnahmeturbinen 79.
—, Entnahme-Gegendruckturbinen 84.
—, Zweifachentnahme-Gegendruckturbinen 86.
—, Zweidruckturbinen 88, 94.
—, Zweidruck-Entnahmeturbinen 92.
—, Entnahme-Zweidruckturbinen 94.
Gestängelose Regelung 101.
Gestängeverhältnis s. a. Hübe der Steuerungsteile 59, 60, 62, 76, 87, 227.
Gleichdruckstufe s. Regelstufe.
Gleichdruckturbinen 9.
Gleichwertregelung 53, 161.
Grundlastturbinen 42, 107, 228.

Halblastzuschlag s. a. Teillastdampfverbrauch 19.
Handabschaltventil 48, 51.
Hilfsmaschinen s. a. Hub- und Drehmotoren 52.
Hilfsschieber s. Steuerschieber.
Hübe der Steuerungsteile, Entnahmeturbinen:
 Niederdruckteil für Teillast ausgelegt 68, 69, 71, 73, 74, 75.
 — für Vollast ausgelegt 63, 65.
 Entnahme-Gegendruckturbinen 84.
 Zweifachentnahme-Gegendruckturbinen 85.
 Zweidruckturbinen 90, 91.
Hubmotor 127, 139.

Hubnocken 53, 116, 124, 135, 139.
Hydraulischer Schnellschluß s. Schnellschlußvorrichtung.

Kennlinie des Drehzahlreglers 55, 153.
— der Steuerung 228.
— der Zahnradpumpen s. Ölpumpen.
Kolbenschieberventile 124.
Kompressorantrieb 100.
Kondensationsturbinen 10.
—, Ausführung: AEG 168.
     Borsig 169.
     BBC 170.
     MAN 174.
     SSW 175.
     Wumag 177.
— mit ungesteuerter Entnahme:
 Ausführung: BBC 193.
Kraftausmittlung für die Ventilkegel 126, 129.
Kraftbedarf der Drehzahlverstellvorrichtungen 158.
— der Ölpumpen 151.
Kritische Dampfgeschwindigkeit s. Ausflußgeschwindigkeit des Dampfes.
Kritischer Dampfdruck 13.
Kritisches Dampfvolumen 13.

Lastbegrenzung 85, 87, 92, 225.
Leerlaufbeizahl s. a. Teillastdampfverbrauch 109, 118.
Leerlaufdampfverbrauch s. Teillastdampfverbrauch.
Leerlaufhub 100.
Leitradaustrittsfläche 13, 48.

Mechanischer Schnellschluß s. Schnellschluß-Vorrichtung.
Mehrfach-Entnahmeturbinen 82.

Nockenwellen s. Drehwellen.

Öldruck 139, 141, 149, 234.
Ölleitungen 164.
Ölmenge, Druckregler- 162.
—, Zahnradpumpen- 149, 234.
Ölpumpen 148.

Parallelbetrieb, Entnahme-Gegendruckturbinen 83.
—, Gegendruckturbinen 56.
—, Zweidruckturbinen 92.
Pendelung 101, 139, 238.
Pumpenantrieb 98.

Reaktionsturbinen s. Überdruckturbinen.
Regelbedingungen, Einfach-Entnahme-
  turbinen 59.
—, Entnahme-Gegendruckturbinen 83.
—, Gegendruckturbinen 56.
—, Kondensationsturbinen 54.
—, Zweidruckturbinen 87, 94.
—, Zweifach-Entnahmeturbinen 76.
—, Zweifachentnahme-Gegendruck-
  turbinen 85.
Regelgeschwindigkeit 162. 230.
Regelgestänge 165.
Regelimpuls 52, 53.
Regelkonus s. Drosselkonus.
Regelstufe 9, 12.
—, Drosselregelung 17.
—, Füllungsregelung 17.
—, Wirkungsgrad 16.
Regelventil s. a. Teller- u. Doppelsitz-
  ventile 103.
Regelventil-Hub 104.
Regelzeit 232.
Rückdruck der Steuerschieberkölbchen
  141.
Rückführnocken 112, 117, 122, 135, 139.

Schließzeit s. Regelgeschwindigkeit.
Schnecke s. Schneckengetriebe.
Schneckenrad s. Schneckengetriebe.
Schneckengetriebe 146.
Schnellregler 142.
Schnellschlußventil 134.
Schnellschlußvorrichtung 134, 144.
Schubstangen 139.
Segmentregelung 49, 118.
— mit Vorschaltdrosselventil 51, 108.
Servomotoren s. Hilfsmaschinen.
Spaltweite der Drosselkonen 105, 117,
  122.
Spannungsabfall i. d. Ölleitungen s. Öl-
  leitungen.
Speicherturbinen:
  Ausführung: AEG 219.
            Escher-Wyss 221.
            MAN 223.
Spitzenlastturbinen 228.
Steuerschieber 52, 141.
Stopfbüchsen, Spindel- 125.
Strahlablenkung 14.
Strahlrohrregler s. Druckregler.
Stufendruckänderung 37.
—, Zweidruckturbine mit Drosselrege-
  lung 39.

Teillastdampfverbrauch 18, 131.
Tellerventile s. a. Regelventile 103, 109.
Temperaturregler 52.
Toter Gang 165.

Überdruckturbinen 9.
Überlastung 38, 74.
Überschneiden der Segmentventile 50,
  111, 113, 237.
Unempfindlichkeit s. Drehzahlregler.
— der Gleichwertregelung 228.
Ungleichförmigkeitsgrad der Drehzahlregler 54, 56, 153.
— der Druckregler 159.
— der Steuerungen 228.
— bei Überlastung der Entnahmeturbinen 75.
— bei veränderten Betriebsverhältnissen
  227.
— der Zweidruckturbinen 97.
Ungesteuerte Anzapfung 10.

Vakuumänderung 226.
Ventile s. Regelventile.
Ventilerhebungslinie 116, 122, 136.
Verstellkraft der Drehzahlregler 153.
Vorschaltturbinen 42.

Wärmebeweglichkeit 165.
Wärmegefälle 12.

Zahnräder 150.
Zahnradölpumpen s. Ölpumpen.
Zeigervorrichtung 58, 67, 92.
Zoellyräder s. Regelstufe.
Zweidruck-Entnahmeturbinen, Dampf-
  verbrauchsgleichung 31.
—, Dampfverhältniszahl 31.
Zweidruckturbinen 10.
  Ausführung: AEG 213.
            Borsig 214.
            BBC 214.
            SSW 216.
            Wumag 216.
—, Dampfverbrauchsbilder 28.
—, Dampfverbrauchsgleichung 28.
—, Dampfverhältniszahl 28.
—, Düsenregelung und nicht voller Zwi-
  schenboden 11.
—, Düsenregelung und voller Zwischen-
  boden 11.
—, Drosselregelung 10, 39.
Zylindrischer Konenansatz 101.

Der Schiffsmaschinenbau

Von Prof. Dr.-phil. Dr.-Ing. E. h. G. **Bauer**.

Bd. I: Die Theorie des Dampfmaschinenprozesses. Die Konstruktion der Kolben-dampfmaschine. Theorie und Konstruktion der Schiffsschraube. Theoret. Anhang. 766 S., 793 Abb., 70 Tabellen. Lex.-8⁰. 1923
Broschiert RM 29.70, in Leinen RM 35.—

,, II: Theorie und Konstruktion der Dampfturbinen. Anhang ausgew. Kapitel. 644 S., 491 Abb., 1 *i-s*-Diagr., 72 Tab., Lex.-8⁰. 1927
Broschiert RM 48.60, in Leinen RM 52.90

Eine vergleichende Schalt- und Getriebelehre

Neue Wege der Kinematik. Von Prof. Dr. Rudolf **Franke**. 77 S , 81 Abb. Gr.-8⁰. 1930
Broschiert RM 3.60

Experimentelle Untersuchungen an schnellaufenden Kleinmotoren

unter bes. Berücksichtigung des Ausspülverlustes bei Zweitakt-Gemisch-maschinen. Von Dr.-Ing. Albert **Geißler**. 69 S., 19 Abb., 8 Zahlentaf. Gr.-8⁰. 1930
Broschiert RM 4.50

Die Entwicklung der Lokomotive

im Gebiete des Vereins deutscher Eisenbahnverwaltungen. Von Dr.-Ing. e. h. R. **von Helmholtz** und Ministerialrat a. D. W. **Staby**. Bd. I: 1835—1880. 457 S , 707 Abb., 39 Taf. Lex.-8⁰. 1930. Text und Tafelband.　　In Leinen RM 40.50

Der Zündvorgang in Gasgemischen

Von Dr.-Ing. Georg **Jahn**. 76 S., 25 Abb., 11 Zahlentaf. Gr.-8⁰. 1934
Broschiert RM 6.—

Theorie und Bau von Turbinen-Schnelläufern

Von Prof. Ing. Dr. techn. h. c. Viktor **Kaplan** und Prof. Dr. techn. Alfred **Lechner**. 308 S., 219 Abb. Gr.-8⁰. 1931　　　　In Leinen RM 16.20

Raschlaufende Ölmaschinen

Untersuchungen an Glühkopf-, Diesel- und Vergasermaschinen. Von Dr.-Ing. O. **Kehrer**. 117 S., 81 Abb., 12 Taf. Lex.-8⁰. 1927
Broschiert RM 9.—, in Leinen RM 10.80

Tabellen und Diagramme für Wasserdampf

berechnet aus der spezifischen Wärme. Bearbeitet von Prof. Dr. Osc. **Knoblauch**, Dr.-Ing. E. **Raisch**, Dr.-Ing. H. **Hausen**, Dr.-Ing. W. **Koch**. 2. Aufl. 46 S., 1 Abb , 2 mehrfarb. Diagrammtaf. Lex.-8⁰. 1932　　　　kart. RM 4.60

Taschenbuch für Schiffsingenieure und Seemaschinisten

Von Obering. E **Ludwig**. Mit einem Beitrag über Nautik. 4. Aufl. des Taschen-buches für Seemaschinisten. 588 S., 495 Abb., zahlreiche Tab. Kl.-8⁰. 1928
in Leinen RM 12.—

Verhalten von raschlaufenden Gegendruckturbinen bei Drehzahländerungen

Von Dr.-Ing. K. **Mauritz**. 46 S., 31 Abb. Lex.-8⁰. 1927　　Broschiert RM 4.—

Dampfkessel-Betriebsbuch

Für die Praxis zusammengestellt von Dipl.-Ing. Rud. **Michel**. 112 S. 4⁰. 1927
Broschiert RM 4.50, in Leinen RM 7.20

Feuerungstechnische Rechentafel

Zum praktischen Gebrauch für Dampfkesselbesitzer, Ingenieure, Betriebsleiter, Techniker usw. Von Dipl.-Ing. Rud. **Michel**. 5. Aufl. 8 S. mit 1 Taf. 4⁰. 1925
Broschiert RM 2.20

R. OLDENBOURG · MÜNCHEN 1 UND BERLIN

Tabellen für den Behälter- und Kesselbau
Von R. **Müller.** Herausgegeben von Zimmermann & Co., Maschinenfabrik Ludwigshafen a. Rh. 4 S., 13 Tab. Gr.-8⁰. 1931   kart. RM 2.20

Materialprüfung und Baustoffkunde für den Maschinenbau
Ein Lehrbuch und Leitfaden für Studierende und Praktiker. Von Prof. Dr.-Ing.
W. **Müller.** 382 S., 315 Abb. Gr.-8⁰. 1924   Broschiert RM 8.10, geb. RM 9.40

Wärmetechnische Berechnung der Feuerungs- und Dampfkesselanlagen
Von Ing. Fr. **Nuber.** 6. Aufl. 145 S., 11 Abb. Kl.-8⁰. 1929   kart. RM 3.50

Dampfturbinen
Berechnung und Konstruktion. Von Prof. Dr.-Ing. Leonh. **Roth.** 109 S., 61 Abb.
Gr.-8⁰. 1929   Broschiert RM 5.40

Schäden an lebenswichtigen Bauteilen des Kraftfahrzeuges
Herausgegeben vom Bayer. Revisionsverein München. 64 S., 111 Abb. DIN A 5.
1933   Broschiert RM 2.—

Die Heizerausbildung
Buchausgabe der Unterrichtsblätter für Heizerschulen. Von Reg.-Obering.
H. **Spitznas.** 2. Aufl. 271 S., 59 Abb. Gr.-8⁰. 1924
                                         Broschiert RM 4.—, geb. RM 4.90

Wärme und Wärmewirtschaft der Kraft- und Feuerungsanlagen in der Industrie
mit besonderer Berücksichtigung der Eisen-, Papier- und chemischen Industrie.
Von Prof. Wilhelm **Tafel.** 375 S., 123 Abb., 2 Zahlentaf. Gr.-8⁰. 1924
                                         Broschiert RM 7.60, in Leinen RM 9.—

Untersuchungen über die Wasserrückkühlung in künstlich belüfteten Kühlwerken
Von Dipl.-Ing. Friedrich **Wolff.** 69 S., 28 Abb., 19 Kurventaf., 2 Diagramme
als Beilage. Lex.-8⁰. 1928   Broschiert RM 8.10

ATM Archiv für technisches Messen
Ein Sammelwerk für die gesamte Meßtechnik. Herausgegeben von Prof. Dr.-Ing.
Georg **Keinath.** Monatlich eine Lieferung zu je RM 1.50. Prospekt kostenlos.

Illustrierte Technische Wörterbücher
In sechs Sprachen: Deutsch, Englisch, Französisch, Russisch, Spanisch, Italienisch. Herausgegeben von Ing. Alfred Schlomann.
Band   1: Die Maschinen-Elemente und die gebräuchlichsten Werkzeuge. 407 S.,
          823 Abb., 2195 Worte in jeder Sprache. Kl.-8⁰   In Leinen RM 5.80
     ,,   3: Dampfkessel—Dampfmaschinen—Dampfturbinen. 1333 S., 3450 Abb.,
          7314 Worte in jeder Sprache. Kl.-8⁰   In Leinen RM 19.80
     ,,   4: Verbrennungsmaschinen. 628 S., 1008 Abb., 3450 Worte in jeder
          Sprache. Kl.-8⁰   In Leinen RM 8.50
     ,,   6: Eisenbahnmaschinenwesen. 809 S., 2147 Abb., 4343 Worte in jeder
          Sprache. Kl.-8⁰   In Leinen RM 11.70
     ,,   10: Motorfahrzeuge. (Motorwagen, Motorboote, Motorluftschiffe, Flugmaschinen). 1012 S., 1774 Abb., 5911 Worte in jeder Sprache. Kl.-8⁰.
                                                      In Leinen RM 15.70

R. OLDENBOURG · MÜNCHEN 1 UND BERLIN